XGK 기반의
PLC 제어

엄기찬 지음

청문각

PLC(Programmable Logic Controller)는 산업현장의 소품종 다량생산이나 다품종 소량생산 시스템에서 자동화와 정보화 및 지능화에 큰 역할을 담당하고 있다. 또한 PLC는 시퀀스 기능뿐 아니라 커뮤니케이션과 최신 IT통합에 의해 공장 전체의 시스템 통합(System Integration)을 체계화함으로써 네트워크, 하드웨어나 소프트웨어 등의 모든 요소들을 결합시켜 하나의 시스템으로 운영하는 방향으로 발전해 가고 있다.

PLC에 의해 산업사회가 자동화 시스템으로 발전함에 따라 모니터링 기술이 요구되며, 작업의 정확도가 높아지고 고능률화되어 생산성 향상에 중추적인 역할을 하게 되었다.

PLC는 그 기능의 확대가 요구됨에 따라 근래 국내의 LS산전(주)에서 XGT(Next Generation Technology) PLC를 개발하여 보급하고 있으며, 여기서는 그중 Master-K를 근간으로 개발된 XGK PLC에 대한 기초 지침서로 엮었다.

본서는 XGK PLC시스템의 구성과 데이터, 디바이스, 사용 명령어와 프로그램을 위한 소프트웨어 XG5000의 사용 방법과 그 활용에 대하여 기술하였으며, 기본 및 응용 명령어에 대하여 충분한 예제 및 시뮬레이션을 통해 그 기능의 이해와 활용능력을 갖추도록 노력하였고, 다양한 PLC프로그램을 수록하여 PLC의 프로그래밍 방법을 학습하도록 하였다.

따라서 본서는 산업현장의 차세대 PLC인 XGK의 기초 입문서로서 대학의 PLC 교재 또는 Master-K를 사용해 온 산업체 실무자의 향상된 시스템으로의 참고도서로서 적합하도록 기술하였으며, 내용이 미비하거나 오류가 있을 수 있지만 독자들의 충고와 조언을 들어 수정·보완하고자 한다.

이 책의 참고도서로서 LS산전의 XGK PLC 관련 문헌을 참고한 바, 그 관련 관계자 그리고 이 책의 출판을 위해 노력해 주신 청문각출판 관계자 여러분께 감사드린다.

2015년 7월 저자 씀

Chapter 04

데이터의 종류 및 사용

프로그램 편집 TOOL(XG5000)

Chapter 08

기본명령어의 활용

부록

Chapter 01

PLC의 개요

1.1 PLC의 정의

PLC(Programmable Logic Controller)란 종래에 사용하던 제어반 내의 릴레이, 타이머, 카운터 등의 기능을 LSI(Logic Scale Integration), 트랜지스터 등의 반도체 소자로 대체시켜, 기본적인 시퀀스 제어 기능에 수치연산 기능을 추가하여 프로그램 제어가 가능하도록 한 자율성이 높은 제어장치이다.

미국 전기 공업회 규격(NEMA: National Electrical Manufacturers Association)에서는 "디지털 또는 아날로그 입출력 모듈을 통하여 로직, 시퀀싱, 타이밍, 카운팅, 연산과 같은 특수한 기능을 수행하기 위하여 프로그램이 가능한 메모리를 사용하고, 여러 종류의 기계나 프로세서를 제어하는 디지털 동작의 전자 장치"로 정의하고 있다.

1.2 PLC의 기능

(1) 시퀀스 제어기능

ON 또는 OFF의 정보를 갖는 비트 신호(디지털 신호)를 입력받아 사용자가 작성한 시퀀스 프로그램에 따라 연산 후 ON 또는 OFF의 결과를 비트 신호(디지털 신호)로 출력하는 제어 기능을 갖는다.

(2) 수치 연산기능

수치 데이터를 이용하여 덧셈, 뺄셈, 곱셈, 나눗셈 등의 연산을 수행하는 제어 기능을 갖는다.

(3) 아날로그 입력

아날로그 입력 모듈을 이용하여 전압, 전류, 온도 등의 아날로그 양을 수치 데이터로 변경하는 기능을 갖는다.

(4) 아날로그 출력

아날로그 출력 모듈을 이용하여 수치 데이터를 전압 또는 전류로 출력하는 기능을 갖는다.

(5) 고속 펄스열 입력 계수 기능

고속으로 ON/OFF를 반복하는 펄스열을 입력받아 계수하는 기능이 있다.

(6) 위치 제어 기능

펄스열을 출력하여 서보 모터 또는 스테핑 모터를 제어함으로써 서보/스테핑 모터에 연결된 기구부의 이동을 제어하는 기능이 있다.

(7) 통신 기능

각종 통신 모듈을 이용하여 외부 장비와 데이터를 교환하는 기능이 있다.

1.3 PLC의 발전 동향

PLC(Programmable Logic Controller)는 그동안 사용되었던 단순한 래더 다이어그램 등에 의해 프로그램을 구성하는 시퀀스 제어에서 벗어나 커뮤니케이션, 프로그램 언어 및 각종 하드웨어의 통합 등 최신 IT의 통합에 의해 PAC(Programmable Automation Controller)로 발전하고 있다. 특히 PLC는 커뮤니케이션의 중심 기능으로 공장 전체를 통합하는 역할을 하고 있으며, 기존의 단품 위주의 적용에서 벗어나 공장 전체의 SI(System Integration) 적용으로 제품의 역할이 확대되고 있다.

최신의 PLC 기술은 표준 프로그램 언어, 서보 일체형 제품, 안전에 대한 기능 강화, 개별화가 가능한 기능(Customized Solutions), 각종 네트워크 기술의 융합, PLC에서 PAC로의 이동 등을 주요 경향으로 꼽을 수 있다.

1.4 PLC의 구조

1. 하드웨어 구조

PLC는 마이크로프로세서(Microprocessor) 및 메모리를 중심으로 구성되어 데이터의 연산 및 저장 역할을 하는 중앙연산처리장치(CPU), 외부기기와의 신호를 연결시켜 주는 입·출력부, 각 부에 전원을 공급하는 전원부, PLC 내의 메모리에 프로그램을 기록하는 주변 장치로 구성되어 있다(그림 1.1).

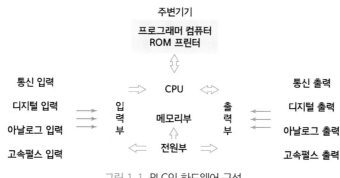

그림 1.1 PLC의 하드웨어 구성

(1) 마이크로 프로세서(Microprocessor)

마이크로 프로세서는 사용자가 작성한 프로그램을 해석하여 프로그램에서 지정된 메모리에 저장된 데이터를 읽고, 프로그램에서 사용된 명령어의 지시에 따라 데이터를 연산한 후 프로그램에서 지정된 메모리 영역에 그 결과를 저장한다. CPU는 매우 빠른 속도로 반복 실행되며, 모든 정보는 2진수로 처리된다.

(2) 메모리(Memory)

1) 메모리 소자

PLC에서 사용하는 메모리 소자는 RAM과 ROM을 사용한다. RAM은 데이터를 읽고 쓰기 위한 접근 속도가 빠르다. 그러나 전원이 차단되면 저장하고 있는 데이터가 상실된다. ROM

은 전원이 차단되어도 저장된 데이터가 유지되는 장점이 있지만, 접근 속도가 느리며, ROM에 데이터를 쓰기 위해서는 별도의 장치가 필요한 단점을 가지고 있다.

근래 PLC는 플래시 ROM을 적용하여 데이터를 쓰기 위한 별도의 장치 없이 데이터를 저장하고, 정전 시 데이터를 보존할 수 있다. 또, RAM의 기본적인 특성은 정전 시 데이터를 상실하지만, 배터리(Battery)를 이용하여 항상 전원을 공급함으로써 PLC의 전원이 차단되었을 때 데이터를 유지하게 할 수 있다.

PLC의 기본적인 운전 방법은 RAM을 이용하는 운전으로, 프로그램 및 정전 유지 데이터 영역은 배터리에 의해 상시 전원을 공급받는 영역에 저장되고, 정전 시 유지되어야 할 필요성이 없는 데이터는 일반 RAM에 저장하는 방식으로 운전을 한다.

사용자 설정에 따라 프로그램은 ROM 또는 플래시 메모리 영역에 저장되는 경우가 있다. 이때 PLC는 운전 상태로 진입할 때 ROM 또는 플래시 메모리에 저장된 프로그램을 RAM 영역에 복사하여 운전한다. 일반적으로 데이터는 RAM 영역에 저장하지만, 사용자 필요에 따라 데이터도 ROM 또는 플래시 메모리에 저장하여 사용할 수 있다.

2) 메모리 내용

PLC의 메모리는 사용자 프로그램 메모리, 데이터 메모리, 시스템 메모리 등 세 가지로 구분된다.

사용자 프로그램 메모리는 사용자가 작성한 프로그램이 저장되는 영역이며, 제어내용의 변화 등에 의하여 프로그램이 변경될 수 있어야 하므로 RAM이 사용된다. 프로그램이 완성되어 고정되면 ROM에 기록하여 실행할 수 있는데 이를 ROM운전이라 한다.

데이터 메모리는 입·출력 릴레이, 보조 릴레이, 타이머와 카운터의 접점 상태 및 설정값, 현재값 등의 정보가 저장되는 영역으로 정보가 수시로 바뀌므로 RAM 영역이 사용된다.

시스템 메모리는 PLC 제작회사에서 작성한 시스템 프로그램이 저장되는 영역이다. 시스템 프로그램은 PLC의 명령어를 실행시켜 주는 명령어 관련 프로그램과 자기진단 기능 등과 같이 PLC 동작 시 발생하는 오류나 에러 등을 체크하는 프로그램, XG5000과의 통신을 담당하는 프로그램 등으로 구성되어 있으며, 파워를 ON/OFF하여도 지워지지 않도록 ROM에 저장한다.

(3) PLC의 입·출력부

PLC의 입·출력부는 외부의 기기에 직접 접속하여 사용한다. 그런데 PLC의 내부는 DC5 V의 전원(TTL 레벨)을 사용하고 입·출력부는 DC24 V 또는 AC110 V, 220 V 등의 높은 전압 레벨을 사용함에 따라 PLC 내부와 입·출력 회로의 접속(interface) 시 다음과 같은 조건을 만족해야 한다.

표 1.1 입출력 기기

I/O	구분	부착장소	외부기기 명칭
입력부	조작입력	제어 및 조작반	푸시버튼 스위치 선택 스위치 토글 스위치
	검출입력 (센서)	기계장치	리밋 스위치 광전 스위치 근접 스위치 레벨 스위치
출력부	표시경보 출력	제어 및 조작반	파일럿 램프 부저
	구동출력 (액추에이터)	기계장치	전자 밸브 전자 클러치 전자 브레이크 전자 개폐기

① 외부 기기에서 사용하는 전기 규격을 내부 신호로 변경시킬 수 있어야 한다.
② 접속된 외부 기기에서 발생할 수 있는 노이즈를 차단함으로써 PLC의 오동작을 방지한다.
③ 입력신호 또는 출력신호의 ON/OFF 상태를 표시하여 동작 상태 정보를 사용자에게 제공
할 수 있어야 한다.
④ 외부 기기와의 접속이 용이해야 한다.

  입·출력부에 접속되는 외부 기기의 예는 표 1.1과 같다.

1) 입력부

  입력부는 외부 기기로부터 신호를 CPU의 연산부로 전달해 준다. PLC의 내부는 DC5 V를
사용하지만 입력은 DC24 V, AC110 V, AC220 V 등이 있으며, 외부 기기에서 사용하는 전
기규격을 내부 신호로 변경시킬 수 있어야 한다. 특수 입력모듈로는 아날로그 입력(A/D)모
듈, 고속 카운터(High Speed Counter)모듈 등이 있다. 그림 1.2는 DC입력회로의 예이다.

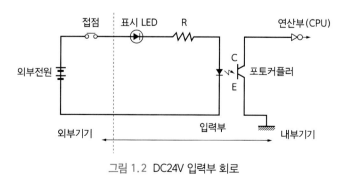

그림 1.2 DC24V 입력부 회로

2) 출력부

출력부는 내부 연산결과를 외부에 접속된 전자 접촉기 또는 솔레노이드에 전달하여 구동시키는 역할을 한다. 외부 기기는 주로 DC24 V, AC110 V, AC220 V를 사용하므로 내부 기기에서 사용하는 전기 규격(DC5 V)을 외부 신호로 변경시킬 수 있어야 한다. 출력의 종류에는 릴레이 출력(유접점), 트랜지스터 출력(직류, 무접점), SSR(Solenoid State Relay) 출력(교류, 무접점) 등이 있으며, 출력 모듈로는 아날로그 출력(D/A)모듈, 위치결정 모듈 등이 있다.

그림 1.3은 트랜지스터 출력부 회로의 예이다.

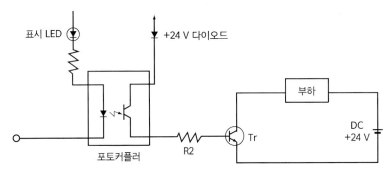

그림 1.3 트랜지스터 출력부 회로

2. 소프트웨어 구조

(1) 하드와이어드와 소프트와이어드

PLC는 입력되는 신호에 따라 사용자가 작성한 프로그램에 의하여 데이터를 처리한다. 따라서 사용자가 프로그램을 작성하기 위한 소프트웨어가 필요하다.

종래에는 릴레이 제어방식으로서 일의 순서를 회로도에 작성하고, 필요한 제어기기를 리드선으로 배선하여 동작시키는 방식을 하드와이어드 로직(Hardwired Logic)이라 한다. 이 방식에서는 하드웨어(기기)와 소프트웨어가 한 쌍이 되어, 사양이 변경되는 경우 하드웨어와 소프트웨어를 모두 변경해야 하므로 문제를 발생시키는 원인이 된다.

소프트와이어드는 컴퓨터를 이용하여 일의 순서를 넣어 기억시키고 그에 따라 일을 수행한다. 이 일의 순서를 프로그램이라 하며, 기억장치인 메모리에 일의 순서를 넣는 작업을 프로그래밍이라 한다. PLC는 이 방식을 취하고 있으며, 소프트와이어드 로직(Softwired Logic)이라 한다.

(2) PLC 소프트웨어의 구조

1) 파라미터

PLC의 기본적인 동작 방법을 지정한다.

2) 프로그램

사용자가 원하는 데이터 처리방법을 작성한다. 프로그램의 작성에 필요한 기본적인 요소로서 명령어 또는 펑션, 변수가 필요하고, 대부분의 명령어 또는 펑션은 PLC의 제조사에서 제공되며, 변수는 데이터 메모리에 저장한다. 일부 PLC의 경우 제조사에서 제공하는 기본 명령어 또는 펑션을 이용하여 사용자가 명령어를 작성하는 기능을 제공하는 경우도 있다.

3) 모니터링

PLC는 프로그램 작성 후 장비에 적용할 때 정상적인 동작 여부를 확인하기 위해 시운전 과정을 거친다.

이때 PLC의 Software에서 제공하는 각종 모니터링 기능을 이용하여 데이터를 확인할 수 있다. PLC Software에서 제공하는 기본적인 모니터링 기능은 래더 모니터링, 변수 모니터링 등이 있다.

(3) PLC 프로그램의 특징

1) 직렬처리

마이크로 프로세서는 사용자가 작성한 프로그램을 해석하여 데이터를 처리할 때, 프로그램 순서에 따라 메모리에 저장되어 있는 변수의 데이터를 읽어 연산하고, 그 결과를 변수에 저장한다. 마이크로 프로세서가 변수의 데이터를 읽거나 쓸 때 1개의 변수만 접근하기 때문에 PLC 프로그램은 연산방법이 직렬처리 방식이다(그림 1.4 참조).

참고로 릴레이 시퀀스는 여러 회로가 전기적인 신호에 의해 동시에 동작하는 병렬처리 방식(그림 1.5 참조)이다.

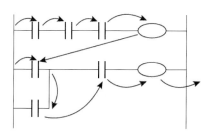

그림 1.4 **직렬처리 방식**

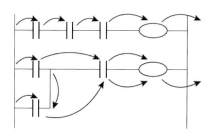

그림 1.5 **병렬처리 방식**

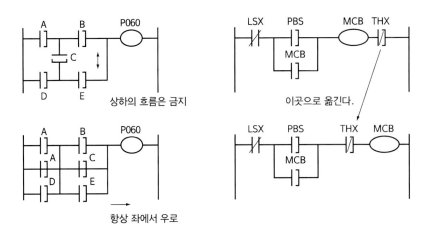

그림 1.6 PLC 시퀀스의 규정

2) 접점 사용의 무제한

PLC의 접점은 상태 정보를 데이터 메모리에 저장해 놓고, 프로그램에서 필요할 때 그 상태를 읽어 프로그램에 반영하게 된다. 따라서 프로그램 내에서 동일 접점을 몇 번 사용하던지 그 수에 제한이 없다.

참고로 릴레이는 일반적으로 1개당 가질 수 있는 접점의 수에 한계가 있다. 따라서 릴레이 시퀀스를 구성할 때 사용할 접점 수를 가능한 줄여야 한다.

3) 흐름의 제한

PLC에서 프로그램을 해석하는 순서는 좌측에서 우측으로 진행되며, 위에서부터 아래로 진행된다. 그리고 두 개 이상의 라인으로 작성된 프로그램산 상/하 방향으로 프로그램의 흐름은 금지하고 있다. 따라서 프로그램의 작성 시 코일 이후의 접점의 배치는 금지된다. 또한 상하방향의 접점배치도 금지되며, 접점이 코일의 우측에 올 수 없다. 즉, 코일은 항상 우측 모선에 붙여서 작성해야 한다(그림 1.6 참조).

1.5 PLC의 연산처리

PLC의 기본적인 프로그램 수행 방식으로 작성된 프로그램을 처음부터 마지막 스텝까지 반복적으로 연산이 수행되며, 이 과정을 프로그램 스캔이라고 한다. 이와 같이 수행되는 일련의 처리를 반복 연산 방식이라 한다. 이 과정을 단계별로 구분하면 그림 1.7과 같다.

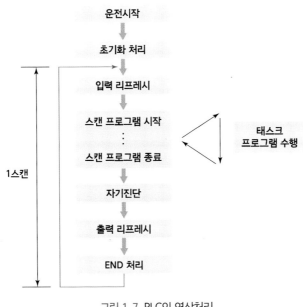

그림 1.7 PLC의 연산처리

(1) 운전 시작

사용자가 PLC를 RUN 모드로 변경시키면 PLC는 운전을 시작한다.

(2) 초기화 처리

PLC가 RUN 모드로 변경될 때 한 번만 실행하며, 다음과 같은 처리를 수행한다.

1) 입·출력 모듈 리셋

베이스에 설치된 모듈을 리셋하고, 모듈 파라미터에 설정된 운전 방식이 적용된다.

2) 데이터 클리어

데이터 메모리에 저장되어 있는 데이터를 클리어한다. 이때 래치로 설정된 데이터 메모리 영역의 데이터는 클리어하지 않고 유지한다.

3) 입·출력 모듈 주소 할당 및 종류 등록

입·출력 모듈의 데이터 메모리 주소를 할당하고, 모듈의 종류를 등록한다.

4) 초기화 Task 처리

초기화 Task 프로그램이 등록된 경우 초기화 Task 프로그램의 연산을 실행한다.

(3) 입력 리프레시

디지털 입력모듈의 입력상태를 읽어 PLC 데이터 메모리의 입력영역에 저장한다. 입력 리프레시 과정을 거쳐 입력 데이터 메모리 영역에 저장된 입력정보는 그 스캔이 완료될 때까지 변경되지 않는다.

운전이 시작될 때 뿐 아니라 매 스캔 END 처리가 끝나면 그 순간의 입력정보를 입력 이미지 영역으로 복사하여 연산의 기본 데이터 또는 연산의 조건으로 활용한다. 이것을 입력 리프레시라 한다.

(4) 스캔 프로그램 연산

사용자가 작성한 프로그램을 해석하여 데이터 메모리에 저장된 데이터를 처리한다. 프로그램은 스캔 프로그램과 Task 프로그램으로 나누어진다. 스캔 프로그램은 PLC가 RUN 상태이면 수행하는 프로그램이며, Task 프로그램은 PLC가 RUN 상태에서 Task의 조건으로 지정된 조건이 만족될 때 스캔 프로그램을 멈추고, 태스크 프로그램을 수행한 후 태스크 프로그램으로 전이하기 전의 연산이 수행되던 스캔 프로그램의 위치로 복귀하여 스캔 프로그램의 연산을 계속한다. 프로그램 연산 과정에서 발생하는 출력 데이터는 데이터 메모리의 출력영역에 저장된다.

(5) 출력 리프레시

스캔 프로그램 및 태스크 프로그램의 연산 도중에 만들어진 결과는 바로 출력으로 내보내지 않고 출력 이미지 영역에 저장된다. 이것을 출력 리프레시라 한다.

(6) 자기 진단

연산 과정에서 나온 결과는 바로 출력으로 내보내지 않고 출력 이미지 영역에 저장되며, PLC의 CPU가 자기 시스템을 진단하여 시스템 상에 오류가 있는 경우에는 출력으로 내보내지 않고 에러 메시지를 발생시킨다. 이것을 자기 진단이라 한다.

(7) END 처리

연산이 성공적으로 수행되어 자기진단 결과 시스템에 오류가 없으면 출력 이미지 영역에 저장된 데이터를 출력 영역으로 복사함으로써 실제로 출력으로 내보내게 된다. 이 과정을 END 처리라 하며, END 처리가 끝나면 다시 입력 리프레시를 실시하여 반복적인 연산을 수행하게 된다.

Chapter 02

XGK PLC의 특징

XGT(Next Generation Technology) PLC 시리즈는 LS산전에서 개발한 PLC 제품군으로서, Open Network을 기반으로 고속의 처리속도, 외형 크기의 소형화 및 Software를 바탕으로 성능을 향상시킨 차세대 고속 대용량 제어용 PLC이며, XGK(MASTER-K가 기본)와 XGI(GLOFA가 기본)로 나눌 수 있다.

그중 XGK 시리즈는 다양한 적용 범위를 위해 중·소규모 제어에 대응할 수 있는 XGK-CPUS에서 고속 대용량 제어가 가능한 XGK-CPUH까지 시스템의 규모와 목적에 맞추어 시스템을 구축할 수 있다.

다음은 XGK PLC의 특징을 열거하였다.

1. 고속의 CPU 처리속도(Speed Innovation-Fast)

중앙연산 처리장치(CPU, Central Processing Unit)의 처리속도가 0.028 μs로서, 초고속 연산속도가 가능하며, USB를 통한 고속 업/다운로드 및 유지/보수의 편리성이 향상되었다(0.2 μs/step).

2. 모듈 및 외형 크기의 소형화(Size Innovation-Compact)

동급 최소 사이즈의(모듈 크기 27 × 98 × 90 mm) 각 구성품은 소형의 패널 제작을 통해 소형화함으로써 다양한 응용 분야에의 적용이 가능하다.

3. Open network에 의한 다양한 통신 기능(Network Innovation-Flexible)

Fast Ethernet 및 Open Fieldbus에 기반한 시스템은 고신뢰도의 고속전송을 가능하게 하고, 시스템 구성상의 다양한 통신방식을 채용할 수 있다.

4. 편리한 지능적 소프트웨어의 채용(Software Innovation-Comfortable)

XG5000 패키지는 향상된 사용자 Interface와 편리한 조작성을 갖추어 Multi PLC Multi Programming을 지원하고 다양한 모니터링 및 진단 기능을 갖는다.

5. 공학적인 프로그램의 편리성(Engineering & Programming Innovation-Easy)

Master-K 시리즈의 명령어들을 계승 발전시킨 명령어 체계와 프로그램의 작성 없이 파라미터의 설정으로 특수/통신 모듈의 운전 설정이 가능하다.

Chapter 03

XGK PLC 시스템의 구성

XGK PLC의 시스템은 그림 3.1과 같이 기본 베이스 내에 전원 모듈, CPU모듈, 디지털 입·출력 모듈, 아날로그 입·출력 모듈, 고속카운터 모듈, 위치결정 모듈, 네트워크 모듈 등이 기본 유니트를 이루며, 증설베이스에는 CPU 모듈을 제외하고, 위에서 열거한 모듈 등이 장착될 수 있다.

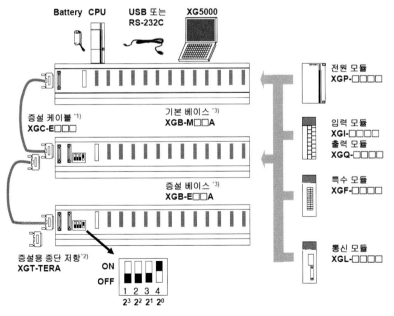

*1) 증설 베이스에 증설 케이블을 연결할 때 안쪽 커넥터는 CPU 방향, 바깥쪽 커넥터는 다음 증설 베이스 방향으로 연결해야 하며, 증설 케이블 길이의 총합은 15 m 이하로 제한되고, CPU 종류에 따라 사용할 수 있는 증설 베이스의 수에 제한이 있다.
*2) 증설 베이스를 연결할 경우 증설 길이에 관계없이 마지막 베이스에 종단 저항을 반드시 설치해야 한다.
*3) 베이스에 모듈을 장착하지 않을 경우 더미 모듈(XGT-DMMA)을 장착하여 슬롯 커넥터를 보호한다.

그림 3.1 XGK PLC 시스템의 구성

그림 3.2 XGK PLC의 외관

전원 모듈은 Free voltage 전원 공급기를 내장한 모듈로서 전원 공급을 하며, CPU 모듈은 범용 시퀀스제어용 모듈과 고속 대용량 제어용이 있다. 그리고 그 외의 모듈은 필요에 따라 장착 또는 탈착할 수 있게 되어 있다. 기본 베이스의 외관은 그림 3.2에 표시하였다.

3.1 기본 베이스의 구성

1. 기본 베이스(고정식)와 입출력 번호의 할당

베이스에 설치할 수 있는 슬롯의 수는 12개이며(12슬롯 베이스), 모듈의 장착 여부 및 종류에 관계없이 64점씩 할당된다. 그리고 한 개의 베이스에는 16개의 슬롯분의 입출력 번호가 할당된다. 따라서 0번 베이스의 시작 번호는 P00000이며, 1번 베이스의 시작번호는 P00640이 된다. 고정식 12 Slot 베이스의 슬롯 및 입출력 번호의 할당 예를 그림 3.3에 표시하였다.

Slot 번호	0	1	2	3	4	5	6	7	8	9	10	11
PWR	CPU	입력 16	입력 16	입력 32	입력 64	출력 16	출력 32	출력 32	출력 64	입력 32	출력 16	출력 32	출력 32
		P0 ~ P3F	P40 ~ P7F	P80 ~ P11F	P120 ~ P15F	P160 ~ P19F	P200 ~ P23F	P240 ~ P27F	P280 ~ P31F	P320 ~ P35F	P360 ~ P39F	P400 ~ P43F	P440 ~ P47F

그림 3.3 고정식 기본 베이스의 입출력 번호 할당

2. 기본 베이스(가변식)와 입출력 번호의 할당

가변식도 베이스에 설치할 수 있는 슬롯의 수는 12개이며, 슬롯별로 장착 모듈의 지정에 따라 점수가 자동 할당된다. 즉, I/O파라미터로 장착 모듈을 지정하면 지정점수로 할당되며

Slot 번호		0	1	2	3	4	5	6	7	8	9	10	11
PWR	CPU	입력 16	입력 16	입력 32	입력 64	출력 16	출력 32	출력 32	출력 64	입력 32	출력 16	출력 32	출력 32
		P00 ~ P0F	P10 ~ P1F	P20 ~ P3F	P40 ~ P7F	P80 ~ P8F	P90 ~ P10F	P110 ~ P12F	P130 ~ P16F	P170 ~ P18F	P190 ~ P19F	P200 ~ P21F	P220 ~ P23F

그림 3.4 가변식 기본 베이스의 입출력번호 할당

(8, 16, 32, 64점 등. 그러나 8점 모듈은 16점으로 할당됨), I/O파라미터로 지정하지 않은 슬롯은 예로 특수모듈, 통신모듈 및 빈 슬롯은 16점으로 할당된다. 0번 베이스의 시작번호는 P00000이 된다.

가변식 12 Slot베이스의 슬롯 및 입출력 번호의 할당 예를 그림 3.4에 표시하였다.

3.2 중앙연산 처리장치(CPU, Central Processing Unit)

1. CPU에 따른 성능 및 규격

CPU의 종류에 따른 사양과 성능 및 규격은 표 3.1과 같으며, 각 부분의 명칭 및 기능은 그림 3.5와 같다.

표 3.1 XGK PLC의 CPU에 따른 규격 및 특성

항목		XGK-CPUE	XGK-CPUS	XGK-CPUA	XGK-CPUH	XGK-CPUU	비고
연산방식		반복 연산, 정주기 연산, 인터럽트 연산					
		고정주기					
입·출력 제어방식		스캔동기 일괄처리 방식(리프레시 방식)					
		명령어에 의한 즉시입력, 즉시출력(다이렉트 방식)					
프로그램 언어		래더 다이어그램(Ladder Diagram)					
		인스트럭션 리스트(Instruction List)					
명령어 수	기본명령	42종					
	응용명령	약 700종					
연산처리 속도 (기본명령)	LD	0.084 μs/step			0.028 μs/step		
	MOV	0.252 μs/step			0.084 μs/step		

(계속)

항 목		XGK-CPUE	XGK-CPUS	XGK-CPUA	XGK-CPUH	XGK-CPUU	비 고
연산처리 속도 (기본명령)	실수연산	± : 1.442 μs(S), 2.87 μs(D)		± : 0.602 μs(S), 1.078 μs(D)			S : 단장 (32 bits) D : 배장 (64 bits)
		× : 1.948 μs(S), 4.186 μs(D)		× : 1.106 μs(S), 2.394 μs(D)			
		÷ : 1.974 μs(S), 4.2 μs(D)		÷ : 1.134 μs(S), 2.66 μs(D)			
프로그램 메모리 용량		16 Ksteps	32 Ksteps	32 Ksteps	64 Ksteps	128 Ksteps	
입출력 점수 (설치기능)		384점(16점 I/O 설치 시)	768점(16점 I/O 설치 시)	768점(16점 I/O 설치 시)	1536점 (16점 I/O 설치 시)		
		768점(32점 I/O 설치 시)	1536점(32점 I/O 설치 시)	1536점(32점 I/O 설치 시)	3072점 (32점 I/O 설치 시)		
		1536점(64점 I/O 설치 시)	3072점(64점 I/O 설치 시)	3072점(64점 I/O 설치 시)	6144점 (64점 I/O 설치 시)		
데이터영역	P	P0000~P2047F(32768점)					입·출력 릴레이
	M	M0000~M2047F(32768점)					내부 릴레이
	K	K000~K2047F(32768점)					정전유지 릴레이
	L	L000~L11263F(32768점)					링크 릴레이
	F	F000~F2047F(32768점)					시스템 룰 제공
	T	100 ms : T0 - T999					타이머 : 파라 미터 설정에 의 해 영역 변경 가능
		10 ms : T1000 - T1499					
		1 ms : T1500 - T1999					
		0.1 ms : T2000 - T2047					
	C	C0000~C2047					카운티
	S	S00.00~S127.99					스텝콘트롤러
	D	D0000~D19999		D0000~D32767			데이터 레지스터
	U	U0.0~ U1F.31	U0.0~ U3F.31	U0.0~ U3F.31	U0.0~U7F.31		특수모듈 데이터 리프레시 영역
	Z	128점					인덱스 레지스터
파일 레지스터	R	램영역 : 1블록		램영역 : 2블록			1블록 R0~R32767
		플래시영역 : 2 Mbyte, 32블록					
프로그램 구성	총 프로그램수	256개					
	초기화 태스크	1개					
	정주기 태스크	32개					
	내부접점 태스크	32개					

(계속)

항목	XGK-CPUE	XGK-CPUS	XGK-CPUA	XGK-CPUH	XGK-CPUU	비 고
운전모드	RUN, STOP, DEBUG					
자기진단기능	연산지연감시, 메모리 이상, 입출력 이상, 배터리 이상, 전원 이상 등					
내장기능	Modbus Slave 통신지원, PID 연산					
프로그램 포트	RS-232C(1 CH), USB(1 CH)					
정전시 데이터 보존방법	R영역, K영역은 기본적으로 래치 1영역, 그 외 영역은 기본 파라미터에서 래치 1/2 영역 설정					
최대 베이스 확장	2단	4단	4단	8단		총연장거리 15 m
내부 소비 전류(mA)	960			960		
중량(kg)	0.12			0.12		

2. CPU의 각 부 명칭 및 기능

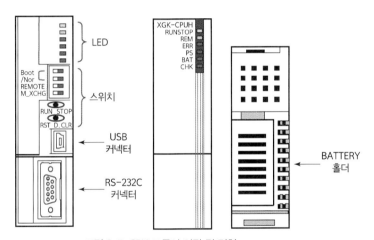

그림 3.5 CPU 모듈의 외관 및 명칭

그림 3.5에서 LED부의 명칭과 기능은 위로부터 순서대로 표 3.2와 같다.

표 3.2 CPU 모듈의 LED

순 서	LED 명칭	상 태
1	RUN/STOP	• 녹색점등 : RUN 상태 • 적색점등 : STOP 상태 • 적색점멸 : 에러 상태(하드웨어)
2	REM	• 황색점등 : 리모트 허용(REMOTE 스위치 ON) • 소등 : 리모트 금지(REMOTE 스위치 OFF)

(계속)

순서	LED 명칭	상태
3	ERR	• 적색점등 : 운전 불가능한 에러 상태 • 소등 : 이상 없음(소프트웨어)
4	PS (Programmable Status)	• 적색점등 　－"사용자 지정 플래그"가 ON인 경우 　－"에러 시 운전속행" 설정으로 에러 상태에서 운전 중인 경우 　－"M.XCHG(모듈교환)" 스위치가 ON 상태에서 모듈을 빼거나 다른 　　모듈을 장착한 경우 • 소등 : 이상 없음
5	BAT	• 적색점등 : 배터리 전압이 규정전압 미만인 상태 • 소등 : 배터리 이상 없음
6	CHK	• 적색점등: 표준설정과 다른 내용이 설정된 상태 　－"M.XCHG(모듈교환)" 스위치가 ON인 경우 　－"디버그 모드에서 운전 중인 경우 　－"강제 I/O" 설정상태 　－"고장마스크", "SKIP" 플래그가 설정된 경우 　－운전 중 경고장(Warning)이 발생한 경우 　－증설 베이스의 전원 이상인 경우 • 적색점멸 : 연산에러 시 운전속행 설정이 되어있는 상태에서 에러가 　발생한 경우 • 소등 : 표준설정으로 운전 중에 표시

그림 3.5에서 스위치부의 명칭과 기능은 위로부터 순서대로 표 3.3과 같다.

표 3.3 CPU 모듈의 스위치부

스위치	용도
Boot/Mor	항상 ON(사용자 조작 시 CPU 소손 또는 오동작의 원인이 됨)
REMOTE	• ON : 리모트 허용 • OFF : 리모트 금지 　－리모트 제어를 하기 위해서는 ON
M.XCHG	• ON : 런 중 모듈 교체 허용 • OFF : 런 중 모듈 교체 금지 　－런 중 모듈 교체 완료 후 반드시 OFF
RUN/STOP	• RUN : Local RUN • STOP : Local STOP 또는 리모트 모드 　－리모트 제어를 하기 위해서는 STOP
RST	• 3초 미만 RST : PLC 리셋 • 3초 이상 RST : PLC Overall 리셋
D.CLR	• 3초 미만 D.CLR : 래치 1 클리어 • 3초 이상 D.CLR : 래치 2 클리어 　－PLC가 STOP 상태인 상태에서만 동작

그 외에 커넥터는 RS-232C커넥터가 있다. 이것은 XG5000접속용으로 사용되며, XG5000 접속 외에 Modbus서버 기능을 지원하는 포트가 내장되어 있고, 통신 파라미터는 XG5000의 기본 파라미터에서 설정한다. 또 다른 커넥터는 USB커넥터가 있으며, 주변기기(XG5000 등)와 접속한다.

3. 중앙연산 처리장치(CPU)의 기능

CPU(Central Processing Unit)는 마이크로 프로세서를 사용하며 다음의 기능을 갖는다.

① 프로그램 및 입력 접점으로부터 받아들인 데이터를 리프레시(refresh)하여 프로그램 수행 중에 새로운 입력 데이터로 이용하여 연산하고, 그 연산결과를 출력접점에 리프레시하여 출력장치를 통해 출력할 수 있다.

② 고속 인터럽트 처리가 가능하며, 운전 중에도 XG5000을 이용하여 프로그램을 수정(런 중 수정)할 수 있다. 운전 중 수정이 가능한 항목은 프로그램의 수정 또는 통신 파라미터 의 수정이다.

③ 자기진단 기능을 갖는다. 즉, 프로그램을 도중에 정지시켜 연산도중의 결과를 감시할 수 있으며, 연산도중에 이상이 발생하면 검출함으로써 시스템의 오동작을 방지하는 기능을 갖는다. 또한 외부기기의 고장도 검출할 수 있다.

④ CPU 모듈은 모듈에 장착된 키 스위치 또는 통신(MMI : Man-Mchine Interface, 소프트웨 어 등)에 의해 운전 변경이 가능하다. REMOTE로 조작을 하는 경우 STOP 상태에서 딥 스위치를 ON하여 통신에 의해 운전을 변경할 수 있다.

⑤ 입출력 모듈의 체크기능을 갖는다. 즉, 기동 또는 운전 중에 입력 및 출력모듈의 이상 여 부를 점검하여 파라미터의 설정과 장착 모듈이 다르거나 고장을 검출하는 기능이 있다.

⑥ 운전 중 모듈 교체기능을 갖는다. 모듈 교체 방법은 2가지가 있으며 첫 번째 방법은 XG5000의 "모듈 교환 마법사" 기능을 이용하는 방법, 두 번째는 CPU 모듈의 M.XCHG 딥스위치를 ON 상태로 하여 모듈을 교체(교체 후에는 반드시 그 스위치를 OFF로 해야 한다)하는 방법이 있다.

⑦ 입출력 강제 ON/OFF 기능을 갖는다. 프로그램의 실행과 관계없이 입력, 출력을 강제로 ON 또는 OFF시킬 수 있다. 강제 I/O 설정은 로컬 I/O 모듈에서만 설정이 가능하다.

⑧ 고장 마스크 및 SKIP 기능을 갖는다. 운전 중 고장 마스크로 설정된 모듈에 이상이 생겨 도 그 모듈은 동작이 정지되지만 프로그램이 계속 수행되어 전체 시스템은 계속 동작을 한다. 스킵 기능은 지정된 모듈을 운전에서 배제시켜 그 순간부터 그 모듈에 대한 데이 터의 갱신이나 고장진단이 중지되게 하는 기능으로서, 고장 부분을 배제하고 임시 운전 을 하는 경우 등에 사용할 수 있다.

⑨ 배터리 전압 체크 및 시계기능을 갖는다. 배터리 전압이 메모리 백업전압 이하로 떨어지면 경고램프를 ON시켜 조치를 할 수 있게 한다. 또한 CPU 모듈에는 시계소자(RTC)가 내장되어 있어서 전원이 OFF되거나 정전 시에도 배터리 백업에 의해 시계동작을 하는 기능을 갖는다.

3.3 데이터 메모리

데이터 메모리는 비트(Bit)형 데이터를 저장하는 비트 메모리와 워드(Word) 데이터를 저장하는 워드메모리가 있다. 그리고 정전이나 CPU의 재기동 등의 경우에도 유지해야 하는 데이터를 저장하기 위해 래치(latch)기능을 갖는 **플래시(flash) 메모리**가 있다.

1. 비트 메모리(Bit Memory)

비트 메모리는 접점, 코일 등 비트 단위의 데이터를 저장할 수 있는 메모리를 의미하며, XGK에서 P 영역, M 영역, K 영역, L 영역, S(스텝 콘트롤러) 영역, F 영역이 비트 메모리 영역에 해당된다. 그리고 타이머(T 영역)와 카운터(C 영역)의 접점 상태 영역도 비트 메모리 영역에 해당된다.

기능별로 다양한 비트(Bit) 디바이스가 있으며, 표기 방식은 첫 자리에 디바이스 종류를, 중간자리는 10진수로 워드위치를, 마지막 자리는 16진수로 워드 내 비트 위치를 표기한다.

표 3.4는 비트 디바이스 영역의 표시, 접점수, 용도를 나타낸다.

비트 메모리는 각 영역의 특성에 따라 다음과 같은 경우에는 사용할 수 없다.

① 시스템 플래그 영역(F 영역)은 읽기 전용 영역이므로 F 영역에 데이터 쓰기를 할 수 없다.
② 링크 릴레이 영역(L 영역)은 PLC에 통신모듈이 장착되어 있을 경우, 통신모듈의 정보 저장 영역이므로 임의적 사용이 제한된다.
③ 타이머(T 영역)와 카운터(C 영역)의 상태 접점에 대해서는 코일을 사용할 수 없다. 단 타이머와 카운터를 리셋하기 위해 리셋코일의 사용은 가능하다.
④ 입출력 영역(P 영역) 중 입력모듈에 할당된 P 영역에 대해서는 코일을 사용할 수 없다.

표 3.4 비트 디바이스(Bit Device)

디바이스의 영역 표시	디바이스의 접점수	용 도
P00000~P2047F	입출력 접점 P 32768점	• 입·출력 접점의 상태를 저장하는 이미지 영역 • 입력모듈의 상태를 읽어 그에 해당하는 P 영역에 저장하고 연산결과가 저장된 P 영역 데이터를 출력모듈로 내보낸다.
M00000~M2047F	입출력 접점 M 32768점	프로그램에서 비트 데이터를 저장할 수 있는 내부 메모리이다.
L00000~L11263F	입출력 접점 L 180223점	통신모듈의 고속링크/P2P 서비스 상태정보를 표시하는 디바이스이다.
K00000~K2047F	입출력 접점 K 32768점	정전 시 데이터를 보존하는 디바이스 영역으로 별도로 정전보존 파라미터를 설정하지 않고 사용할 수 있다.
F00000~F2047F	입출력 접점 F 32768점	시스템 플래그 영역으로 PLC에서 시스템운영에 필요한 플래그를 관리한다.
T0000~T2047F	입출력 접점 T 2047점	타이머 접점의 상태를 저장하는 영역
C0000~C2047	입출력 접점 C 2047점	카운터 접점의 상태를 저장하는 영역
S00.00~S127.99	스텝 컨트롤러 S 128×100스텝	스텝 제어용 릴레이

비트 메모리의 구조(P, M, L, K, F 영역)는 그림 3.6과 같다.

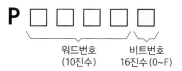

그림 3.6 비트 메모리 주소

■ 비트 메모리 주소의 표현(P, M, K, L, F 영역) 예

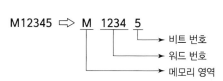

L 영역을 비트 메모리로 사용할 경우 주소는 6자리로 표시되며, 선두 5자리는 워드 주소, 마지막 1자리는 비트 번호가 된다.

2. 워드 메모리(Word Memory)

워드 메모리는 수치 데이터, 문자열 데이터 등을 저장하는 용도로 사용된다. XGK PLC에서 워드 메모리는 D 영역, R 영역, U 영역, Z 영역이 있으며, 타이머(T 영역)와 카운터(C 영역)의 현재값 저장 영역도 워드 메모리에 해당된다. 그리고 F 영역 중 시스템 데이터를 저장하는 영역은 워드 단위를 사용한다.

워드 메모리(D, R, U, Z 영역)의 비트 표현은 그림 3.7과 같다.

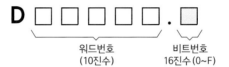

그림 3.7 워드 메모리의 비트 표현

여기서 U 영역은 아날로그 입·출력 모듈 등 특수 모듈과 데이터를 교환하는 용도로 사용되는 영역이다. U 영역은 모듈의 위치 및 종류와 관련되는 영역이므로 다음의 형식을 사용한다.

Uxy.w

여기서 x는 모듈이 장착된 베이스 번호, y는 모듈이 장착된 슬롯 번호, w는 워드 주소이고, 비트 표현을 하는 경우는 다음과 같이 워드주소 다음에 "· 비트번호"를 붙인다.

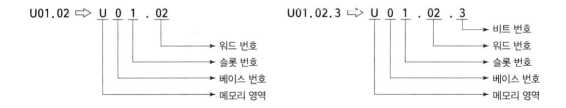

■ 워드 메모리 주소의 표현(P, M, L, K, F, D, R(ZR), Z 영역) 예

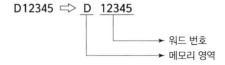

단 P, M, K 영역을 워드 메모리로 사용할 경우 주소는 4자리로 표시된다(예 : P0002).

■ 워드 메모리 내 비트 주소의 표현(D, R 영역) 예

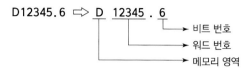

단 Z, ZR, 타이머와 카운터 현재값 영역은 '워드 번호.비트번호' 형식을 사용할 수 없다.

표 3.5는 워드 디바이스 영역의 표시, 워드수, 용도를 나타낸다.

표 3.5 워드 디바이스(Word Device)

디바이스의 영역 표시	디바이스의 워드수	용도
D00000~D32767	데이터 레지스터 D 32768워드	• 내부 데이터를 보관하는 영역 • 비트 표현이 가능하다.
R00000~R32767	파일 레지스터 R 32768워드	• 플래시 메모리를 액세스하기 위한 전용 디바이스 • 2개의 뱅크로 구성되어 있으며, 비트 표현이 가능하다.
U00.00~U7F.31	아날로그 데이터 레지스터 U 4096워드	• 슬롯에 장착된 특수모듈로부터 데이터를 읽어 오는 데 사용되는 레지스터 • 비트 표현이 가능하다.
N00000~N21503	통신 데이터 레지스터 N 21504워드	• 통신모듈의 P2P서비스 저장 영역 • 비트 표현이 불가능하다.
Z000~Z127	인덱스 레지스터 Z 128워드	• 인덱스 기능의 사용을 위한 전용 디바이스 • 비트표현이 불가능하다.
T0000~T2047	타이머 현재치 레지스터 T 2048워드	타이머의 현재값을 나타내는 영역
C0000~C2047	카운터 현재치 레지스터 C 2048워드	카운터의 현재값을 나타내는 영역

D, R(ZR), Z 영역의 워드 메모리의 구조는 그림 3.8과 같으며,

워드	비트															
D00000	F	E	D	C	B	A	9	8	7	6	5	4	3	2	1	0
D00001	F	E	D	C	B	A	9	8	7	6	5	4	3	2	1	0
……	……															
D00009	F	E	D	C	B	A	9	8	7	6	5	4	3	2	1	0
D00010	F	E	D	C	B	A	9	8	7	6	5	4	3	2	1	0
……	……															

그림 3.8 D, R, Z 워드 메모리 구조

워드	비트															
U00.00	F	E	D	C	B	A	9	8	7	6	5	4	3	2	1	0
......							......									
U00.31	F	E	D	C	B	A	9	8	7	6	5	4	3	2	1	0
U01.00	F	E	D	C	B	A	9	8	7	6	5	4	3	2	1	0
......							......									
U01.31	F	E	D	C	B	A	9	8	7	6	5	4	3	2	1	0
......							......									

그림 3.9 U영역 워드 메모리 구조

U 영역의 워드 메모리의 구조는 그림 3.9와 같다(비트 표현은 예를 들어 U01.10.4에서 4가 비트번호임).

3. 플래시 메모리(Flash Memory)

XGK PLC에서는 정전이나 CPU 재기동 등의 경우에도 유지해야 하는 데이터를 저장하기 위한 래치기능이 있다.

내부 메모리 중 K 영역과 R 영역(ZR 영역)은 전체 영역이 리테인 영역이며, 기본 파라미터에서 D, M, T, C, S 영역 중 일부 또는 전체 영역을 래치 영역으로 설정하여 사용할 수 있다. 그러나 래치 영역에 저장된 데이터는 Battery가 규정전압 이하 상태에서 주전원이 차단되거나 Overall Reset, Overall Data Clear 기능이 수행될 때 삭제될 수 있으며, 데이터를 삭제하지 않고 영구히 저장하고자 할 때 저장할 데이터를 R 영역에 저장한 후 EBWRITE 명령어를 실행시키면 R 영역에 저장된 데이터가 **플래시 메모리**에 저장되고, 플래시 메모리에 저장된 데이터는 EBREAD 명령을 이용하여 내부 메모리 중 R 영역으로 읽어올 수 있다.

3.4 모듈(Module)의 종류와 기능

모듈에는 전원 모듈, CPU 모듈, 디지털 입력 모듈, 디지털 출력 모듈이 있으며, 특수 모듈로서 아날로그 입력 모듈, 아날로그 출력 모듈, 고속카운터 모듈, 위치결정 모듈, 통신 모듈, 온도제어 모듈, 모션제어 모듈 등이 있다. 각 모듈에 대하여 기술한다.

1. 전원 모듈

전원 모듈은 PLC의 CPU를 비롯하여 입·출력 모듈, 통신 모듈, 특수 모듈에 전원을 공급하며, 그러한 역할을 하기 위한 전원 모듈의 선정 방법, 종류 및 규격에 대해 설명한다.

(1) 선정 방법

전원 모듈의 선정은 입력전원의 전압과 전원 모듈이 시스템에 공급해야 할 전류, 즉 전원 모듈과 동일 베이스상에 설치되는 디지털 입·출력 모듈, 특수 모듈 및 통신 모듈 등의 전 소비전류에 의해 정해야 한다.

전원 모듈의 정격출력 용량을 초과하여 사용하면 시스템이 정상적으로 동작하지 않으므로, 시스템 구성 시 각 모듈의 소비전류를 고려하여 전원 모듈을 선정한다. 각 모듈의 소비 전류는 제품의 사용설명서 또는 데이터시트의 제품규격에서 확인할 수 있다.

그림 3.10은 각 모듈이 장착되어 있는 베이스에서 전원과 전원모듈 그리고 각 모듈의 배치도를 나타낸다. 전원 모듈은 베이스의 좌측에 설치하며, 전원의 정격전압은 AC전원 100 ~240 V, DC전원 24 V 등이며, CPU에서는 DC5 V로 변환하여 사용된다.

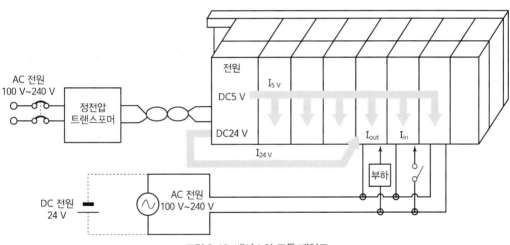

그림 3.10 베이스의 모듈 배치도

(2) 전원 모듈의 각부 명칭 및 용도

전원 모듈의 각부 명칭 및 용도는 그림 3.11과 같다.

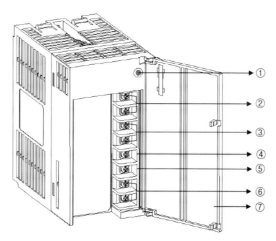

번호	명칭	용도
①	전원 LED	DC5 V 전원 표시용 LED
②	DC24 V, 24 G 단자	출력 모듈 내부에 DC24 V가 필요한 모듈에 전원 공급용 • XGP – ACF2, XGP – AC23은 DC24 V가 출력되지 않는다.
③	RUN 단자	시스템의 RUN 상태를 표시 • CPU의 정지 Error 발생시 Off 된다. • CPU의 모드가 STOP으로 바뀌면 Off 된다.
④	FG 단자	감전 방지를 위한 접지 단자
⑤	LG 단자	전원 필터의 접지용 단자
⑥	전원 입력 단자	전원 입력 단자 • XGP – ACF1, XGP – ACF2 : AC100~240 V 접속 • XGP – AC23 : AC200~240 V 접속 • XGP – DC42 : DC24 V 접속
⑦	단자 커버	단자대 보호 커버

그림 3.11 전원 모듈의 명칭 및 용도

2. 디지털 입·출력 모듈

입력 모듈과 출력 모듈은 종류에 따라 8~64점으로 구성되어 있으며, LED 표시에 의해 동작을 확인할 수 있다.

입력 모듈(표 3.6 참조)은 DC입력용과 AC입력용이 있으며, DC입력용은 입력점수가 8, 16점, 32점, 64점, AC입력용은 8, 16점 등이 있다. 절연방식은 모두 포토커플러를 이용한다.

출력 모듈(표 3.7 참조)은 릴레이식(8, 16점), 트랜지스터식(8, 16, 32, 64점), 트라이액식(16점) 등이 있으며, 절연방식은 릴레이식을 제외하면 모두 포토커플러를 이용한다.

입출력 혼합 모듈(표 3.8 참조)은 입력부(DC 24 V 입력, 16점)와 출력부(트랜지스터 출력, 16점)가 한 모듈 내에 내장되어 있으며, 이 모듈이 0번 슬롯에 장착되어 있을 경우 입력은 P00000~P0000F, 출력은 P00010~P0001F이다.

표 3.6 입력모듈의 종류와 사양

규 격	DC입력							AC입력		
형명	XGI-D21A	XGI-D22A	XGI-D22B	XGI-D24A	XGI-D24B	XGI-D28A	XGI-D28B	XGI-A12A	XGI-A21A	XGI-A21C
입력점수	8점	16점		32점		64점		16점	8점	8점
정격입력전압	DC24 V							AC100~120 V	AC100~240 V	AC100~240 V
정격입력전류	4 mA							8 ms	17 ms	17 ms
ON전압/전류	DC19 V 이상 / 3 mA 이상							AC80 V 이상/5 mA 이상	AC80 V 이상/5 mA 이상	AC80 V 이상/5 mA 이하
OFF전압/전류	DC11 V 이하 / 1.7 mA 이하							AC30 V 이하/1 mA 이하	AC30 V 이하/2 mA 이하	AC30 V 이상/1 mA 이하
응답시간 OFF → ON	1 ms/3 ms/5 ms/10 ms/20 ms/70 ms/100 ms (I/O 파라미터에서 설정, 초기값 : 3 ms)							15 ms 이하		
응답시간 ON → OFF	1 ms/3 ms/5 ms/10 ms/20 ms/70 ms/100 ms (I/O 파라미터에서 설정, 초기값 : 3 ms)							25 ms 이하		
공통(COM)방식	8점/1COM	16점/1COM		32점/1COM				16점/1COM	8점/1COM	1점/1COM
절연방식	포토커플러									
소비전류(mA)	20	30		50		60		30	20	20
중량(kg)	0.1	0.12		0.1		0.15		0.13	0.13	0.13

XGI-xxxA : 소스/싱크타입, XGI-xxxB : 소스타입

표 3.7 출력 모듈의 종류와 사양

규 격	릴레이			트랜지스터							트라이액
형명	XGQ-RY1A	XGQ-RY2A	XGQ-RY2B	XGQ-TR1C	XGQ-TR2A	XGQ-TR2B	XGQ-TR4A	XGQ-TR4B	XGQ-TR8A	XGQ-TR8B	XGQ-SS2A
출력점수	8점	16점		8점	16점		32점		64점		16점
정격부하전압	DC12/24 V, AC110/220 V			DC12 /24V							AC110/220 V
정격입력전류 1점	2 A			2 A	0.5 A		0.1 A				0.6 A
정격입력전류 공통	5 A			–	4 A		2 A				4 A
응답시간 OFF → ON	10 ms 이하			3 ms 이하	1 ms 이하						1 ms 이하
응답시간 ON → OFF	12 ms 이하			10 ms 이하	1 ms 이하						0.5 Cycle + 1 ms 이하
공통(COM)방식	1점/1COM	16점/1COM		1점/1COM	16점/1COM		32점/1COM				16점/1 COM
절연방식	릴레이			포토커플러							포토커플러
소비전류(mA)	260	500		100	70		130		230		300
중량(kg)	0.13	0.17	0.19	0.11	0.11		0.1		0.15		0.2
서지킬러	–	바리스터		제너다이오드							바리스터
외부공급전원	–			DC 12/24 V							–

XGQ-RY2A : 서지킬러 미장착, XGQ-RY2B : 서지킬러 내장, XGQ-TRxA : 싱크타입, XGQ-TRxB : 소스타입

표 3.8 입출력 혼합 모듈의 사양

XGH - DT4A				
입 력			출 력	
입력점수	16점	출력점수	16점	
절연방식	포토커플러 절연	절연방식	포토커플러 절연	
정격입력전압	DC 24 V	정격부하전압	DC 12/24 V	
정격입력전류	약 4 mA	사용부하전압 범위	DC 10.2~26.4 V	
사용 전압 범위	DC 20.4~28.8 V (리플율 5% 이내)	최대부하전류	0.1 A/1점, 1.6 A/1 CON	
절연내압	AC 560 Vms/3 Cycle (표고 2,000 m)	OFF시 누설전류	0.1 mA 이하	
ON전압/ON전류	DC 19 V 이상/ 3 mA 이상	최대돌입전류	0.7 A/ 10 mA 이하	
OFF전압/OFF전류	DC 11 V 이하/ 1.7 mA 이하	서지킬러	제너 다이오드	
입력저항	약 5.6 KΩ	ON시 최대전압 강하	DC 0.2 V 이하	
응답 시간	OFF → ON	1 ms/3 ms/5 ms/10 ms/20 ms/70 ms/100 ms(CPU 파라미터로 설정) 초기값 : 3 ms	응답 시간	OFF → ON	1 ms 이하
	ON → OFF	1 ms/3 ms/5 ms/10 ms/20 ms/70 ms/100 ms(CPU 파라미터로 설정) 초기값 : 3 ms		ON → OFF	1 ms 이하 (정격 부하, 저항 부하)
공통(COM)방식	16점/1 COM	공통(COM)방식	16점/1 COM	
동작표시	입력 ON시 LED 점등	동작표시	입력 ON시 LED 점등	
내부소비전류(mA)	110 mA(전점 ON시)			
외부접속방식	40점 커넥터			
중량(kg)	0.1			

XGT 시리즈에 사용되는 디지털 입출력 모듈을 선정하는 경우, 다음의 사항들을 주의해야 한다.

① 디지털 입력의 형식에는 전류 싱크입력 및 전류 소스입력이 있다. DC입력 모듈의 경우는 이와 같은 입력 형식에 따라 외부입력전원의 배선방법이 달라지므로 입력접속기기의 규격 등을 고려하여 선정해야 한다.

② 최대 동시 입력점수는 모듈의 종류에 따라 다르다.

③ 개폐 빈도가 높거나 유도성 부하 개폐용으로 사용하는 경우, 릴레이 출력 모듈은 수명이 단축되므로 트랜지스터 출력 모듈이나 트라이액 출력 모듈을 사용하는 것이 좋다.

④ 입력 모듈의 동시 ON점수는, 입력전압, 주위 온도의 조건에 따라 변하므로 각 입력 모듈의 규격을 참조해야 한다.

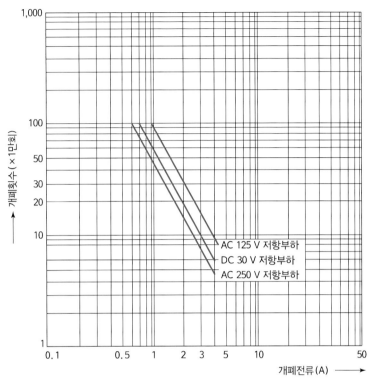

그림 3.12 릴레이 출력 모듈의 릴레이 수명

⑤ 릴레이 출력 모듈에 사용된 릴레이 수명의 최대값을 그림 3.12에 나타내었다.

디지털 입력 모듈 및 출력모듈의 타입명은 다음과 같다.

■ 디지털 입력 모듈

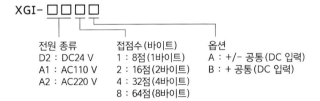

■ 디지털 출력 모듈

3. 아날로그 입력 모듈(A/D변환 모듈)

아날로그(Analog) 입력 모듈은 표 3.9에 종류를 나타내었으며, 고속변환처리(변환속도는 250 μ s/채널)를 할 수 있고, 고정밀도(변환 정밀도는 ±0.2%), 고분해능(디지털 값의 분해능 : 1/16000)이다. 또한 XG5000을 이용하여 특수 모듈 파라미터의 설정 및 모니터링을 할 수 있고, 4가지 형태의 디지털 출력 데이터 포맷이 가능하다. 또 XGF-AV8A와 XGF-AC8A 를 제외한 모듈에서는 채널별로 입력을 전압 또는 전류로 선택할 수 있다.

표 3.9 아날로그 입력 모듈

종 류	내 용
XGF-AV8A	입력 : 전압, 입력채널 : 8채널
XGF-AC8A	입력 : 전류, 입력채널 : 8채널
XGF-AD8A	입력 : 전압/전류, 입력채널 : 8채널
XGF-AD16A	입력 : 전압/전류, 입력채널 : 16채널
XGF-AD4S	입력 : 전압/전류, 입력채널 : 4채널, 절연형
XGF-AW4S	2-Wire, 입력 : 전압/전류, 입력채널 : 4채널, 절연형

4. 아날로그 출력 모듈(D/A변환 모듈)

아날로그(Analog) 출력 모듈의 종류와 내용을 표 3.10에 나타내었다. 종류에 따라 전압 또는 전류로 출력을 낼 수 있으며, 출력채널은 4개 또는 8개이다. 고속변환처리(변환속도는 250 μ s/채널)가 가능하며, 고성밀노(±0.2% 이하), 고분해능(디지틸값의 분해능 : 1/16000)이다. 또 XG5000을 이용하여 특수모듈 파라미터의 설정 및 모니터링을 할 수 있고, 4가지 형태(0~16000, -8000~8000, 4000~20000, 0~10000)의 디지털 입력 데이터의 포맷이 가능하다.

표 3.10 아날로그 출력모듈

종 류	내 용
XGF-DV4A	출력 : 전압, 출력채널 : 4채널
XGF-DC4A	출력 : 전류, 출력채널 : 4채널
XGF-DV8A	출력 : 전압, 출력채널 : 8채널
XGF-DC8A	출력 : 전류, 출력채널 : 8채널
XGF-DV4S	출력 : 전압, 출력채널 : 4채널, 절연형
XGF-DC4S	출력 : 전류, 출력채널 : 4채널, 절연형

5. 고속카운터 모듈

서보모터(Servo Motor)를 구동할 때 서보모터를 돌리기 위해 모터와 컨트롤러 사이에 서보앰프가 사용되는데, 그 서보앰프는 컨트롤러에서 오는 좌표이동 신호에 맞추어 모터를 원하는 위치로 구동한다.

이때 좌표이동 컨트롤 신호는 일반적으로 펄스신호를 사용하며, 이 신호구동을 라인 드라이버 IC를 사용하여 +, −, 평형신호를 사용하는 방식이 라인 드라이버(Line Driver) 방식이다. 이에 대하여 단일신호를 사용하여 오픈 콜렉터 드라이버(Open Collector Driver)신호를 사용하여 서보앰프의 포토커플러 등을 구동하는 것을 오픈 콜렉터 방식이라 한다.

XGT(XGK/XGI/XGR) 시리즈의 시스템에서 사용하는 고속카운터 모듈은 오픈 컬렉터 타입의 XGF-HO2A와 라인 드라이버타입의 XGF-HD2A가 있다(표 3.11 참조).

고속카운터 모듈은 CPU 모듈의 카운터 명령(CTU, CTD, CTUD 등)으로 처리할 수 없는 고속 펄스입력을 −2,147,483,648에서 2,147,483,647까지 카운트할 수 있다.

표 3.11 고속카운터의 종류

종류	내용
XGF - HO2A	펄스입력방식 : 오픈 컬렉터방식(전압), 채널수 : 2채널
XGF - HD2A	펄스입력방식 : 라인 드라이버방식, 채널수 : 2채널
XGF - HO8A	펄스입력방식 : 1/2/4체배, CW/CCW, 채널수 : 8채널

고속카운터 모듈의 주요 기능은 다음과 같다.

① 3종류의 펄스입력이 가능하다.
  • 1상 입력 : 프로그램 또는 B상 입력에 의한 가산/감산 카운트(1체배, 2체배)
  • 2상 입력 : 위상차에 의한 가산/감산 카운트(1체배, 2체배, 4체배)
  • CW/CCW 입력 : A상 또는 B상에 의한 가산/감산 카운트(1체배)
② 프로그램 또는 외부 입력신호에 의한 프리셋(Preset)과 부가기능(Gate)이 있다.
③ 카운트 클리어, 카운트 래치, 구간 카운트, 입력 주파수 측정, 단위 시간당 회전수 측정, 카운트 금지의 6종류의 부가기능이 있다.
④ 비교 기준값(비교 최소값, 비교 최대값)과 현재 카운트를 이용한 7종류의 비교기능과 비교출력이 가능하다.
⑤ XG5000을 이용한 특수 모듈 파라미터 설정 및 모니터링을 할 수 있다.
⑥ 인크리멘탈(incremental) 엔코더(encoder)와 연계하여 사용할 수 있다.

6. 위치결정 모듈

위치결정 모듈은 이동체(피가공물, 공구 등)를 설정된 속도로 현재 위치로부터 설정된 위치에 정확히 정지시킴을 목적으로 하며, 각종 서보 구동장치나 스태핑 모터제어 구동장치에 연결하여 위치결정 펄스출력 신호에 의해 고정밀도의 위치제어를 한다. 공작기계, 반도체 조립기계, 연삭기, 소형 머신센터, 리프터 등 광범위하게 사용할 수 있다.

위치결정 모듈의 종류는 표 3.12와 같다.

표 3.12 위치결정모듈의 종류

명칭	내용
XGF - PO1H~PO4H	펄스출력타입 : 오픈 컬렉터(전압), 제어축수 : 1~4축
XGF - PD1H~PD4H	펄스출력타입 : 라인 드라이버, 제어축수 : 1~4축

위치결정 모듈의 주요 기능은 다음과 같다.

① 임의의 위치에서 위치결정제어, 속도제어 등 다양한 기능을 갖는다.
② 다양한 단축운전, 즉 위치제어, 속도제어, Feed제어, 다축 동시기동, 포인트 운전이 가능하다.
③ 다양한 다축운전, 즉 원호 보간(최대 2축씩 2그룹의 원호 보간), 직선 보간(최대 4축 직선 보간), 헬리컬 보간, 타원 보간이 가능하다.
④ 운전 중 위치/속도 제어전환, 속도/위치 제어전환이 가능하다.
⑤ 캠 제어를 할 수 있다.
⑥ 원점복귀 제어 기능이 다양하다.
⑦ 가감속 방식으로는 사다리꼴 가감속과 S자형 가감속의 2종류를 선택하여 사용할 수 있다.
⑧ 기동처리 시간을 1 ms로 단축하고, 보간운전 또는 동시 기동 시 실행축 간의 기동지연이 발생하지 않는다.
⑨ 위치결정용 컨피규레이션 툴인 XG-PM에 의해 자기진단, 모니터링, 시뮬레이션, 트레이스가 가능하다.

7. 통신 모듈

네트워크 시스템에는 RAPIEnet시스템, Fast Ethernet(FEnet)시스템, Computer Link(Cnet) 시스템, Rnet시스템, DeviceNet(Dnet)시스템, Profibus-DP(Pnet)시스템 등 여러가지 시스템을 구성할 수 있는 종류들이 있다.

8. 증설 베이스

XGT PLC에 사용하는 베이스는 기본 베이스(XGB-M□□A)와 증설 베이스(XGB-E□□A)로 구분된다. 1개의 베이스는 전원 및 CPU를 제외하고 4/6/8/12개의 모듈을 장착할 수 있다.

기본 베이스는 전원 모듈이 장착되는 슬롯의 왼쪽에 증설 커넥터가 1개 있으며, 증설 베이스는 두 개의 증설 커넥터가 있으므로 외형으로도 구분이 된다. 증설 베이스를 사용할 때 증설단자 보호커버를 열면 그림 3.13에서 보는 바와 같이 베이스 번호 설정용 딥스위치가 4개 있으며, 이 스위치를 이용하여 베이스 번호를 설정한다. 최대 증설 거리(증설 케이블 길이의 합)는 15 m이다.

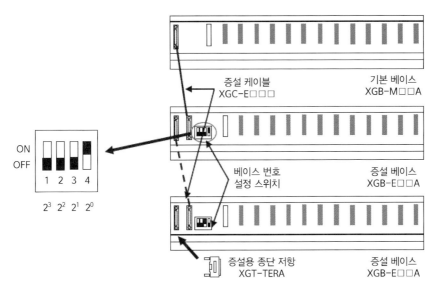

그림 3.13 증설 베이스의 설치방법

3.5 입력 및 출력배선

1. 입력배선

PLC는 외부 장비로부터 신호 및 데이터를 입력받아 데이터 처리를 하고, 그 결과를 출력하는 장비이므로 외부 장비로부터 신호를 입력받기 위해 외부 장비와의 신호선을 배선해야 사용할 수 있다.

외부장비의 출력기기에 따라 PLC의 입력 배선도를 각각 나타내었다.

(1) 유접점 출력기기의 배선

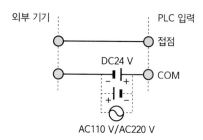

그림 3.14 유접점 출력기기의 배선

① 배선하기 전에 외부 기기의 정격전류를 확인해야 한다.

② DC전원 사용 시 극성은 외부기기에 따라 달라진다.

③ DC전원 사용 시 (–) 공통일 경우 XGI-D2□A를 사용해야 하며, (+) 공통일 경우 XGI-D2□A와 XGI-D2□B를 사용할 수 있다.

④ AC전원을 사용할 경우 AC 입력 모듈을 사용해야 하며, XGT의 AC 입력 모듈은 110 V용과 220 V용으로 구분되어 있다.

(2) NPN형 출력기기의 배선(sink type)

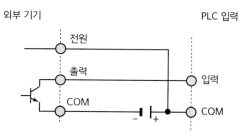

그림 3.15 NPN형 출력기기의 배선(sink type)

(3) PNP형 출력기기의 배선(source type)

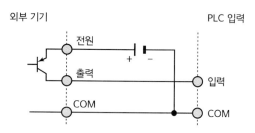

그림 3.16 PNP형 출력기기의 배선(source type)

2. 출력배선

PLC가 제어를 수행하여 그 연산 결과에 따라 데이터를 출력하고, 출력 결과에 따라 PLC
의 출력 모듈에 연결된 외부 장비가 구동함으로써 제어가 이루어진다. 따라서 PLC의 출력
접점과 실제 구동될 부하와의 배선을 함으로써 실질적인 제어가 이루어진다.

구동될 외부장비의 입력부하에 따라 또는 PLC출력에 따라 출력배선도를 나타내었다.

(1) NPN입력부하의 배선

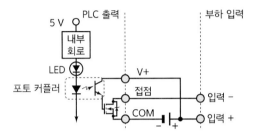

그림 3.17 NPN입력부하의 배선

(2) PNP입력부하의 배선

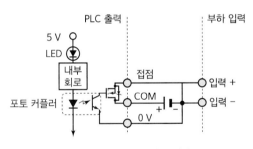

그림 3.18 PNP입력부하의 배선

(3) 릴레이 출력모듈 부하배선

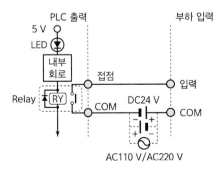

그림 3.19 릴레이 출력모듈 부하배선

(4) SSR 출력모듈 부하배선

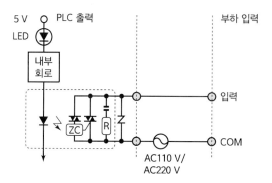

그림 3.20 SSR 출력모듈 부하배선

3.6 네트워크 시스템

XGK 시리즈에서는 시스템 구성의 용이성을 위한 다양한 네트워크 시스템이 있다.

PLC와 상위 시스템간 또는 PLC간의 통신을 위한 이더넷(FEnet, FDEnet) 및 Cnet이 있으며, 하위 제어 네트워크 시스템으로 Profibus-DP, DeviceNet, Rnet 등이 있다.

1. 시스템 사이의 네트워크

(1) 로길 네트워크(Local Network)

기본베이스와 증설베이스의 제약없이 최대 24대의 통신모듈을 장착할 수 있으며, 시스템 동작 성능상 통신량이 많은 모듈을 기본베이스에 설치하는 것이 좋다.

기능별 제약사항은 표 3.13과 같다.

표 3.13 로컬 네트워크 통신모듈의 장착수

용도별 구분	KGK - CPUE	KGK - CPUS	KGK - CPUA	KGK - CPUH	KGK - CPUU
최대 고속링크 설정 모듈수	12개				
최대 P2P 서비스 모듈수	8개				
최대 전용 서비스 모듈수	24개				

주 1) P2P 서비스 : 1대 1통신

(2) 컴퓨터 링크(Cnet I/F) 시스템

Cnet I/F 시스템은 Cnet 모듈의 RS-232C, RS-422(또는 RS-485) 포트를 사용하여 컴퓨터나 각종 외부기기와 CPU 모듈 사이의 데이터 교신을 하기 위한 시스템이다.

상기 "로컬 네트워크"에서 설명한 대로 Cnet 모듈도 기본베이스와 증설베이스의 구별없이 최대 24대(타 통신모듈과 합)까지 장착이 가능하다.

Cnet에서는 고속링크는 제공하지 않으며, P2P 서비스는 최대 8대까지 지원한다.

2. 리모트 I/O 시스템

원거리에 설치된 입출력 모듈의 제어를 위한 네트워크 시스템으로 Smart I/O 시리즈가 있으며, 네트워크 방식은 Profibus-DP, DeviceNet, Rnet, Cnet 등이 있다.

(1) 네트워크 종류별 I/O 시스템 적용

리모트 I/O 모듈은 다음의 표 3.14와 같이 분류되며, 최대 장착대수 및 서비스별 최대 모듈수는 로컬 네트워크와 동일하다.

표 3.14 리모트 I/O 모듈

네트워크 종류(마스터)	Smart IO	
	블록형	증설형
Profibus - DP	○	○
DeviveNet	○	○
Rnet	○	○
Modbus(Cnet)	○	–
FEnt	–	○
Ethernet/IP	–	○
RAPIEnet	–	–

(2) 블록형 리모트 I/O 시스템

1) 시스템 구성

Profibus-DP, DeviceNet 및 Rnet 등으로 구성되며, 시리즈에 관계없이 블록형 리모트 I/O를 사용할 수 있다.

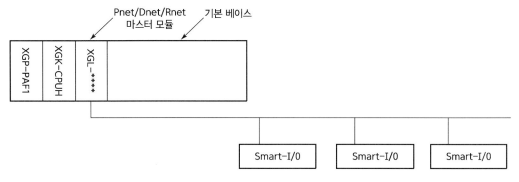

그림 3.21 블록형 리모트 I/O 시스템

    Profibus-DP와 DeviceNet 등은 국제표준에 준거하므로 LS산전의 Smart-I/O뿐아니라 타사의 제품과도 연결이 가능하다. 마스터 모듈은 최대 12대까지 장착이 가능하며, 증설베이스에도 설치가 가능하다(그림 3.21).

2) 입·출력 할당방법 및 입·출력 번호 지정

    고속링크 파라미터에 의해서 리모트 입·출력에 P, M, K, D 등의 디바이스를 할당할 수 있다. 강제 ON/OFF 기능 및 초기 리셋 등의 기능을 사용하기 위해서는 P 영역을 사용하는 것이 좋다.

    입·출력 디바이스(P 영역)의 최대 사용가능 점수는 32,768점(P00000~P2047F)이다. 모듈별 고속링크 파라미터의 설정 방식은 XG-PD의 설명서를 참조하기 바란다.

Chapter 04

데이터의 종류 및 사용

데이터의 종류는 그림 4.1과 같이 분류할 수 있다.

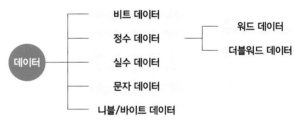

그림 4.1 데이터의 종류

4.1 비트(Bit) 데이터

비트 데이터는 접점이나 코일과 같이 1비트로 ON/OFF를 표시하거나 메모리 내에서 1비트 단위로 처리되는 데이터를 말한다. 비트 디바이스 또는 워드 디바이스의 비트지정 방법으로 비트 데이터를 사용할 수 있다.

(1) 비트(Bit) 디바이스

한 점 단위로 저장되거나 읽어올 수 있는 디바이스로서, P, M, L, K, F, T, C 등이 있으며, 비트 데이터를 액세스하기 위해 한 점(비트) 단위로 지정해서 사용한다. 이때 가장 아랫자리는 16진수로 표기한다(그림 4.2 및 4.2a 참조).

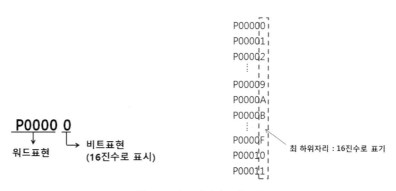

그림 4.2 비트 디바이스의 표현

그림 4.2a 비트 디바이스의 사용 예

(2) 워드(Word) 디바이스의 비트 지정

워드 디바이스(D, R, U, Z)에 비트번호를 지정함으로써 비트 데이터를 사용할 수 있으며, 표기 방법은 그림 4.3과 같다.

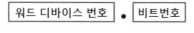

그림 4.3 워드 디바이스의 비트 표기

여기서 워드 디바이스 번호는 10진수로 표기하고, 비트번호는 16진수로 표기한다. 예를 들어, 워드 디바이스 D00010의 2번째 비트(b1)는 D00010.1과 같이 지정하며, 워드 디바이스 D00011의 11번째 비트(b10)는 D00011.A와 같이 지정한다. 비트 디바이스도 워드 디바이스와 같이 워드 단위의 데이터처리를 할 수 있지만, 워드 디바이스와 같이 P0020.1과 같은 표기를 하지는 않는다.

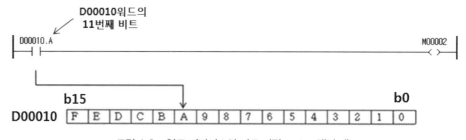

그림 4.3a 워드 디바이스의 비트 지정 프로그램의 예

4.2 니블/바이트(Nibble/Byte) 데이터

니블과 바이트는 XGT PLC에 새로 추가된 데이터 종류로서 각각의 명령어 이름 뒤에 4를 붙이면 니블, 8을 붙이면 바이트를 의미한다. 니블과 바이트의 시작비트를 입력하면 입력한 접점부터 각각 4비트, 8비트가 처리할 데이터로 된다.

(1) 표현 범위

- 니블 : 0~15(4비트) (2^4 → 16개)
- 바이트 : 0~255(8비트) (2^8 → 256개)

(2) 사용방법

1) 비트(Bit) 디바이스(P, M, K, F, L)의 경우

그림 4.4와 같이 오퍼랜드로 사용된 비트 디바이스의 접점부터 4비트 또는 8비트를 취한다. 4비트나 8비트를 취할 때 해당 비트 디바이스의 영역을 넘어갈 경우 넘어가는 비트는 0으로 처리한다. 만일 Destination으로 지정된 오퍼랜드라면 영역을 넘어가는 부분의 데이터는 소실된다.

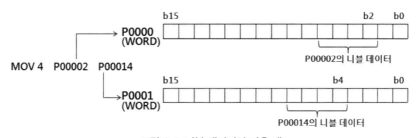

그림 4.4 니블 데이터의 이용 예

2) 워드(Word) 디바이스의 경우

오퍼랜드로 사용된 워드 디바이스의 비트접점부터 4비트 또는 8비트를 취한다. 이때 지정한 비트접점이 Source로 사용되고 지정한 접점부터 4비트나 8비트를 취할 때 워드 단위를 넘어가게 되면 넘어간 비트에 대해서는 0으로 처리한다(그림 4.5 참조). 지정한 비트접점이 Destination으로 사용되었다면 워드를 넘어가는 데이터는 소실된다(MOV4/MOV8 명령 참조).

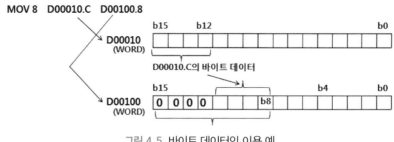

그림 4.5 바이트 데이터의 이용 예

3) T, C 디바이스의 경우

타이머 T 디바이스와 카운터 C 디바이스의 경우는 니블/바이트를 명령어에 사용할 수 없다. 왜냐하면 T와 C는 사용되는 명령어에 따라 비트 데이터로 사용되기도 하고, 워드 데이터로 사용되기도 하므로 혼란의 우려로 인해 니블/바이트를 사용하지 않는다.

4.3 워드(Word) 데이터

워드 데이터는 정수 데이터로서 16비트의 수치 데이터를 의미하며, 표기방법은 10진수와 16진수로 할 수 있고, 16진수로 표기할 경우에는 숫자 앞에 H 또는 소문자 h를 붙인다. 즉, 10진수의 경우는 −32768∼32767(Signed연산) 또는 0∼65535(Unsigned연산), 16진수의 경우는 H0∼HFFFF로 표기할 수 있다.

워드 데이터는 워드 디바이스나 비트 디바이스로 표현이 가능하다.

(1) 워드(Word) 디바이스

워드 디바이스의 1워드 단위로 워드 데이터가 지정된다(그림 4.6a).

그림 4.6a 워드 데이터의 이용 예(워드 디바이스)

(2) 비트(Bit) 디바이스

비트 디바이스 표기법에서 최하위 자리(16진수 표기 자리 : 비트를 나타내는 위치)를 제외하고 표기하면 워드 데이터로 지정된다(그림 4.6b).

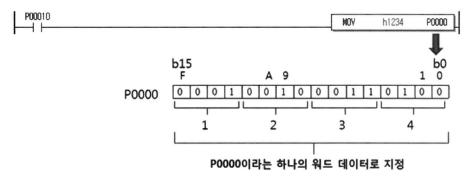

그림 4.6b 워드 데이터의 이용 예(비트 디바이스)

4.4 더블워드(DWORD) 데이터

더블워드 데이터는 정수 데이터로서 32비트의 수치 데이터를 의미한다. 표기방법은 10진수와 16진수로 할 수 있으며, 16진수로 표기할 경우에는 숫자 앞에 H를 붙인다. 즉, 10진수의 경우는 −2147483648~2147483647(Signed연산) 또는 0~4294967295(Unsigned연산), 16진수의 경우는 H0~HFFFFFFFF로 표기할 수 있다.

더블워드 데이터는 워드 디바이스나 비트 디바이스로 표현이 가능하다.

(1) 워드(Word) 디바이스의 경우

32비트 데이터 중 하위 16비트 데이터에 해당하는 디바이스 번호를 지정하고, "지정한 디바이스 번호"와 "지정한 디바이스 번호 + 1"의 데이터를 더블워드 데이터로 사용한다(그림 4.7a).

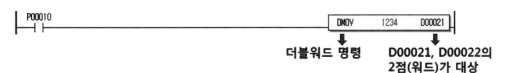

그림 4.7a 더블워드 데이터의 이용 예(워드 디바이스)

(2) 비트(Bit) 디바이스의 경우

워드 데이터를 표기할 때와 같이 최하위 자리를 제외하고 표기하며, 이렇게 "지정한 디바이스 번호"와 "지정한 디바이스 번호 + 1"의 데이터를 더블워드 데이터로 사용한다(그림 4.7b).

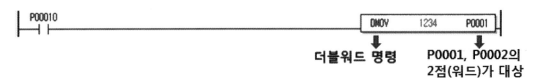

그림 4.7b 더블워드 데이터의 이용 예(비트 디바이스)

4.5 실수(REAL, LREAL) 데이터

실수 데이터는 32비트(단장형 실수), 64비트(배장형 실수)의 부동 소수점 데이터를 의미한다. 표기방법은 10진수 형태(소수점 표현)이다. 그리고 워드 디바이스와 비트 디바이스 모두 사용이 가능하다(그림 4.8).

지원되는 연산명령은 사칙연산, 변환, 비교, 삼각함수 등이다.

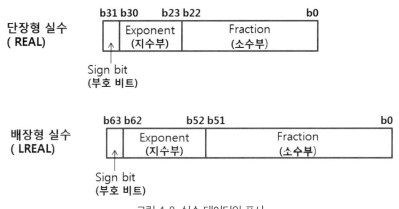

그림 4.8 실수 데이터의 표시

표현 범위는 다음과 같다.

(1) 단장형 실수

$-3.402823466e+38 \sim 3.402823466e+38$

(2) 배장형 실수

$-1.7976931348623157e+308 \sim 1.7976931348623157e+308$

4.6 수치 데이터

수치 데이터는 숫자로 표시되는 데이터를 의미하며, PLC에서 2진수, 8진수, 10진수, 16진수의 형태로 사용된다.

PLC에서 사용하는 수치 데이터는 정수형 수치 데이터와 전술한 실수형 수치 데이터로 구분될 수 있으며, 정수형 수치 데이터는 한 개의 데이터가 점유하는 비트의 수에 따라 니블(Nibble, 4bit), 바이트(Byte, 8bit), 워드(Word, 16bit), 더블 워드(Double Word, 32bit) 크기가 있으며, 실수형 수치 데이터는 플롯(Float, 32bit)과 롱(Long, 64bit)의 크기가 있다.

이들의 데이터 범위는 표 4.1과 같다.

표 4.1 수치 데이터의 종류와 데이터 범위

종류	크기	데이터 범위		
		16진수	부호없는 십진수	부호있는 십진수
정수형	니블(4 bit)	h0~hF	$0 \sim 15 (0 \sim (2^4 - 1))$	$-8 \sim 7 (-2^3 \sim (2^3 - 1))$
	바이트(8 bit)	h00~hFF	$0 \sim 127 (0 \sim (2^8 - 1))$	$-64 \sim 63 (-2^7 \sim (2^2 - 1))$
	워드(16 bit)	h0000~hFFFF	$0 \sim 65,535 (0 \sim (2^{16} - 1))$	$-32,768 \sim 32,767$ $(-2^{15} \sim (2^{15} - 1))$
	더블 워드 (32 bit)	h00000000~hFFFFFFFF	$0 \sim 4,294,967,295$ $(0 \sim (2^{32} - 1))$	$-2,147,483,648$ $\sim 2,147,483,647$ $(-2^{31} \sim (2^{31} - 1))$
실수형	Float(32 bit)	$-3.402823466e + 038 \sim -1.175494351e - 038$, 0 또는 $1.175494351e - 038 \sim 3.402823466e + 038$		
	Long(64 bit)	$-1.7976931348623157e + 308 \sim -2.2250738585072014e - 038$, 0 또는 $2.2250738585072014e - 038 \sim 1.7976931348623157e + 308$		

4.7 문자 데이터

문자열 관련 명령어에서 데이터 타입으로 숫자, 알파벳, 특수기호 등을 아스키코드의 형태로 저장할 수 있으며, 한글, 한자 등 16비트 코드를 요하는 문자열도 사용할 수 있다.

영문자, 숫자 또는 특수 문자의 경우 1개의 글자는 1Byte를 점유하며, 한글, 한자의 경우 1개 글자가 2Byte를 점유한다.

문자 데이터의 구분은 NULL코드(0x00)가 나올 때까지 하나의 문자열로 취급한다. 한 문자열의 최대 길이는 32바이트(NULL포함)까지 사용할 수 있으며, 영문만 사용 시는 31글자,

국문만 사용 시는 15글자까지 허용되며 혼합 사용도 가능하다.

최대 문자 입력의 경우 데이터 구조는 31바이트＋NULL(1바이트)이며, NULL은 문자의 끝에 0x00(ASC코드로 00을 표시)으로 표시한다. 예를 그림 4.9에 표시하였다.

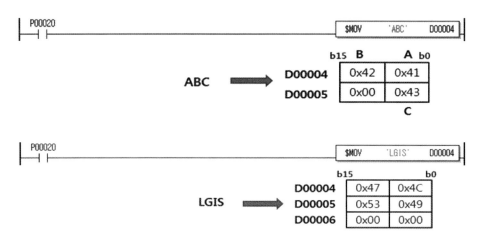

그림 4.9 문자 데이터의 이용 예

Chapter 05

디바이스 영역의 종류와 용도

5.1 디바이스의 단위별 분류

디바이스(Device)는 표현방법 및 오퍼랜드 처리방법에 따라 비트 디바이스와 워드 디바이스로 대별된다. 기타 디바이스에는 스텝 콘트롤러와 인덱스 레지스터가 있다.

(1) 비트(Bit) 디바이스

입력접점(LOAD)이나 출력코일(OUT)과 같은 기본 명령어로 사용할 때 점(.)이 없이 비트 표현이 가능한 디바이스를 비트 디바이스라 한다. 그 종류에는 P(입·출력 릴레이), M(보조 릴레이), K(Keep 릴레이), F(특수 릴레이), T(타이머, 비트접점), C(카운터, 비트접점), L(링크 릴레이) 등이 있다.

(2) 워드(Word) 디바이스

D(데이터 레지스터), R(파일 레지스터), U(아날로그 데이터 레지스터), T(타이머, 현재값 영역), C(카운터, 현재값 영역)와 같이 디바이스의 기본 표현이 워드 단위인 디바이스를 워드 디바이스라 한다. 워드 디바이스에서 비트 위치를 지정하려면 점(.)을 사용해야 한다. 예를 들어, D00020의 bit2의 표현은 D00020.2이다.

(3) 기타 디바이스

S(스텝 제어 릴레이)와 Z(인덱스 레지스터)가 있다.

5.2 디바이스별 입력범위

XGK-CPUH의 경우에 디바이스별 크기, 비트접점, 워드 데이터의 범위를 표 5.1에 나타내었다.

표 5.1 XGK-CPUH의 디바이스별 입력범위

디바이스 영역	크 기	비트접점	워드 데이터
P (입출력 릴레이)	32768점	P00000~P2047F	P0000~P2047
M (보조 릴레이)	32768점	M00000~M2047F	M0000~M2047
K (Keep 릴레이)	32768점	K00000~K2047F	K0000~K2047
F (특수 릴레이)	32768점	F00000~F2047F	F0000~F2047
T (타이머)[*1]	2048점	T0000~T2047	T0000~T2047
C (카운터)[*2]	2048점	C0000~C2047	C0000~C2047
U (아날로그 데이터 레지스터)	3072워드	U00.00.0~U7F.31.F	U00.00~U7F.31
Z (인덱스 레지스터)	128워드	사용불가	Z0~Z127
S (스텝 제어 릴레이)	100워드	S00.00~S127.99	사용불가
L (링크 릴레이)	180224점	L00.00~L127.99	L00000~L11263
N(통신 데이터 레지스터)	21K 워드	사용불가	N00000~N21503
D (데이터 레지스터)	32K 워드	D00000.0~D32767.F	D00000~D32767
R (파일 레지스터)	32K 워드	R00000.0~R32767.F	R00000~R32767
ZR	32K 워드	사용불가	ZR00000~ZR65535

*1) 타이머에서의 워드 데이터는 해당 비트 접점의 현재값을 나타낸다.
*2) 카운터에서의 워드 데이터는 해당 비트 접점의 현재값을 나타낸다.

5.3 입·출력 디바이스 P

입·출력 디바이스 P는 입력기기로 사용되는 푸시버튼, 변환 스위치, 리미트 스위치 등의 입력신호를 받아들이는 입력부의 영역이 있으며, 출력기기로 사용되는 솔레노이드, 모터, 램프 등에 연산결과를 출력신호로 전달시키는 출력부의 영역이 있다.

입·출력 디바이스에는 a접점과 b점점, 코일, 역코일의 사용이 가능하다.

P 영역 중에서 입·출력으로 사용되지 않는 부분은 보조 릴레이 M과 동일하게 사용할 수 있으며, 비트 단위로 사용되지만 명령어에 따라서는 워드 단위로 사용이 가능하다.

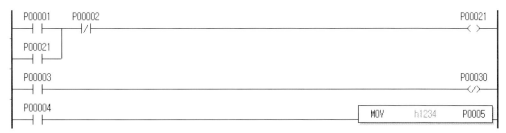

그림 5.1 입출력 디바이스 P의 사용 예

그림 5.1 프로그램의 예에서 각 명령어는 다음의 내용을 표시한다.

- 입력(비트단위) : P00001(a접점), P00002(b접점), P00003(a접점), P00004(a접점)
- 출력(비트단위) : P00021(코일), P00030(역코일)
- 출력(워드단위) : P0005

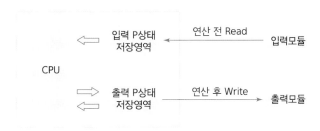

그림 5.2 입출력 디바이스의 작동상태

그림 5.2에서 표시하는 바와 같이 입·출력 P 영역은 입력 모듈 또는 출력 모듈의 각 접점에 대하여 1 : 1로 대응되는 영역을 가지므로 PLC가 연산 중일 때는 입·출력 모듈의 접점 상태와 관계없이 CPU 내부의 메모리(P 영역) 상태에 의해 연산을 수행하고, 연산이 완료된 후 접점에 대응되는 내부메모리 P 영역의 내용을 출력 모듈에 일괄 출력한다. 그리고 다음의 연산을 위해 입력 모듈의 접점 상태를 입력접점에 대응되는 내부메모리 P 영역에 저장한다.

입력, 출력의 접점 상태는 모두 P 영역에 할당되므로 프로그래밍할 때 입력 P 영역과 출력 P 영역을 혼동하지 않아야 한다.

5.4 보조 릴레이 M

보조 릴레이는 PLC 내의 내부 릴레이로서 프로그램에서 비트 데이터를 저장할 수 있는 내부 메모리로 사용되며, 외부로 직접 출력은 불가능하다. 그러나 프로그램에서 입출력 명령어 P와 연결하면 출력이 가능하다.

이 릴레이는 a접점과 b접점의 사용이 가능하며, 파라미터를 불휘발성 영역으로 지정하지 않은 영역은 전원이 ON될 때나 RUN이 ON될 때 그전의 데이터가 전부 0으로 소거된다.

5.5 Keep 릴레이 K

Keep 릴레이는 정전 시 데이터를 보존하는 디바이스 영역으로 별도로 정전보존 파라미터를 설정하지 않고도 사용할 수 있다.

사용용도는 보조 릴레이 M과 동일하지만, 전원이 ON될 때나 RUN 시작 시에 그 전의 데이터를 보존하는 불휘발성 영역으로 a접점과 b접점의 사용이 가능하다. 그러나 데이터의 초기화 프로그램을 수행하거나 XG5000툴에서 데이터 지우기를 실행하면 데이터가 소거된다.

5.6 링크(Link) 릴레이 L

링크 릴레이는 컴퓨터 링크 및 데이터 링크 모듈을 사용할 때 특수접점으로 사용되는 영역으로서, 외부로는 직접 출력이 불가능하다. 컴퓨터 링크 모듈 및 데이터 링크 모듈을 사용하지 않는 경우에는 보조 릴레이 M과 동일하게 사용할 수 있다.

5.7 타이머 T

타이머(Timer)의 접점상태를 저장하는 영역으로서 기본 주기 0.1 ms, 1 ms, 10 ms, 100 ms의 4종류가 있으며, 5종의 명령어(TON, TOFF, TMR, TMON, TRTG)에 따라 시간의 계수방법이 다르다. 최대 설정치는 hFFFF(65535)까지 10진수 또는 16진수로 설정할 수 있다.

그림 5.3은 타이머를 이용하는 프로그램의 예이다.

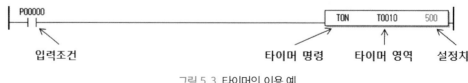

그림 5.3 타이머의 이용 예

5.8 카운터 C

카운터(Counter)의 접점상태를 저장하는 영역으로서 입력조건의 상승에지(OFF → ON)에서 카운트한다. Reset 입력을 하면 카운터의 동작을 정지하고 카운터의 현재값을 0으로 소거하거나 설정값으로 대치한다.

4종류의 명령어(CTU, CTD, CTUD, CTR)에 따라 각각 계수방법이 다르며, 최대 설정치는 hFFFF(65535)까지 가능하다.

그림 5.4는 카운터를 이용하는 프로그램의 예이다.

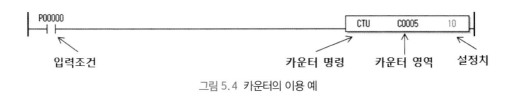

그림 5.4 카운터의 이용 예

5.9 데이터 레지스터 D

내부 데이터를 저장하는 영역으로서 16비트, 32비트로 읽기와 쓰기가 가능하며, 비트 표기를 이용하여 한 비트씩 읽고 쓰기도 할 수 있다.

데이터 레지스터(Data Register)의 비트 표기방법은 "지정된 번호 . 지정된 비트"의 형식으로서, 그림 5.5의 D00020.A와 같이 비트의 표현은 16진수로 표기한다.

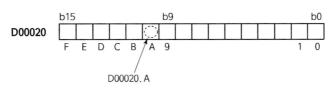

그림 5.5 데이터 레지스터의 비트 구성

16비트의 표기는 예로 D00005와 같이 점이 포함되지 않으며, 32비트의 경우에는 지정된 번호가 하위 16비트, "지정한 번호＋1"이 상위 16비트로서, 32비트 명령을 사용할 때 지정번호를 D00010이라 하면 상위 16비트는 D00011이 된다(그림 5.6 참조).

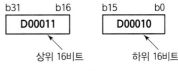

그림 5.6 데이터 레지스터의 워드 구성

전원이 ON될 때와 RUN이 ON될 때에는 파라미터로 지정한 불휘발성 영역을 제외한 부분을 0으로 소거하고, 불휘발성 영역은 이전 상태를 그대로 유지한다.

5.10 스텝제어 릴레이 S

스텝(Step) 제어용 릴레이로 명령어 OUT을 사용할 경우 후입우선, 명령어 SET을 사용하는 경우는 순차제어 기능을 하게 된다. 전원이 ON될 때와 RUN이 시작될 때 파라미터로 지정한 영역 이외에는 첫 단계인 0으로 소거된다.

그림 5.7 스텝제어(out) 프로그램의 예

후입우선의 그림 5.7의 프로그램 예에서 프로그램의 마지막 단계가 우선한다. 즉, S000.15의 출력이 우선한다.

그러나 SET 명령어의 경우에는 반드시 전 단계가 이루어진 경우에만 현 단계가 공정을 처리하게 되어 순차제어를 수행한다. 단 SETxx.00의 명령어를 사용하면 공정순서에 관계없이 클리어를 수행한다.

그림 5.8의 프로그램에서 S000.01부터 순서대로 수행하며, S000.00에서는 클리어를 수행한다.

그림 5.8 스텝제어(set) 프로그램의 예

5.11 특수 릴레이 F

특수한 용도로 사용되는 릴레이로서 사용설명서에서 특수 릴레이 일람을 참조하여 프로그램을 작성한다. F 영역의 값 중에서 RTC값만 변경이 가능하고 다른 값은 데이터의 읽기만 가능하다. F 영역의 RTC값을 변경하고자 하는 경우는 시간관련 명령어를 사용하거나 F 영역의 시간설정 비트를 사용하는 방법이 있다.

5.12 아날로그 데이터 레지스터 U

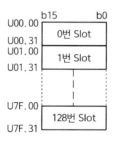

그림 5.9 데이터 레지스터 U의 구성

아날로그(Analog) 데이터 레지스터는 슬롯에 장착된 특수 모듈로부터 데이터를 읽어 오는데 사용되는 레지스터로서, 백플레인 컨트롤러에 의해 장착된 특수 모듈의 데이터가 리프레시 영역에 자동으로 갱신된다.

U 영역은 그림 5.9와 같이 한 슬롯당 32개의 워드가 할당되어 총 4096워드(8베이스×16슬롯×32워드=4096워드)로 이루어져 있으며, 모듈의 장착 여부에 관계없이 고정된 값이다.

U 영역의 표시는 Uxy.z로서 x는 베이스 번호(0~7), y는 슬롯번호(0~F), z는 특수 모듈 내부메모리의 워드번호이다. 비트표현도 가능하며, U3A.12.x (x : 비트위치, 16진수 표기)와 같이 워드번호에 점(.)과 비트번호를 붙여 표시한다.

실제로 지정된 슬롯에 특수 모듈이 없거나 유효 데이터 영역을 벗어나게 지정한 경우, 그 지정된 영역의 값은 0이 되고 에러는 발생하지 않는다. 예를 들어, 그림 5.10의 덧셈 프로그램에서 3번 베이스의 1번 슬롯에 장착된 특수 모듈의 리프레시 영역이 4개(0~3번)의 워

그림 5.10 레지스터 U 의 사용 예

드까지 유효한 영역이라면 4번 워드(U31.04)는 0으로 처리된다. 따라서 D00004에는 h00F3
이 저장된다.

장착된 특수 모듈의 리프레시 영역 이외의 값을 읽을 경우(Read)에는 GET(P), 값을 쓸
경우(Write)에는 PUT(P) 명령을 사용할 수 있다. D/A 모듈(아날로그 출력모듈)인 경우에만
지정한 위치에 데이터를 쓸 수 있다. D/A 모듈이 아닌 모듈이 장착된 위치에 데이터를 저장
하는 명령어를 사용하게 되면 NOP 처리되며, 에러는 발생하지 않는다.

5.13 파일 레지스터 R

파일 레지스터는 플래시(Flash) 메모리와 관련되는 레지스터(Register)로서 전원이 차단되
어도 기록된 값이 지워지지 않는다. 따라서 데이터의 백업이나 보관용으로 사용할 수 있다.
내부 램(RAM) 영역과 플래시 영역으로 나누어지며, 내부 램 영역은 D 디바이스와 같은
방법으로 사용할 수 있고, 플래시 영역은 플래시 특성상 사용방법과 처리속도의 차이가 있
다. 내부 램 영역에 저장된 데이터는 보조 배터리가 방전되기 전까지만 데이터가 보존되며,
플래시 영역의 데이터는 보조 배터리와 관계없이 플래시 전용 명령어로 지우지 않는 한 영
구적으로 보존된다.
내부 램의 크기는 64 K워드(고급형), 내부 플래시의 크기는 1 M워드(표준형, 고급형, 확장
형)로 0번~31번까지 32개의 블록이 있으며, 각 블록은 32 K워드이다.
표현방법은 R과 ZR의 경우 각각 다음과 같다.

• R : 내부 램 블록단위 표현(1블록당 32 K워드 고정)
• ZR : 내부 램 전체 표현(표현 범위는 기종에 따라 다름)

R 영역과 ZR 영역은 동일한 데이터 메모리 영역이며, R은 1개 블록 내의 주소, ZR은
전체 블록 내의 주소이다.
그림 5.11에서 보는 바와 같이 R의 표현에서는 블록번호를 지정하며, 블록 1의 R00000는
ZR32768과 동일하다.

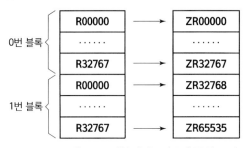

그림 5.11 파일 레지스터 R과 ZR의 표시

5.14 데이터 래치(Data Latch) 영역 설정

운전에 필요한 데이터 또는 운전 중 발생한 데이터를 PLC가 정지 후 재기동하였을 때도 계속 유지시켜서 사용하고자 할 경우에 데이터 래치를 사용하며, 일부 데이터 디바이스의 일정 영역을 파라미터 설정에 의해서 래치 영역으로 사용할 수 있다.

표 5.2는 래치가 가능한 디바이스에 대한 특성 표이다.

래치 영역의 설정은 기본 파라미터의 디바이스 영역 설정(그림 5.12)에서 설정할 수 있다. 영역은 래치 영역1과 래치 영역2로 구분되며, 이들은 중복되게 설정할 수는 없다.

래치 영역1과 래치 영역2는 모두 래치기능을 가지므로 리셋을 하는 경우 모두 데이터가 유지된다. 그러나 XG5000에서 온라인으로 Overall 리셋을 하는 경우에 래치 영역1의 데이터는 지워지고, 래치 영역2의 데이터는 유지된다는 차이가 있다. 만일 래치 영역2의 데이터를 지우려면 PLC가 stop 상태일 때 데이터 클리어 스위치를 3초 이상 ON시키면 된다.

표 5.2 각 디바이스에 대한 래치 특성

디바이스	1차 래치	2차 래치	특성
P	×	×	입출력 접점의 상태를 저장하는 이미지 영역
M	○	○	내부 접점 영역
K	×	×	정전 시 접점상태가 유지되는 영역
F	×	×	시스템 플래그(Flag) 영역
T	○	○	타이머(Timer) 관련 영역(비트/워드 모두 해당)
C	○	○	카운터(Counter) 관련 영역(비트/워드 모두 해당)
S	○	○	스텝(Step) 제어용 릴레이
D	○	○	일반 워드 데이터 저장 영역
U	×	×	아날로그 데이터 레지스터(Register)(래치 안 됨)
L	×	×	통신 모듈의 고속링크/P2P 서비스 상태 접점(래치됨)
N	×	×	통신 모듈의 P2P 서비스 주소영역(래치됨)
Z	×	×	인덱스(Index) 전용 레지스터(래치 안 됨)
R	×	×	플래시(Flash) 메모리 전용 영역(래치됨)

*주 1) K, L, N, R 디바이스는 기본적으로 래치됨.
2) K, L, R 디바이스는 1차 래치와 같이 동작함. 즉, Overall reset 또는 CPU 모듈의 D.CLR 스위치의 조작으로 지워짐.
3) N 디바이스는 XG5000 온라인 메뉴 PLC 지우기의 메모리 지우기 창에서 지울 수 있음.

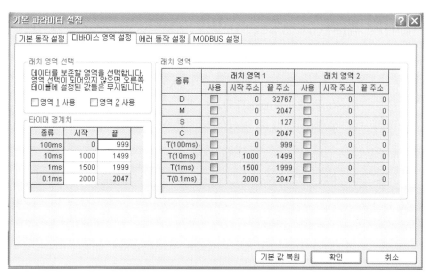

그림 5.12 XG5000 래치 설정화면

표 5.3은 래치 영역1 및 2와 래치 디바이스(K, L, N, R)의 데이터 유지 및 클리어 상태를 나타낸다. 여기서 N은 통신 레지스터이다.

표 5.3 래치 영역 및 래치 디바이스의 데이터 유지

구 분	stop 또는 Run 반복	리 셋	Overall 리셋	데이터 클리어 키(3초 이상)
래치 영역1	데이터 유지	데이터 유지	데이터 클리어	데이터 클리어
래치 영역2	데이터 유지	데이터 유지	데이터 유지	데이터 클리어
K, L, R 디바이스	데이터 유지	데이터 유지	데이터 클리어	데이터 클리어
N 디바이스	데이터 유지	데이터 유지	데이터 유지	데이터 유지

래치된 데이터를 지우는 방법은 다음과 같다.

• CPU 모듈의 D.CLR 스위치 조작
• XG5000으로 래치1, 래치2 지우기 조작
• 프로그램으로 쓰기(초기화 프로그램 추천)
• XG5000 모니터 모드에서 '0' FILL 등 쓰기

RUN 모드에서는 D.CLR 클리어가 동작을 하지 않으므로 STOP 모드로 전환 후 조작을 해야 한다. 또한 D.CLR 스위치로 클리어 시 일반 영역도 초기화됨에 주의해야 한다.

D.CLR를 순시 조작 시는 래치 영역1 영역만 지워지며, D.CLR를 3초간 유지시키면 6개의 LED 전체가 깜박이고, 이때 스위치가 복귀하면 래치 영역2 영역까지 지워진다.

PLC의 동작에 따른 래치 영역 데이터의 유지 또는 리셋(클리어) 동작은 표 5.4와 같다.

표 5.4 PLC 동작에 따른 래치 영역의 데이터 유지

No.	구 분	상세 동작 구분	래치 1	래치 2	비 고
1	전원 변동	OFF/ON	유지	유지	
2	리셋 스위치	리셋	유지	유지	
		Overal 1 리셋	리셋	유지	
3	D.CLR 스위치	래치 1 클리어	리셋	유지	
		래치 2 클리어	리셋	리셋	
4	프로그램 쓰기(온라인)	–	유지	유지	
5	데이터 깨짐	(배터리 고장)으로 SRAM 깨짐	리셋	리셋	
		다른 이유로 데이터 깨짐	리셋	리셋	
6	XG5000 온라인	래치 1 클리어	리셋	유지	
		래치 2 클리어	리셋	리셋	

Chapter 06

명령어

6.1 명령어의 종류

XGK 명령어는 크게 기본명령, 응용명령, 특수명령으로 대별할 수 있다. 여기서는 사용빈도가 높은 대표적인 명령어의 종류들을 열거한다.

1. 기본명령

기본명령은 LOAD, OUT 등과 같이 접점 및 코일에 관한 명령어와 타이머와 카운터, 마스터 컨트롤, 스텝 컨트롤 등의 명령어를 일컫는다.

- 접점(LOAD/AND/OR/ …), 결합(MPUSH/MPOP/ …), 반전(NOT)
- 출력(OUT/SET/RST/…), 마스터 컨트롤, 스텝 컨트롤
- 종료(END), 무처리(NOP), 타이머, 카운터

2. 응용명령

응용명령어는 기본명령을 제외한 대부분의 명령어를 말한다. 명령어의 기능별 분류는 명령어 일람을 참조한다. 여기서는 XGK 명령어를 이해하기 쉽게 오퍼랜드 타입에 따라 분류하였다.

오퍼랜드 타입은 비트, 니블/바이트, 워드/더블워드, 실수, 문자열 등이 있다.

(1) 니블/바이트

① 데이터 전송명령(MOV4/8)
② 변환명령(BCD4/8, BIN4/8)
③ 출력단 비교명령(CMP4/8)
④ 데이터 증감(INC4/8, DEC4/8)
⑤ 회전(ROL4/8, ROR4/8, RCL4/8, RCR4/8)
⑥ 이동(BSFL4/8, BSFR4/8)

(2) 실수 데이터

① 데이터형 변환(16/32bit 정수 ↔ 32/64bit 실수)
② 출력단 비교(CMP/…), 입력단 비교(=, >, >= …)
③ 사칙연산(덧셈/뺄셈/곱셈/나눗셈)
④ 특수함수(삼각/지수/로그/…)
⑤ 부호반전, 문자열변환

(3) 문자열 관련

① 데이터형 변환(정수 ↔ 문자열, 실수 ↔ 문자열)
② 전송($MOV), 문자열비교($=, $>, $<>/…)
③ 길이검출(LEN), 추출(RIGHT/LEFT/…), 검색
④ 문자열 덧셈($ADD)

(4) 특수 모듈 관련

① 메모리 Read/Write(GET/PUT)
② 포지션 모듈 제어(ORG/FLT/… 총 38종)

3. 특수명령

- 통신 모듈 관련 명령(국번설정, 읽기영역, 쓰기영역 등)
- 특수 모듈 공용명령(특수 모듈 읽기 GET, 쓰기 PUT)
- 모션제어 전용명령(모션 모듈 읽기 GETM, 모션 모듈 쓰기 PUTM)
- 위치제어 전용명령

6.2 니모닉 생성규칙

한 명령을 기준으로 파생할 수 있는 문자 명령어(니모닉, mnemonic)는 일반적으로 다음의 규칙을 따른다.

기준 명령어의 앞쪽에는 하나의 문자만 올 수 있고, 뒤쪽에는 2개 이상의 문자가 올 수 있다. 예를 들면, ADD명령어의 앞쪽과 뒤쪽에 올 수 있는 문자에 대하여 데이터 타입을 나타내는 문자와 기타 표현인 문자에 대하여 그림 6.1과 같이 정리할 수 있다.

예외의 경우는 다음과 같다.

- 입력단 비교명령에서는 데이터 타입이 명령어 뒤쪽에 위치한다(예 : ANDRX(R=, R> 등), ANDGX(G=, G> 등), LOAD3X(=3, >3 등)).
- 상기한 접두사나 접미사가 명령어의 맨 앞이나 맨 뒤에 있다고 모두 파생 명령어는 아니다(예 : GET, SUB, STOP 등).

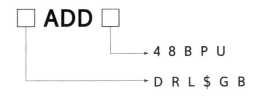

문자	타입
없음	워드(Word)
D	더블 워드(Double Word)
R	단장형 실수(Real)
L	배장형 실수(LReal)
$	문자열
4	니블(Nibble)
8	바이트(Byte)
B(앞)	비트(Bit)

문자	용도
G	그룹
P	펄스타입 명령
B(뒤)	BCD형 데이터
U	Unsigned형 데이터

(a) 데이터 타입   (b) 기타 표현

그림 6.1 명령어의 체계

6.3 Signed 연산과 Unsigned 연산

XGK의 기본 명령어 체계는 Signed 연산이지만 사칙연산과 증감연산, 비교연산은 Signed 연산, Unsigned 연산 모두 가능하다.

1. 연산 명령어

(1) Signed 연산 명령어

ADD, SUB, MUL, DIV, DADD, DSUB, DMUL, DDIV, INC, DEC, DINC, DDEC 등

(2) Unsigned 연산 명령어

ADDU, SUBU, MULU, DIVU, DADDU, DSUBU, DMULU, DDIVU, INCU, DECU, DINCU, DDECU 등

(3) 차이점

Signed 연산의 경우 연산결과에 따라 CY, Z 플래그를 set하지 않는다. 즉, ADD명령어를 사용하여 16#7FFF에 1을 더하는 프로그램이었다면 그 결과가 16#8000(-32768)이 되고, 어떤 플래그도 set하지 않는다. 반면 Unsigned 연산 명령어는 CY, Z 플래그를 연산결과에 따라 갱신한다.

2. 비교 명령어

(1) Signed 연산 명령어

LOAD X, AND X, OR X, LOADR X, ANDR X, ORR X, LOAD$ X, AND$ X, OR$ X, LOAD3 X, AND3 X, OR3 X 등

(2) Unsigned 연산 명령어

CMP, DCMP, CMP4, CMP8, TCMP, GCMP 등

(3) 비교 명령어의 경우

발생하는 플래그(CY, Z)가 없으므로 Signed 비교와 Unsigned 비교의 차이만 있을 뿐이다.

6.4 간접지정 방식(#)

(1) 한 디바이스 내에서 지정한 디바이스의 데이터 값이 가리키는 번호의 값을 데이터로 취하는 방식이다.

(2) 예를 들어, D00100에 있는 값이 200이라고 하면, #D00100을 사용했을 때 D00100에 있는 값인 200, 즉 D 영역의 200번째인 D00200을 지정하는 것이다.

(3) 사용 가능한 디바이스 : P 영역, M 영역, K 영역, L 영역, N 영역, D 영역, R 영역, ZR 영역

(4) 이때 각 간접지정은 각 디바이스의 범위를 벗어날 수 없다. 즉, #P를 사용하여 M 영역을 가리킬 수는 없다.

(5) 간접 지정한 디바이스의 값이 해당 디바이스의 영역을 벗어나는 값이 들어있는 경우, 연산 에러 플래그인 F110이 ON된다.

(6) 비트, 니블, 바이트 오퍼랜드에는 간접지정을 사용할 수 없다.

그림 6.2는 간접지정을 사용한 프로그램의 예이다.

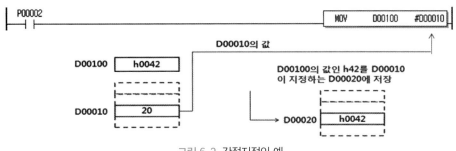

그림 6.2 간접지정의 예

6.5 인덱스 기능(Z)

1. 개요

인덱스 레지스터를 사용하여 디바이스를 설정하는 방법으로서, 사용되는 디바이스는 직접 지정하는 디바이스 번호에 인덱스 레지스터의 값을 더한 위치가 된다. 예를 들어, P10[Z1]을 사용한 경우 Z1의 내용이 5였다면 P(10 + 5)=P15가 사용대상이 된다.

워드/비트 디바이스에 인덱스 기능이 가능하며, 인덱스 레지스터는 128개(Z0∼Z127), 지정 범위는 −32768∼32767까지이고, 간접지정에도 #D00100[Z12]와 같이 사용할 수 있다.

2. 사용가능 디바이스

(1) 비트 디바이스   P, M, L, K, F, T, C

(2) 워드 디바이스   U, D, R, N, T의 현재값, C의 현재값

(예 : MOV T1[Z1] D10 : Z1=5라면 T(1 + 5)=T6의 현재값을 D10으로 전송한다)

(3) U 디바이스에 대한 인덱스 사용법

U10.3[Z10]과 같이 슬롯번호에는 인덱스를 사용할 수 없고, 채널에만 인덱스를 사용할 수 있다.

3. 사용방법

(1) 비트 디바이스의 경우

해당 명령어에 사용되는 오퍼랜드의 종류(비트/워드)에 따라 비트/워드 단위로 인덱스를 처리한다.

(예 1) LOAD P10[Z1] : Z1=5라면 LOAD P(10+5)이므로 LOAD P15(비트)가 된다.

(예 2) MOV P10[Z1] D10 : 여기서 P10은 워드이므로 P10[Z1]은 P(10+5)=P15워드가 된다.

(2) 워드 디바이스의 경우

워드 단위로만 인덱스 처리가 된다.

(예) LOAD D10[Z1].5 : Z1=5라면 LOAD D(10+5).5이므로 LOAD D15.5가 된다.

(3) 간접지정에 대한 인덱스 수식도 사용할 수 있다.

그림 6.3의 경우 먼저 #D00010을 처리한다. 즉, D00010=200이었다면 #D00010은 D00200을 의미한다. 그 다음 D00100[Z010]의 처리를 한다.

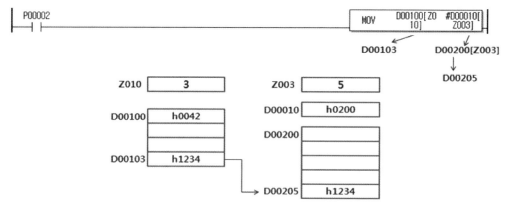

그림 6.3 간접지정의 예(인덱스 기능 사용)

프로그램 편집 TOOL(XG5000)

7.1 기본 사용방법

1. 화면의 구성

XG5000의 화면은 그림 7.1과 같이 구성되며, 각 영역의 명칭은 다음과 같다.

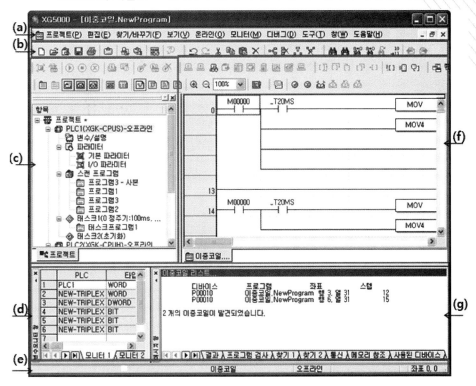

(a) 메뉴(프로그램을 위한 기본 메뉴)   (b) 도구모음(메뉴의 간편성을 위한 아이콘)
(c) 프로젝트 창(현재 열려있는 프로젝트의 구성요소를 나타내는 영역)
(d) 변수 모니터 창(현재 프로젝트에 사용된 변수의 타입, 디바이스를 나타내는 영역)
(e) 상태 바(XG5000의 상태, 접속된 PLC의 정보를 나타내는 영역)
(f) 편집창(현재 LD프로그램이 편집되는 영역)   (g) 메시지 창(프로그램의 상태를 나타내는 영역)

그림 7.1 XG5000의 기본화면

(1) 도구모음

XG5000에서 자주 사용되는 메뉴들을 단축 아이콘 형태로 나타내고 있으며, 원하는 도구를 마우스로 누르면 실행된다. 자주 사용하는 도구들을 모아서 도구모음을 새로 만들 수 있으며, 메뉴 [도구] – [사용자 정의]를 선택하여 나타나는 대화상자에서 아이콘 형태로 나타내고자 하는 도구를 클릭하여 도구모음 창(그림 7.2)에 구성시킨다.

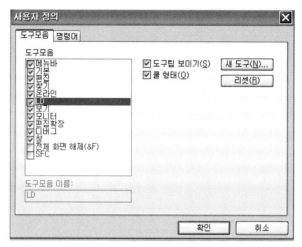

그림 7.2 도구모음 창

(2) 상태 표시줄

a. 명령 설명 : 선택된 메뉴나 명령, 마우스가 위치해 있는 도구모음에 대한 설명을 나타낸다.
b. PLC명 : 선택된 PLC이름을 표시한다.
c. PLC모드 표시 : PLC의 모드를 나타내며, 하나의 프로젝트에 여러 PLC가 있을 경우 선택된 PLC의 모드가 표시된다.
d. 경고 표시 : PLC의 이상 상태(에러)를 표시한다.
e. 커서 위치 표시 : 프로그램을 편집할 때 커서의 위치를 표시한다.

그림 7.3 상태 표시줄

2. 프로젝트 열기, 닫기, 저장

기존의 프로젝트를 열고자 하는 경우 메뉴 [프로젝트] – [프로젝트 열기]를 선택하고, 프로젝트 파일을 선택한 후 열기 버튼을 누른다. 프로젝트를 닫으려면 메뉴 [프로젝트] – [프로젝트 닫기]를 선택한다. 프로젝트를 저장하고자 하는 경우에는 메뉴 [프로젝트] – [프로젝트 저장]을 선택한다.

3. 단축키 설정

모든 명령에 대해서 단축키를 설정할 수 있으며, 이때 이미 설정된 단축키는 삭제된다.
메뉴 [도구] – [단축키 설정]을 선택하여 그림 7.4와 같이 "단축키" 창이 나타나면 단축키를 생성시키고자 하는 메뉴를 선택하고, "단축키 생성" 단추를 눌러 사용자가 원하는 단축키를 생성시킨다.

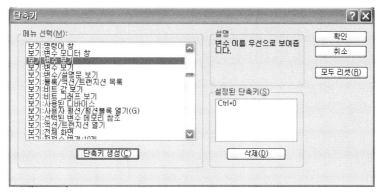

그림 7.4 단축기 생성

4. 편리한 편집기능

(1) 드래그 & 드롭

드래그 & 드롭은 마우스를 이용한 편집 방법으로 데이터의 복사 또는 데이터의 이동 등에 편리하게 사용할 수 있다(데이터의 복사는 메뉴 [복사] – [붙여넣기], 데이터의 이동은 메뉴 [잘라내기] – [붙여넣기]와 동일하게 동작한다).

XG5000에서 드래그는 마우스의 왼쪽 버튼을 누름으로써 시작되며, 눌렸던 마우스 왼쪽 버튼이 해제되면 드래그 종료, 즉 데이터의 드롭이 발생한다. 드래그가 시작되면 다음과 같이 커서가 변경된다.

- 데이터의 드롭이 불가능한 경우(⃠)

- 데이터의 복사(☝)

- 데이터의 이동(☝)

XG5000은 그림 7.5에 나타내는 드래그 & 드롭 기능을 갖는다.

항목		내용
프로젝트 트리	PLC	항목간 내용을 복사한다. 프로그램(태스크의) 경우 프로그램간 순서를 변경할 수 있다.
	파라미터	
	프로그램	
	변수/설명	
변수/설명		• 변수/설명의 각 항목을 드래그 & 드롭할 수 있다. • 변수/설명 창에서는 다음의 창에 데이터를 복사할 수 있다. - LD 프로그램(접점 및 응용명령어 오퍼랜드) - 변수 모니터(모니터할 디바이스) - 트렌드 모니터(모니터할 디바이스) - 마이크로소프트 엑셀
LD 프로그램		• 접점, 코일, 응용명령어, 가로/세로선 등의 항목을 드래그 & 드롭할 수 있다. • 한 프로그램 내에서는 데이터의 복사 및 이동이 모두 가능하며, 서로 다른 프로그램간에는 데이터의 복사만 지원한다. • LD 프로그램 창에서는 다음의 창에 데이터를 복사할 수 있다. - 변수 모니터(모니터할 디바이스) - 트렌드 모니터(모니터할 디바이스)
변수 모니터		• 같은 변수 모니터 창에서는 데이터의 이동만 가능하다. 또한 모니터 창간에는 데이터의 복사만 할 수 있다. • 변수 모니터 창에서는 다음의 창에 데이터를 복사할 수 있다. - 트렌드 모니터(모니터할 디바이스) - 마이크로소프트 엑셀

그림 7.5 드래그 & 드롭 기능

(2) 자동 채우기

변수/설명 목록에 추가할 변수 및 디바이스를 순차적으로 증가시키거나 감소시킬 수 있다. 자동 채우기를 하기 위해 셀의 끝부분에 마우스를 가져가면 마우스 커서가 + 형태로 변하며, 마우스의 왼쪽 버튼을 누른 상태로 위/아래로 이동시킨다

5. 옵션

(1) 프로젝트 관련 옵션

메뉴 [도구] - [옵션]을 선택하고, "옵션" 대화상자에서 "XG5000"을 선택한다(그림 7.6).

• 새 프로젝트 생성 시 기본 폴더 지정 : 새 프로젝트를 만들 때 생성되는 위치이다.

• 찾아보기 버튼을 누르면 폴더를 검색할 수 있다.

• 프로젝트 파일을 복구하기 위한 백업 파일 개수를 설정할 수 있으며, 최대 20개까지 설정할 수 있다.

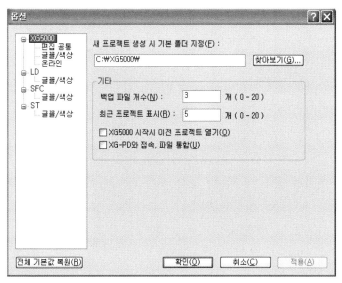

그림 7.6 프로젝트 관련 옵션

- 메뉴 [프로젝트]-[최근 프로젝트] 목록에 표시될 최근에 열었던 프로젝트 목록의 개수
  를 설정한다. 최대 20개까지 설정할 수 있다.

(2) XG5000 편집 공통 옵션

메뉴 [도구]-[옵션]을 선택하고, XG5000 카테고리 하단의 "편집 공통"을 선택한 후 편집
탭에서 원하는 옵션을 선택한다(그림 7.7).

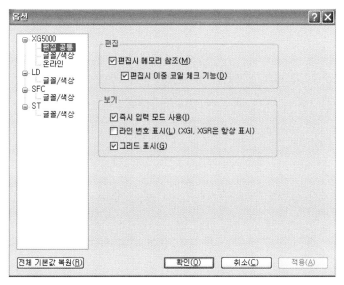

그림 7.7 XG5000의 편집 공통옵션

- 편집 시 메모리 참조 : LD 편집 중에 선택된 디바이스에 대해서 메모리 참조 내용을 자동으로 보여 준다. 이 옵션이 선택되지 않은 경우는 메뉴 [보기] – [메모리 참조]를 선택하여 메모리 사용결과를 확인할 수 있다.
- 편집 시 이중코일 체크기능 : 편집 중에 이중코일을 검사하여 이중코일 창에서 결과를 확인할 수 있다.
- 즉시 입력모드 사용 : 임의의 접점을 입력했을 때 사용자가 디바이스를 바로 입력할 수 있도록 디바이스 입력 창을 띄운다. 즉시 입력모드 사용이 선택되지 않았을 때는 사용자가 접점에 커서를 옮긴 후 더블 클릭 또는 Enter를 입력하여 편집할 수 있다.
- 라인번호 표시 : 편집 창에서 라인번호를 표시한다.
- 그리드 표시 : 편집 창 화면에 그리드를 표시한다.

(3) XG5000 글꼴/색상 옵션

편집 창에 공통으로 사용되는 글꼴/색상을 변경할 수 있는 옵션으로서 메뉴 [도구] – [옵션]을 선택한 후, XG5000 카테고리 하단의 "글꼴/색상"을 선택하여 변경할 "글꼴/색상" 항목을 지정한다(그림 7.8).

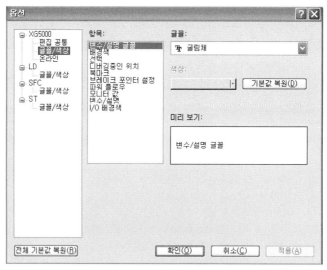

그림 7.8 XG5000의 글꼴/색상 옵션

- 항목 : 글꼴 혹은 색상을 설정할 항목을 선택한다.
- 글꼴 : 항목이 변수/설명 글꼴일 경우 활성화되며, 변수/설명의 글꼴을 지정한다.
- 색상 : 항목이 변수/설명 글꼴이 아닐 경우 활성화되며, 버튼을 선택해서 해당 항목의 색상을 지정한다.

- 기본값 복원 : 선택된 항목에 대한 글꼴 혹은 색상의 기본값을 복원할 수 있다.
- 미리 보기 : 선택된 항목의 현재 설정값을 표시한다.

(4) XG5000 온라인 옵션

메뉴 [도구] - [옵션]을 선택하고 XG5000 카테고리 하단의 "온라인"을 선택한다(그림 7.9).

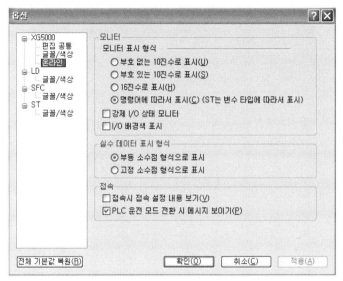

그림 7.9 XG5000의 온라인 옵션

- 모니터 표시형식 : 데이터값의 모니터 표시형식을 설정한다.
  (예) 모니터 표시형식에서 16진수로 표시를 선택하면, 모니터 시 변수의 값이 16진수로 표현된다(그림 7.10).

모니터 표시 형식	예) 응용 명령어 ADD		
부호 없는 10진수 표시	65504	22	65526
	ADD M0022	D00000	M0024
부호 있는 10진수 표시	-32	22	-10
	ADD M0022	D00000	M0024
16진수로 표시	hFFE0	h0016	hFFF6
	ADD M0022	D00000	M0024
명령어에 따라서 표시	-32	22	-10
	ADD M0022	D00000	M0024

그림 7.10 모니터 표시형식의 사용 예

- 강제 I/O상태 모니터 : 입/출력 데이터 영역에 대한 강제 I/O 상태를 모니터링한다.
- 실수 데이터 표시형식 : 실수형 데이터 타입(단정도 실수, 배정도 실수)에 대한 모니터 데이터 표시형식을 지정한다.
- 접속 시 접속 설정내용 보기 : PLC와 접속할 때 접속 설정내용을 자동으로 보이도록 선택한다. 접속 시 접속 설정내용 보기를 선택한 경우, 접속 시마다 그림 7.11의 대화상자가 표시된다.

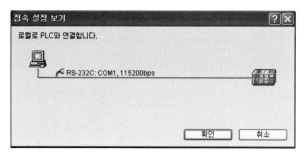

그림 7.11 PC와 PLC의 접속

- PLC 운전모드 전환 시 메시지 보이기 : PLC의 운전모드를 전환할 때 전환 메시지를 자동으로 보이도록 선택한다. 스톱 모드에서 런 모드로 전환할 때 그림 7.12a와 같은 메시지가 나타나며, 반대로 런 모드에서 스톱 모드로 전환할 때는 그림 7.12b와 같은 메시지가 나타난다.

그림 7.12a   그림 7.12b

(5) LD 옵션

LD 편집기의 텍스트 표시 및 컬럼 너비를 변경할 수 있다.
메뉴 [도구] - [옵션]을 선택하고, LD 카테고리를 선택한 후 변경할 항목을 지정한다(그림 7.13).

- 상위 텍스트 표시 : 다이어그램 위에 오는 텍스트를 표시할 때 텍스트의 높이를 텍스트 글자수 만큼 가변적으로 표시할 것인지 설정한 높이만큼 고정적으로 표시할 것인지를 선택한다.

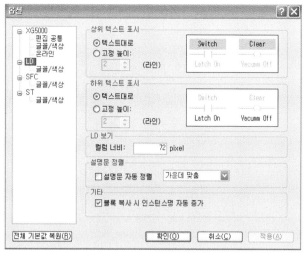

그림 7.13 LD 옵션

- 하위 텍스트 표시 : 다이어그램 밑에 오는 텍스트를 표시할 때 텍스트의 높이를 텍스트 글자수 만큼 가변적으로 표시할 것인지 설정한 높이만큼 고정적으로 표시할 것인지를 선택한다.
- LD 보기 : LD 다이어그램의 컬럼 너비를 지정한다.

(6) LD 글꼴/색상 옵션

LD 편집기에 사용되는 글꼴/색상을 변경할 수 있으며, 메뉴 [도구] - [옵션]을 선택하고, LD 카테고리 하단의 [글꼴/색상]을 선택한 후 변경할 글꼴/색상 항목을 지정한다(그림 7.14).

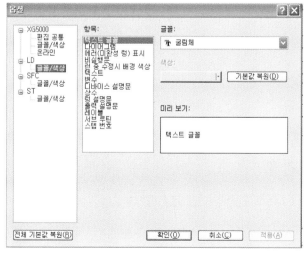

그림 7.14 LD의 글꼴/색상 옵션

- 항목 : 글꼴 혹은 색상의 설정할 항목을 선택한다.
- 글꼴 : 항목이 텍스트 글꼴일 경우 활성화되며, 변수/설명의 글꼴을 지정한다.
- 색상 : 항목이 텍스트 글꼴이 아닐 경우 활성화되며, 해당 항목을 선택해서 색상을 지정한다.
- 기본값 복원 : 선택된 항목에 대한 글꼴 혹은 색상의 기본값을 복원한다.
- 미리 보기 : 선택된 항목의 현재 설정값을 표시한다.

7.2 프로젝트

1. 프로젝트 구성

프로젝트 창에서 프로젝트의 구성 항목은 다음과 같다(그림 7.15).

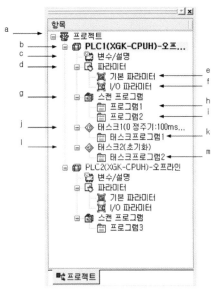

a. 프로젝트 : 시스템 전체를 정의한다. 하나의 프로젝트에 여러 개의 관련된 PLC를 포함시킬 수 있다.
b. PLC : CPU모듈 하나에 해당되는 시스템을 나타낸다.
c. 변수/설명 : 디바이스에 지정된 변수와 설명문을 편집하고 볼 수 있다.
d. 파라미터 : PLC시스템의 동작내용 및 구성에 대한 하드웨어 내용을 정의한다.
e. 기본 파라미터 : 기본적인 동작에 대하여 정의한다.
f. I/O 파라미터 : 입출력 모듈 구성에 대하여 정의한다.
g. 스캔 프로그램 : 항시 실행되는 프로그램을 하위항목에 정의한다(한 프로젝트에 여러개의 프로그램을 포함시킬 수 있다).
h. 프로그램1 : 사용자가 정의한 항시 실행되는 프로그램.
i. 프로그램2 : 사용자가 정의한 항시 실행되는 프로그램.
j. 태스크1 : 사용자가 정의한 정주기 태스크.
k. 태스크 프로그램1 : 태스크1 조건에 따라 실행되는 프로그램.
l. 태스크2 : 사용자가 정의한 초기화 태스크.
m. 태스크 프로그램2 : 런 모드 전환 시에 실행되는 프로그램.
* 하나의 프로젝트에 여러 개의 PLC가 포함될 수 있으며(그림 7.15의 경우는 2개), 하나의 XG5000을 실행한 후 여러 PLC에 동시 접속하여 모니터 할 수 있다.

그림 7.15 프로젝트 창

2. 프로젝트 파일 관리

(1) 새 프로젝트

메뉴 [프로젝트] - [새 프로젝트]를 선택하여 새 프로젝트를 만든다(그림 7.16). 이때 프로젝트 이름과 동일한 폴더도 같이 만들어지고 그 안에 프로젝트 파일이 생성된다.

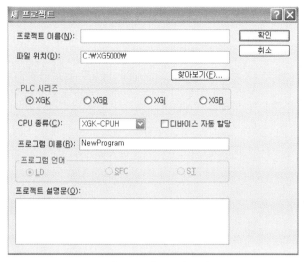

그림 7.16 새 프로젝트 창

- 프로젝트 이름 : 원하는 새 프로젝트 이름을 입력한다. 프로젝트 파일의 확장자는 "xgp" 이다.
- 파일 위치 : 사용자가 입력한 프로젝트 이름으로 폴더가 만들어지고, 그 폴더에 프로젝트 파일이 생성된다.
- 찾아보기 : 기존 폴더를 보고 프로젝트 파일 위치를 지정한다.
- PLC 시리즈 : PLC 시리즈 기종을 선택한다.
- CPU 종류 : CPU 기종을 선택한다.
- 프로그램 이름 : 프로젝트에 기본으로 포함되는 프로그램 이름을 입력한다.
- 프로젝트 설명문 : 프로젝트 설명문을 입력한다.
- 디바이스 자동 할당 : 디바이스 자동 할당을 선택하면 로컬 변수, 글로벌 변수의 기능을 이용할 수 있다. 디바이스 자동할당을 선택하면 변수를 선언할 때 디바이스를 지정하지 않아도 XG5000이 자동으로 할당해 준다.
  - 로컬 변수 : 프로그램 안에서만 접근 가능한 변수
  - 글로벌 변수 : 모든 프로그램에서 접근 가능한 변수
- 프로그램 언어 : IEC형 PLC 또는 디바이스 자동 할당을 선택했을 때만 선택 가능하다.

(2) 프로젝트 항목(PLC, 태스크, 프로그램)

1) 항목추가

프로젝트에 PLC, 태스크, 프로그램을 추가로 삽입할 수 있다.

① PLC의 추가

프로젝트 창에서 프로젝트 항목을 선택하고(그림 7.17a 참조) 메뉴 [프로젝트] – [항목추가] – [PLC]를 선택하거나 마우스 우측 버튼을 눌러 팝업메뉴가 나타나면 [항목추가] – [PLC]를 클릭한 후 "PLC 대화상자"에서 PLC이름, 종류, 설명문을 입력하면 새로운 PLC 항목이 생성된다(그림 7.17b 참조).

PLC란 프로젝트라고 할 수 있으며, XG5000에서는 프로젝트를 PLC라는 단위로 지정하여 하나의 프로젝트에 여러 프로젝트(PLC)를 포함시켜 관리할 수 있다.

그림 7.17a

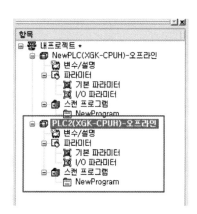

그림 7.17b

② 태스크의 추가

프로젝트 창에서 PLC 항목을 선택하고(그림 7.18a 참조), 메뉴 [프로젝트] – [항목추가] – [태스크]를 선택하거나 마우스 우측버튼을 눌러 팝업메뉴가 나타나면 [항목추가] – [태스크]를 클릭한 후 "태스크 대화상자"에서 태스크 이름, 태스크의 우선순위, 태스크 번호, 수행조건 등을 입력하면 새로운 태스크 항목이 생성된다(그림 7.18b 참조).

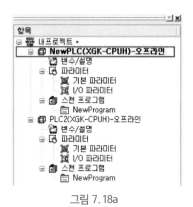

그림 7.18a

그림 7.18b

③ 프로그램의 추가

프로젝트 창에서 추가될 프로그램의 위치를 선택하고(프로그램은 스캔 프로그램 또는 태스크 항목에 추가될 수 있다. 그림 7.19a 참조), 메뉴 [프로젝트] – [항목추가] – [프로그램]을 선택하거나 마우스 우측버튼을 눌러 팝업메뉴가 나타나면 [항목추가] – [프로그램]을 클릭한 후 "프로그램" 대화상자에서 프로그램 이름과 설명문을 입력하면 새로운 프로그램 항목이 생성된다(그림 7.19b 참조).

그림 7.19a

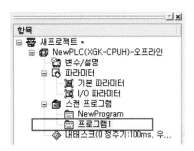

그림 7.19b

7.3 변수/설명

프로그램에서 디바이스들을 직접 많이 사용하게 되는데, 이때 그 용도를 부여하기 위해 디바이스에 변수를 설정하고 디바이스가 사용되는 곳에 변수를 사용하면 편리하다. XG5000에서는 디바이스에 설명문과 변수를 둘 중 하나만 설정하거나 둘 다 모두 설정할 수 있다.

1. 변수, 디바이스, 플래그

프로젝트 창에서 "변수/설명"을 클릭하면 "변수/설명"대화상자가 나타나고, 변수, 디바이스, 플래그를 볼 수 있다.

(1) 변수 보기

"변수/설명" 대화상자에서 "변수보기"탭을 클릭하면 사용한 변수와 그 타입, 해당 디바이스를 볼 수 있다(그림 7.20a 참조).

(2) 디바이스 보기

"변수/설명" 대화상자에서 "디바이스 보기"탭을 클릭하면 사용한 디바이스와 해당 디바이스를 볼 수 있다(그림 7.20b 참조).

그림 7.20a

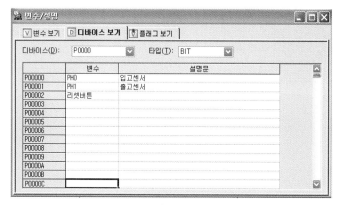

그림 7.20b

(3) 플래그 보기

"변수/설명" 대화상자에서 "플래그 보기"탭을 클릭히면 플래그 번수, 타입, 디바이스를 볼 수 있다(그림 7.20c 참조).

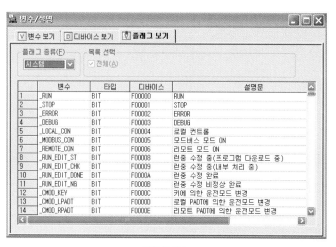

그림 7.20c

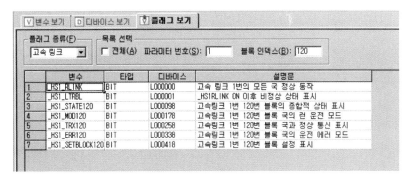

그림 7.20d

여기서 플래그 종류는 시스템, 고속 링크, P2P, PID 중 하나를 선택할 수 있으며, 시스템 플래그인 경우에는 전체 내용만 화면에 표시되고 전체 항목이 체크되지 않은 경우는 [파라미터 번호]와 [블록 인덱스]에 맞는 플래그 항목만 표시된다(그림 7.20d 참조).

- 파라미터 번호 : 고속 링크, P2P, PID 플래그인 경우에만 활성화되며, 입력된 파라미터 번호의 플래그 항목만 표시된다.
- 블록 인덱스 : 고속 링크, P2P 플래그인 경우에만 활성화되며, 입력된 블록 인덱스의 플래그 항목만 표시된다.

2. 변수/설명 편집

프로그램에서 사용할 새로운 변수를 "변수/설명" 목록에 추가(등록)할 수 있으며, 현재 선언된 "변수/설명" 목록에서 변수, 타입, 디바이스, 설명문 항목을 편집할 수 있다.

(1) 변수의 등록

"변수/설명"의 대화상자에서 목록에 변수를 등록하기 위해서는 "변수 보기"나 "디바이스 보기"에서 등록, 수정 또는 삭제할 수 있다. 여기서 변수, 타입 및 디바이스는 다음의 사항에 유의해야 한다.

1) 변수

변수는 같은 이름으로 등록할 수 없으며, 특수문자, 빈 문자, 16진수 형태는 사용할 수 없다(단, '_'는 사용 가능). 그리고 디바이스와 같은 이름으로 사용할 수 없다.

2) 타입

타입은 BIT, WORD, BIT/WORD만 입력이 가능하다. S 디바이스는 BIT 타입, Z, ZR, N 디바이스는 WORD 타입만 입력이 가능하고, T, C 디바이스는 BIT/WORD 타입, 그 외의 디바이스는 BIT, WORD 타입의 입력이 가능하다. 선언된 변수/설명 목록에서 타입을 변경하면 타입에 맞게 디바이스 형태가 변경된다.

3) 디바이스

디바이스는 같은 이름으로 중복하여 선언할 수 없으며, 디바이스를 입력하면 디바이스 형태에 따라 타입이 BIT, WORD, BIT/WORD로 표시된다. 선언된 "변수/설명" 목록에서 디바이스를 변경하면, 디바이스 형태에 맞게 타입이 BIT, WORD, BIT/WORD로 표시된다.

4) 설명문

모든 문자의 입력이 가능하며, Ctrl + Enter 키를 사용하여 멀티라인 입력이 가능하다.

(2) 변수 보기/디바이스 보기에서 복사, 삭제, 잘라내기, 붙여넣기

1) 복사, 삭제, 잘라내기, 붙여넣기

복사, 삭제, 잘라내기, 붙여넣기할 영역을 선택하고, 메뉴 [편집]에서 각각의 상기한 부메뉴를 선택하면 편집된다.

2) 라인삽입 및 삭제

선택된 영역의 라인 개수만큼 새로운 라인을 삽입하고, 기존에 있는 라인은 아래로 이동한다. 라인 삽입할 영역을 선택한 후 메뉴 [편집] – [라인 삽입]을 선택한다.

선택된 영역의 라인 개수만큼 라인을 삭제할 수 있으며, 삭제 방법은 라인 삭제할 영역을 선택한 후 메뉴 [편집] – [라인 삭제]를 선택한다.

3. XGK 변수

새 프로젝트를 작성하기 위해 "새 프로젝트" 창에서 "디바이스 자동할당"을 체크하지 않으면 프로젝트 창의 PLC 항목 아래 "변수/설명", 항이 생성되고 "디바이스 자동할당"을 체크하면 "글로벌/직접변수" 항이 생성된다.

XGK시리즈에서 자동변수를 지원하는 경우, 로컬변수는 하나의 프로그램에서 사용되는 변수를 선언하며, 글로벌 변수는 모든 프로그램에서 공통으로 사용되는 변수를 선언하는 것이다.

디바이스 설명문은 모든 프로그램에서 사용되는 디바이스의 설명문을 선언하거나 편집할 수 있으며, 선언된 설명문 목록을 보여 준다.

글로벌 변수는 해당 프로그램에서 사용할 수 있도록 External 변수로 등록한다.

(1) 로컬변수 등록

프로젝트 창의 스캔 프로그램에서 "로컬변수"를 더블클릭하면 그림 7.21과 같이 로컬변수 창이 나타나며, 여기서 로컬변수 목록에 변수를 추가하거나, 수정 또는 삭제할 수 있다.

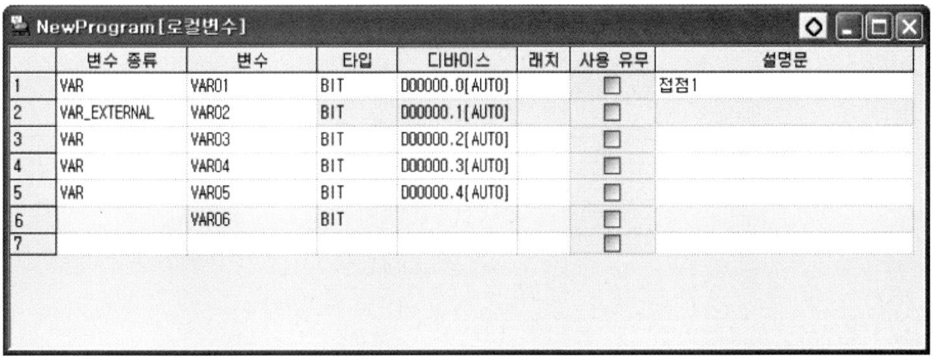

	변수 종류	변수	타입	디바이스	래치	사용 유무	설명문
1	VAR	VAR01	BIT	D00000.0[AUTO]		☐	접점1
2	VAR_EXTERNAL	VAR02	BIT	D00000.1[AUTO]		☐	
3	VAR	VAR03	BIT	D00000.2[AUTO]		☐	
4	VAR	VAR04	BIT	D00000.3[AUTO]		☐	
5	VAR	VAR05	BIT	D00000.4[AUTO]		☐	
6		VAR06	BIT			☐	
7						☐	

그림 7.21 로컬변수 창

- 변수종류 : 변수종류에는 VAR, VAR_EXTERNAL만 올 수 있으며, 변수종류를 VAR_EXTERNAL로 하면, 타입, 디바이스, 래치, 사용유무, 설명문 칼럼은 비활성화된다.
- 변수 : 선언된 변수는 같은 이름이나 숫자(첫 문자의 경우), 특수문자("_"는 사용가능), 빈문자, 디바이스와 같은 이름 등(예를 들어, P3, M2 … 등)은 사용할 수 없다.
- 타입 : 입력되는 타입은 총 22개로 설정되어 있다. 즉, BIT, NIBBLE, BYTE, WORD, DWORD, LWORD, SINT, INT, DINT, LINT, USINT, UINT, UDINT, ULINT, REAL, LREAL, STRING, TIMER0_1, TIMER1, TIMER10, TIMER100, COUNTER.
- 디바이스 : 디바이스를 사용하여 입력하며, 입력하지 않으면 자동으로 할당된 영역이 표시된다.
- 래치 : 자동 변수에 대해서 비 래치, 래치1, 래치2 영역을 설정한다.
- 사용유무 : 선언한 변수의 사용 유무를 표시한다.
- 설명문 : 모든 문자의 입력이 가능하다.

(2) 글로벌 변수 등록

프로젝트 창의 PLC 항목 밑의 "글로벌/디바이스"를 더블클릭하면 그림 7.22a와 같이 글로벌/디바이스 창이 나타난다. 여기서 글로벌 변수 목록에 변수를 추가하거나, 수정 또는 삭제할 수 있다.

변수종류에는 VAR_GLOBAL만 올 수 있으며, 변수, 타입, 디바이스, 래치, 사용유무, 설명문 등에 대한 내용은 (1)항의 로컬변수 등록의 경우와 내용이 같다.

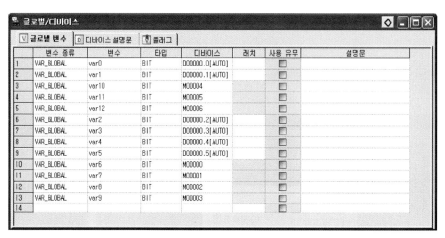

그림 7.22a 글로벌/디바이스 창

(3) 디바이스 설명문

그림 7.22a에서 "디바이스 설명문"탭을 클릭하면 그림 7.22b와 같은 화면이 나타나고, 여기서 디바이스를 입력하거나 입력된 디바이스로부터 선언된 설명문을 보여 준다.

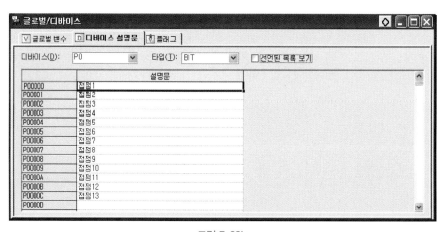

그림 7.22b

- 디바이스 : 디바이스 이름을 입력하면 타입에 해당하는 디바이스 설명문의 목록을 보여 준다.
- 타입 : 타입의 종류를 입력하면 디바이스에 해당하는 디바이스 설명문의 목록을 보여 준다. WORD, BIT/WORD만 가능하며, S 디바이스는 BIT, Z, ZR, N 디바이스는 WORD, T, C 디바이스는 BIT/WORD, 그 외 디바이스는 BIT, WORD 타입만 입력이 가능하다.
- 선언된 설명문 보기: 선언된 디바이스 설명문을 표시한다.

(4) U 디바이스 자동등록

아날로그 입력 모듈과 같이 I/O파라미터에 특수 모듈을 설정한 후 [편집] - [모듈변수 자동등록]을 클릭하여 "변수/설명"을 클릭하면 특수 모듈에 관련되는 변수들이 자동으로 등록된다(그림 7.23a~7.24 참조).

■ 순서

① 프로젝트 창의 I/O파라미터에서 슬롯에 특수 모듈(예 : 아날로그 입력 모듈)을 설정한다.

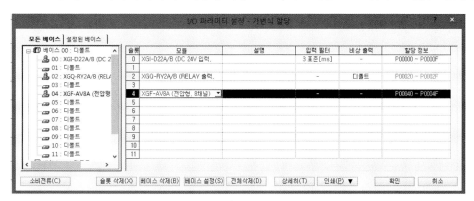

그림 7.23a

② 프로젝트 창의 '변수/설명'을 더블클릭한다.

그림 7.23b

③ 메뉴 [편집] - [모듈변수 자동등록]을 선택한다.

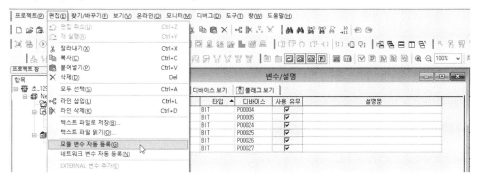

그림 7.23c

④ '예'를 클릭한다.

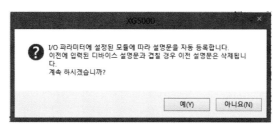

그림 7.23d

⑤ 그림 7.24와 같이 변수들이 등록된다.

	변수	타입 ▲	디바이스	사용 유무	설명문
1	기동	BIT	P00004	☑	
2	정지	BIT	P00005	☑	
3	밸브	BIT	P00024	☑	
4	C_컨베이어	BIT	P00025	☑	
5	B_컨베이어	BIT	P00026	☑	
6	A_컨베이어	BIT	P00027	☑	
7	_04_ERR	BIT	U04.00.0	☐	아날로그입력 모듈: 모듈 에러
8	_04_RDY	BIT	U04.00.F	☐	아날로그입력 모듈: 모듈 Ready
9	_04_CH0_ACT	BIT	U04.01.0	☐	아날로그입력 모듈: 채널0 운전중
10	_04_CH1_ACT	BIT	U04.01.1	☐	아날로그입력 모듈: 채널1 운전중
11	_04_CH2_ACT	BIT	U04.01.2	☐	아날로그입력 모듈: 채널2 운전중
12	_04_CH3_ACT	BIT	U04.01.3	☐	아날로그입력 모듈: 채널3 운전중
13	_04_CH4_ACT	BIT	U04.01.4	☐	아날로그입력 모듈: 채널4 운전중
14	_04_CH5_ACT	BIT	U04.01.5	☐	아날로그입력 모듈: 채널5 운전중
15	_04_CH6_ACT	BIT	U04.01.6	☐	아날로그입력 모듈: 채널6 운전중
16	_04_CH7_ACT	BIT	U04.01.7	☐	아날로그입력 모듈: 채널7 운전중
17	_04_CH0_IDD	BIT	U04.10.0	☐	아날로그입력 모듈: 채널0 입력단선검출
18	_04_CH1_IDD	BIT	U04.10.1	☐	아날로그입력 모듈: 채널1 입력단선검출
19	_04_CH2_IDD	BIT	U04.10.2	☐	아날로그입력 모듈: 채널2 입력단선검출
20	_04_CH3_IDD	BIT	U04.10.3	☐	아날로그입력 모듈: 채널3 입력단선검출
21	_04_CH4_IDD	BIT	U04.10.4	☐	아날로그입력 모듈: 채널4 입력단선검출
22	_04_CH5_IDD	BIT	U04.10.5	☐	아날로그입력 모듈: 채널5 입력단선검출
23	_04_CH6_IDD	BIT	U04.10.6	☐	아날로그입력 모듈: 채널6 입력단선검출
24	_04_CH7_IDD	BIT	U04.10.7	☐	아날로그입력 모듈: 채널7 입력단선검출
25	_04_ERR_CLR	BIT	U04.11.0	☐	아날로그입력 모듈: 에러클리어요청

그림 7.24

7.4 래더 프로그램(Ladder Program) 편집

1. 프로그램 편집

래더 프로그램을 편집하기 위해 LD 도구모음에서 입력할 요소를 클릭하여 지정한 위치에서 마우스를 클릭하거나 단축키를 누른다. 그 도구상자는 그림 7.25와 같으며, 각 도구의 기호, 단축키, 명칭(설명)을 표 7.1에 나타내었다.

그림 7.25 도구모음

표 7.1 도구모음의 기호 설명

기 호	설 명	단축키	기 호	설 명	단축키
Esc	선택모드로 변경	Esc	sF3	셋(set)코일	Shift + F3
F3	상시 열린접점	F3	sF4	리셋(reset)코일	Shift + F4
F4	상시 닫힌접점	F4	sF5	양변환 검출코일	Shift + F5
sF1	양변환 검출접점	Shift + F1	sF6	음변환 검출코일	Shift + F6
sF2	음변환 검출접점	Shift + F2	F10	응용명령어	F10
F5	가로선	F5	sF7	확장 평선	Shift + F7
F6	세로선	F6	c3	상시 열린 OR접점	Ctrl + 3
sF8	연결선	Shift + F8	c4	상시 닫힌 OR접점	Ctrl + 4
sF9	반전입력	Shift + F9	c5	양변환 검출 OR접점	Ctrl + 5
F9	코일	F9	c6	음변환 검출 OR접점	Ctrl + 6
F11	역코일	F11			

표 7.2에는 커서 이동에 관한 단축키를 나타내었다.

표 7.2 단축키

단축키	설 명
Home	열의 시작점으로 이동
Ctrl + Home	프로그램의 시작점으로 이동
Back space	현재 데이터를 삭제하고 왼쪽으로 이동
→	현재 커서를 오른쪽으로 한 칸 이동
←	현재 커서를 왼쪽으로 한 칸 이동
↑	현재 커서를 위쪽으로 한 칸 이동
↓	현재 커서를 아래쪽으로 한 칸 이동
End	열의 끝으로 이동
Ctrl + End	편집된 마지막 줄로 이동

2. 접점 입력

여러 종류의 접점(평상시 열린접점, 평상시 닫힌접점, 양변환 검출접점, 음변환 검출접점 등)을 입력하는 방법으로서, 그림 7.26과 같이 입력하고자 하는 위치에 커서를 이동시키고 도구모음에서 입력할 접점을 선택하여 편집위치에 클릭하거나 그에 해당하는 단축키를 눌러 접점이 생성되면 "변수/디바이스 입력" 대화상자가 디스플레이되며(그림 7.27), 변수명과 디바이스명을 입력시킨다.

그림 7.26 접점 입력

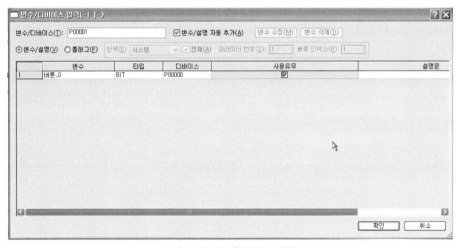

그림 7.27 변수/디바이스 입력

- 변수/디바이스 : 디바이스 또는 선언된 변수명을 입력한다. 입력한 문자열이 변수 형태이며, 해당 문자열이 "변수/설명"에 변수로 등록되어 있지 않은 경우 "변수/설명 추가" 대화상자(그림 7.28)가 표시된다.
- 변수/설명 자동 추가 : 입력한 디바이스를 "변수/설명"에 자동으로 추가할지 여부를 선택한다. "변수/설명 자동 추가"를 선택된 경우 "변수/설명" 목록에 등록되지 않은 디바이스를 입력할 경우 "변수/설명 추가" 대화상자가 표시된다.

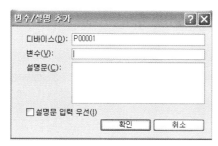

그림 7.28 **변수/설명 추가**

- 변수/설명 : 목록에 선언된 변수/설명을 표시한다.
- 플래그 : 목록에 플래그를 표시한다. 플래그의 상세 종류는 플래그 항목에서 선택할 수 있다.
- 항목 : 플래그의 종류를 표시하는 선택 상자로, 시스템 / 고속링크 / P2P / PID 플래그를 선택할 수 있다.
- 전체 : 항목에서 선택한 플래그 전체를 표시할지, 입력한 파라미터 번호/블록 인덱스에 해당하는 플래그만 표시할지 여부를 선택한다.
- 파라미터 번호 : 선택한 플래그 항목별 설정번호를 입력한다. 고속링크는 0~12, P2P 는 0~8, PID는 0~63이다.
- 블록 인덱스 : 선택한 플래그의 항목별 블록번호를 입력한다. 고속링크는 0~127, P2P 는 0~63이다.
- 변수 수정 : 선택한 변수/설명을 수정한다.
- 변수 삭제 : 선택한 변수/설명을 삭제한다.

3. 코일 입력

코일(코일, 역코일, 양변환 검출코일, 음변환 검출코일)을 입력하는 방법으로서, 입력하고자 하는 위치에 커서를 이동시키고 도구모음에서 입력할 코일접점을 선택하여 편집위치에 클릭하거나 그에 해당하는 단축키를 누른다.

그림 7.29 **코일 입력**

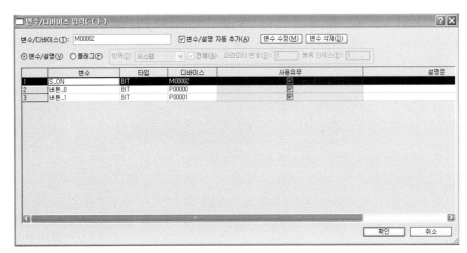

그림 7.30 변수/디바이스 입력

그림 7.29와 같이 코일접점이 생성되면 "변수/디바이스 입력" 대화상자가 디스플레이되며(그림 7.30), 변수명과 디바이스명을 입력시킨다. 그 후의 과정은 접점 입력의 경우와 동일하다.

4. 응용명령어(펑션/펑션블록) 입력

그림 7.31a에서 응용명령어를 입력하고자 하는 위치로 커서를 이동시키고, 도구모음에서 입력할 응용명령어를 선택하여({F}) 편집영역에서 클릭하거나 응용명령어 입력 단축키 F10을 누른다.

그림 7.31a 응용명령어 입력

"응용명령" 대화상자(그림 7.31b)에서 다음과 같이 작성한다.

- 응용명령 : 응용명령어를 입력한다. 입력한 응용명령어를 편집하는 경우에는 이전의 응용명령어가 초기값으로 표시된다.
- 분류 : 응용명령어의 분류를 표시한 것으로, 특정 분류를 선택하면 해당 분류에 속하는 명령어들이 명령어 리스트에 표시된다.
- 변수/디바이스 입력 : "변수/디바이스" 대화상자를 표시하며, "변수/디바이스" 대화상자에서 선택한 디바이스가 현재 커서 위치에 삽입된다(그림 7.31c).

그림 7.31b 응용명령

- 명령어 : 지정한 분류에 속하는 명령어 리스트가 표시되며, '전체'를 선택한 경우 모든 명령어가 표시된다.
- 사용방법 : 입력한 응용명령어의 분류, 사용방법 및 오퍼랜드별 가능영역을 표시한다.

그림 7.31c 응용명령어 입력

5. 설명문, 레이블 입력

렁 및 출력 설명문, 레이블을 입력할 수 있으며, 렁의 시작 위치에 표시되는 설명문을 [렁 설명문], 출력 요소에 대한 설명문을 [출력 설명문]이라 하고, 레이블 위치에 [레이블 설명문]을 입력할 수 있다(그림 7.32a).

그림 7.32a 렁 설명문과 출력 설명문의 입력

령 설명문, 출력 설명문, 레이블을 입력하고자 하는 위치로 커서를 이동시키고 메뉴 [편집] – [설명문/레이블 입력]을 선택하여 "설명문/레이블" 대화상자(그림 7.32b)에서 설명문 또는 레이블을 선택하여 나타나는 해당 대화상자에서 내용을 입력한다.

그림 7.32b

6. 그 외의 편집기능

(1) 셀, 라인의 삽입과 삭제

셀을 삽입 또는 삭제하고자 하는 위치로 커서를 이동시키고 메뉴 [편집] – [셀 삽입]을 선택하면 셀 삽입이나 셀 삭제는 렁 단위로 수행된다.

같은 방법으로 라인을 삽입 또는 삭제하고자 하는 위치로 커서를 이동시키고 메뉴 [편집] – [라인 삽입]을 선택하면 라인의 삽입 또는 삭제가 라인 단위로 가능하다.

(2) 복사/잘라내기/붙여넣기

선택된 영역의 데이터를 복사하거나, 잘라내어 지정한 위치로 복사할 수 있으며, 복사와 다르게 잘라내기는 현재 선택된 영역의 데이터를 삭제한다.

복사하고자 하는 영역을 선택한 후 메뉴 [편집] – [복사]를 선택하여 붙여넣고자 하는 영역으로 커서를 이동시키고, 메뉴 [편집] – [붙여넣기]를 선택하면 내용이 복사된다.

잘라내기는 잘라낼 영역을 선택한 후 메뉴 [편집] – [잘라내기]를 선택하여 붙여넣고자 하는 영역으로 커서를 이동시키고, 메뉴 [편집] – [붙여넣기]를 선택하면 내용이 복사된다.

(3) 드래그 & 드롭

드래그 & 드롭을 이용하면 마우스를 이용하여 보다 편리하게 편집할 수 있다. LD 프로그램에서는 드래그 & 드롭을 이용한 LD 데이터의 이동, 복사가 가능하고, 변수/설명 창으로부터 변수/설명에 대한 정보를 드래그하여 접점, 코일 및 응용명령어의 오퍼랜드에 드롭할 수 있다.

드래그할 영역을 선택한 후 해당 영역으로 마우스 커서를 이동시키고 해당 위치에서 마우스 왼쪽버튼을 누르고 있으면 커서의 모양이 다음과 같이 변경되는데, 마우스 커서의 변경은 드래그 & 드롭이 준비되었음을 의미한다.

| 데이터의 이동 | 데이터의 복사 | 데이터의 복사 및 이동이 불가능한 경우 |

1) 데이터의 이동

특정 영역의 데이터를 이동하고자 하는 경우에 사용하며, 데이터 이동 후에는 이전의 선택된 영역의 데이터는 삭제된다. 드래그 & 드롭을 이용한 데이터의 이동은 다음과 같은 순서에 따른다.

① 이동할 데이터의 영역을 선택한다.

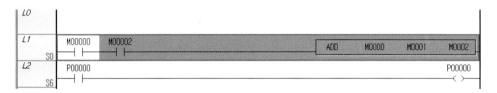

② 선택 영역에 마우스 커서를 위치시킨 후 왼쪽 마우스 버튼을 누르고, 커서 모양이 변경될 때까지 기다린다.

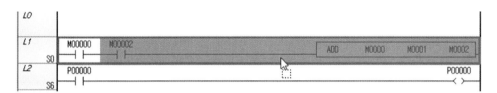

③ 이동하고자 하는 위치로 마우스 커서를 이동한 후, 누르고 있던 마우스 왼쪽 버튼을 해제한다.

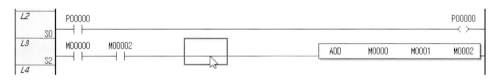

2) 데이터의 복사

특정 영역의 데이터를 복사하고자 하는 경우에 사용하며, 데이터의 이동과 달리 선택된 이전의 데이터는 유지된다. 데이터를 복사하고자 하는 경우에는 드래그 시작 전 혹은 시작 이후에 키보드의 컨트롤 키를 누르면 된다. 드래그 & 드롭을 이용한 데이터의 복사는 다음과 같은 순서에 따른다.

① 복사할 데이터 영역을 선택한다.

② 선택 영역에 마우스 커서를 위치시키고 컨트롤 키와 함께 왼쪽 마우스 버튼을 누르고, 커서 모양이 변경될 때까지 기다린다.

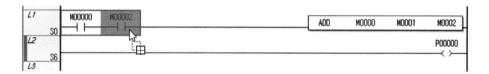

③ 붙여 넣고자 하는 위치로 마우스 커서를 이동한 후, 누르고 있던 마우스 왼쪽 버튼을 해제한다.

7. LD 화면 속성

LD 화면의 보기 속성을 지정하는데 사용하며, 화면 속성에서는 디바이스, 변수, 설명문 보기 옵션에 대한 설정 및 배율, 접점수를 한 번에 설정할 수 있다. 또한 LD 화면 전체에 대해서 동일한 속성을 지정할 수 있다. 메뉴 [보기] – [LD 화면 속성]을 선택하여 "LD화면 속성"창이 나타나면 LD 화면 속성을 설정한 후 확인을 누른다(그림 7.33).

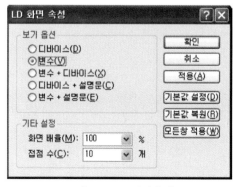

그림 7.33 LD 화면 속성

8. 프로그램의 보기

(1) 디바이스 보기

메뉴 [보기] – [디바이스 보기] 항목을 선택하면 프로그램에서 접점, 코일 및 응용명령어의 오퍼랜드로 사용된 디바이스에 대하여 해당 디바이스 명으로 표시된다(그림 7.34a).

그림 7.34a

(2) 변수 보기

메뉴 [보기] – [변수 보기] 항목을 선택하면 프로그램에서 접점, 코일 및 응용명령어의 오퍼랜드로 사용된 디바이스에 대하여 변수명으로 표시된다(그림 7.34b). 해당 디바이스에 변수를 선언하지 않은 경우에는 디바이스명으로 표시된다.

그림 7.34b

(3) 디바이스/변수 보기

메뉴 [보기] – [디바이스/변수 보기] 항목을 선택하면 프로그램에서 접점, 코일 및 응용명령어의 오퍼랜드로 사용된 디바이스에 대하여 디바이스명과 변수명이 함께 표시된다(그림 7.34c). 해당 디바이스에 변수를 선언하지 않은 경우에는 디바이스명으로만 표시된다.

그림 7.34c

(4) 디바이스/설명문 보기

메뉴 [보기] – [디바이스/설명문 보기] 항목을 선택하면 프로그램에서 접점, 코일 및 응용 명령어의 오퍼랜드로 사용된 디바이스에 대하여 디바이스명과 설명문이 함께 표시된다(그림 7.34d). 해당 디바이스에 설명문이 없는 경우에는 디바이스명으로만 표시된다.

그림 7.34d

(5) 변수/설명문 보기

메뉴 [보기] – [변수/설명문 보기] 항목을 선택하면 프로그램에서 접점, 코일 및 응용명령 어의 오퍼랜드로 사용된 디바이스에 대하여 변수명과 설명문이 함께 표시된다(그림 7.34e). 해당 디바이스에 설명문이 없는 경우에는 디바이스명으로만 표시된다.

그림 7.34e

7.5 프로그래밍의 편리성

1. 메모리 참조

프로그램에서 사용한 접점(평상 시 열린접점, 평상 시 닫힌접점, 양변환 검출접점, 음변환 검출접점), 코일(코일, 역코일, 양변환 검출코일, 음변환 검출코일) 및 응용명령어의 오퍼랜 드로 사용되는 모든 디바이스의 내역을 표시할 수 있다.

(1) 모든 디바이스 보기

[보기] – [메모리 참조]를 선택하면 현재 사용중인 모든 디바이스가 메시지 창에 그림 7.35와 같이 표시된다.

▽ 디바...	변수	PLC	프로그램	위치	설명문	정보
P00021	Y1	NewPLC	NewProgram	행 18, 열 0	1번 컨테이너 ...	-| |-
P00022	Y2	NewPLC	NewProgram	행 6, 열 0	2번 컨테이너 ...	-| |-
P00022	Y2	NewPLC	NewProgram	행 8, 열 31	2번 컨테이너 ...	-(S)-
P00022	Y2	NewPLC	NewProgram	행 9, 열 31	2번 컨테이너 ...	-(R)-
P00022	Y2	NewPLC	NewProgram	행 20, 열 0	2번 컨테이너 ...	-| |-
P00023	램프	NewPLC	NewProgram	행 1, 열 31	표시램프	-(S)-
P00023	램프	NewPLC	NewProgram	행 2, 열 31	표시램프	-(R)-
P00023	램프	NewPLC	NewProgram	행 4, 열 0	표시램프	-|/|-
P00023	램프	NewPLC	NewProgram	행 9, 열 0	표시램프	-|/|-
P00023	램프	NewPLC	NewProgram	행 13, 열 0	표시램프	-| |-
T0001		NewPLC	NewProgram	행 5, 열 0		-| |-
T0001		NewPLC	NewProgram	행 7, 열 30		TON, T
T0002		NewPLC	NewProgram	행 10, 열 0		-| |-
T0002		NewPLC	NewProgram	행 12, 열 30		TON, T
T0003		NewPLC	NewProgram	행 13, 열 1		

그림 7.35 메모리 참조

(2) 편집 시 메모리 참조

프로그램에서 디바이스를 선택하고(그림 7.36a), 메시지 창의 "메모리 참조"탭을 클릭하면 그 디바이스의 내역(그림 7.36b)이 표시된다. 내역을 알고 싶은 디바이스를 선택하면 그 디바이스의 내역이 표시된다.

그림 7.36a

▽ 디바...	변수	PLC	프로그램	위치	설명문	정보
P00023	램프	NewPLC	NewProgram	행 1, 열 31	표시램프	-(S)-
P00023	램프	NewPLC	NewProgram	행 2, 열 31	표시램프	-(R)-
P00023	램프	NewPLC	NewProgram	행 4, 열 0	표시램프	-|/|-
P00023	램프	NewPLC	NewProgram	행 9, 열 0	표시램프	-|/|-
P00023	램프	NewPLC	NewProgram	행 13, 열 0	표시램프	-| |-

그림 7.36b

2. 사용된 디바이스

[보기] – [사용된 디바이스]를 선택하면 "디바이스 선택" 대화상자(그림 7.37a)가 나타나고, "전체"탭을 클릭하면 프로그램에서 사용한 디바이스가 모두 메시지창에 표시된다(그림 7.37b).

그림 7.37a 디바이스 선택

	WORD	BIT	F		E		D		C		B		A		9		8		7		6		5		4		3		2		1		0	
			I	O	I	O	I	O	I	O	I	O	I	O	I	O	I	O	I	O	I	O	I	O	I	O	I	O	I	O	I	O	I	O
P0000																								1		3		1	3		1		2	
P0002																									3	2	2	2	2	2		2	
T0001	1	1																															
T0002	1	1																															
T0003	1	1	1																														
T0004	1	1	1																														

그림 7.37b

지정 디바이스의 용도를 보려면 그림 7.37b에 사용된 I/O숫자가 표시된 셀에서 마우스로 더블클릭하면 용도가 표시된다(그림 7.37c).

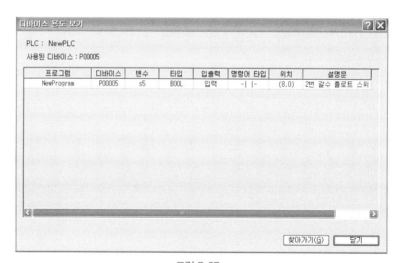

그림 7.37c

3. 프로그램 검사

작성한 LD 프로그램에 오류가 있는지 검사를 할 수 있다. 검사 항목은 ① 논리 에러(LD의 연결 오류), ② 문법 에러(SBRT/CALL, FOR/NEXT와 같은 문법 상의 오류), ③ 이중 코일 에러(출력요소를 중복 사용한 경우의 오류)를 검사한다.

(1) 프로그램 검사 설정

프로그램의 검사는 [보기] – [프로그램 검사]를 선택하면 "프로그램 검사" 대화상자(그림 7.38)가 나타나며, "프로그램 검사" 탭을 클릭한다.

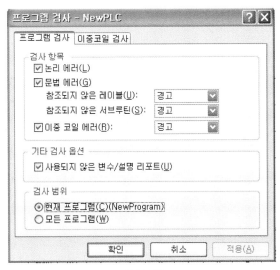

그림 7.38

- 논리 에러 : LD의 결선여부 및 쇼트회로 등 프로그램의 논리적인 오류에 대한 검사여부를 선택한다.
- 문법 에러 : CALL/SBRT, MCS/MCSCLR 등의 응용명령어 오류검사 여부를 선택한다.
- 참조되지 않은 레이블 : 선언한 레이블이 사용되지 않았을 경우 처리에 대한 범위를 지정한다. [무시], [경고], [오류]를 선택할 수 있다.
- 참조되지 않은 서브루틴 : 선언한 서브루틴이 사용되지 않았을 경우 처리에 대한 범위를 지정할 수 있으며, [무시], [경고], [오류]를 선택할 수 있다.
- 이중 코일 에러 : 이중 코일 검사 여부를 선택한다.
- 이중 코일 처리 : 이중 코일에 대하여 [오류] 또는 [경고]를 선택할 수 있다.
- 현재 프로그램 : 현재 프로그램만 검사한다.
- 모든 프로그램 : 현재 PLC 항목에 있는 모든 프로그램을 검사한다.

"프로그램 검사" 대화상자(그림 7.38)에서 "이중 코일 검사" 탭을 클릭하여 검사 디바이스의 영역을 지정할 수 있으며, 비트용 응용명령어 및 워드형 응용명령어의 오퍼랜드의 검사여부 선택 그리고 이중 코일이 검사된 경우 [경고] 또는 [오류]의 판정을 선택할 수 있다.

프로그램에 오류가 있는 경우는 메시지 창의 "프로그램 검사" 탭을 클릭하면 내용이 표시된다(그림 7.39 참조).

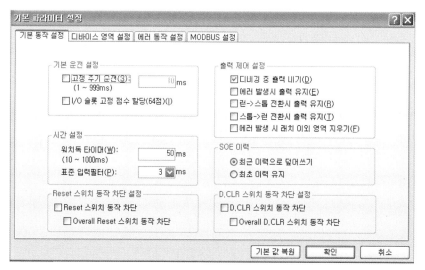

그림 7.39

7.6 파라미터의 설정

1. 기본 파라미터

프로젝트 트리 [파라미터]-[기본 파라미터]를 두 번 클릭한다. 이때 "기본 파라미터 설정" 대화상자가 나타난다. 이것은 [기본 파라미터] 정보 중 기본운전, 시간, 출력제어 설정을 위한 대화상자(그림 7.40a)이다.

(1) 기본동작 설정

"기본동작 설정" 탭을 클릭한다.

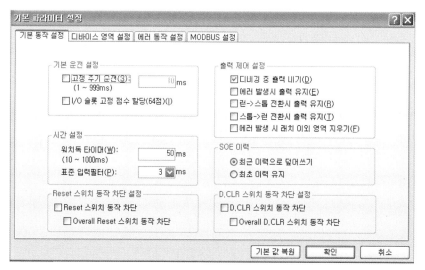

그림 7.40a 기본 파라미터(기본 동작 설정)

- 기본 운전 설정 : PLC 프로그램을 고정된 주기에 따라 동작을 시킬 것인지, 스캔타임에 의해 동작시킬 것인지를 결정하고, I/O 슬롯에 메모리 할당을 고정된 64점으로 할 것인지, 프로그램에 의해 유동적으로 할당할 것인지를 결정한다.

- 시간 설정 : 프로그램의 오류에 의해 PLC가 멈추는 현상을 제거하기 위한 스캔 워치독 타이머의 시간값을 설정하고, 표준 입력필터값을 설정한다.
- Reset스위치 동작차단 설정 : CPU 모듈의 RST(Reset) 스위치의 동작을 차단할 것인지 결정하며, Overall Reset 동작 차단을 설정할 경우 Overall Reset 동작만 차단된다.
- 출력제어 설정 : 디버깅 중 출력내기, 에러 발생 시 출력유지, 런 → 스톱 전환 시 출력 유지, 스톱 → 런 전환 시 출력유지, 에러발생 시 래치 이외 영역 지우기 등을 결정한다.
- SOE 이력 : 최근 이력으로 덮어쓰기를 할 것인지, 최초 이력 유지를 할 것인지 결정한다.
- D.CLR 스위치 동작차단 설정 : CPU 모듈의 D.CLR 스위치의 동작을 차단할 것인지 결정하며, Overall D.CLR 동작차단을 설정할 경우 Overall D.CLR 동작만 차단된다.

(2) 디바이스 영역 설정

"기본 파라미터 설정" 대화상자에서 "디바이스 영역 설정" 탭을 선택한다. 이것은 [기본 파라미터] 정보 중 PLC 전원이 꺼져도 데이터를 보존할 영역(래치 영역) 설정을 위한 탭이 다(그림 7.40b).

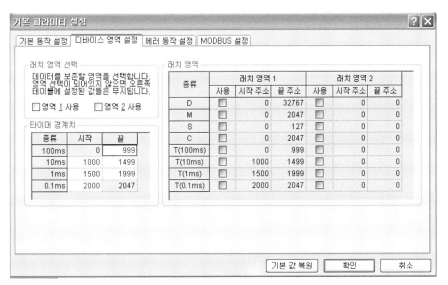

그림 7.40b 기본 파라미터(디바이스 영역 설정)

- 래치 영역 선택 : "영역 1 사용"과 "영역 2 사용"의 선택에 따라 보존할 데이터영역 설정을 각 디바이스별로 영역과 사용 여부를 우측의 "래치 영역"에서 선택할 수 있다. 영역 1과 영역 2는 서로 겹쳐서 설정할 수 없고 각 래치영역의 최대 크기는 디바이스영역의 최대 크기가 된다. 체크박스를 선택하지 않으면 오른쪽 래치 영역 테이블에 설정된 값들은 무시된다.

- 타이머 영역 : 100 ms, 10 ms, 1 ms, 0.1 ms로 나누어져 있으며, 이 영역은 왼쪽 타이머 경계치 영역의 설정된 값 내에서 래치영역으로 선택할 수 있으나 영역이 서로 중복되게 설정할 수는 없다. 사용하고자 하는 타이머의 수를 조정할 수 있다.

　기본값으로 타이머 경계치가 설정이 되어있는 경우 LD 다이어그램에서 T100을 사용하게 되면 T100은 T100 ms의 영역에 있기 때문에 이 타이머는 자동적으로 100 ms 단위의 타이머가 된다. 기본설정에서 10 ms 주기의 타이머를 쓰기 위해서는 T1000~T1499까지 중 임의의 번지를 사용하면 된다.

(3) 에러 동작 설정

　"기본 파라미터 설정" 대화상자에서 "에러동작 설정" 탭을 선택한다. 이것은 PLC에 에러가 발생되었을 때 동작방법 설정을 위한 탭이다(그림 7.40c).

　PLC 동작 중 연산에러가 발생하는 경우, 부동 소수점 에러가 발생하는 경우, 모듈의 퓨즈 연결 상태에 에러가 발생하는 경우, I/O 모듈에 에러가 발생하는 경우, 특수 모듈에 에러가 발생하는 경우, 통신 모듈에 에러가 발생하는 경우에 각각 PLC가 계속 동작할지 여부를 결정할 수 있다.

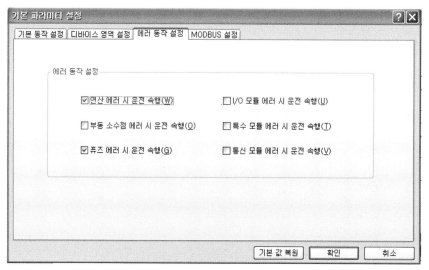

그림 7.40c 기본 파라미터(여러 동작 설정)

(4) MODBUS 설정

　"기본 파라미터 설정" 대화상자에서 "MODBUS 설정" 탭을 선택하며, 이것은 통신방법 중의 MODBUS 기본 정보설정을 위한 탭이다(그림 7.40d).

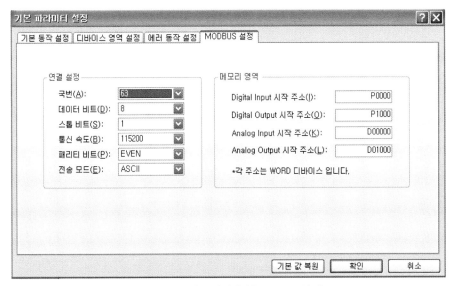

그림 7.40d 기본 파라미터(MODBUS 설정)

- "국번"에서 MODBUS 통신에 사용될 국번을 0~63 범위에서 선택한다.
- "데이터 비트"에서 수신되는 각 문자에 사용할 데이터 비트수를 변경할 수 있으며, 사용자와 통신하고 있는 PLC에 설정된 값과 동일하게 설정해야 한다. 대부분의 문자는 7개나 8개의 데이터 비트로 전송된다.
- "스톱 비트"에서 각 문자가 전송되는 시간(시간이 비트수로 측정되는 경우)을 변경한다.
- "통신속도"에서 전송할 데이터의 최고속도를 bps(비트/초)로 설정한다. 이것은 일반적으로 통신하고 있는 컴퓨터나 장치가 지원하는 최고속도로 설정된다.
- 패리티(Parity) 비트를 설정한다(Even, Odd, None).
- 전송모드를 설정하며, ASCII 통신과 RTU 통신을 지원한다.
- MODBUS를 통하여 읽을 DI(Digital Input) 메모리 영역 시작 주소, DO(Digital Output) 메모리 영역 시작 주소, AI(Analog Input) 메모리 영역 시작 주소, AO(Analog Output) 메모리 영역 시작 주소를 각각 설정할 수 있으며, 여기서 설정되는 값은 WORD 단위이다.

2. I/O 파라미터

PLC의 슬롯에 사용할 I/O 종류를 설정하고, 해당 슬롯별로 파라미터를 설정한다. 프로젝트 트리 [파라미터] – [I/O 파라미터]를 선택하면 "I/O 파라미터 설정" 대화상자가 나타난다 (그림 7.41).

- 모든 베이스 : 베이스 모듈 정보와 슬롯별 모듈 정보를 표시하며, 슬롯에 모듈을 지정하지 않은 경우 "디폴트"로 표시된다.

그림 7.41 I/O파라미터 설정

• 설정된 베이스 : 모듈이 선택된 베이스만 표시된다.

모듈별 상세정보 및 할당정보가 표시되며, 베이스의 슬롯별 모듈 종류를 편집할 수 있다. 현재 선택된 슬롯, 베이스, 전체를 삭제 탭에 의해 삭제할 수 있으며, "상세히"탭을 누르면 모듈별 상세정보가 표시된다.

(1) 베이스 모듈 정보 설정 및 베이스의 삭제

베이스 모듈에 대한 정보를 설정하기 위해 장치 리스트로부터 설정할 베이스 모듈(예, 베이스 00)을 선택한 후 마우스 오른쪽 버튼을 눌러 [베이스 설정]을 선택한다.

"베이스 모듈설정" 대화상자가 나타나면 최대 슬롯의 개수를 입력하고, 변경사항을 적용하고 내화상자를 닫는다.

베이스를 삭제할 경우에는 장치 리스트로부터 삭제할 베이스 모듈을 선택하고, 마우스 오른쪽 버튼을 눌러 [베이스 삭제]를 선택한다. 그러면 삭제 확인 메시지 박스가 표시되며, 확인 버튼을 누르면 해당 베이스 모듈의 정보가 삭제된다.

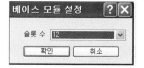

(2) 슬롯별 모듈정보 설정

슬롯별로 모듈의 종류 및 모듈별 상세정보를 설정하는 방법으로서, "I/O파라미터 설정"대화상자(그림 7.41)에서 설정할 슬롯 No.를 선택하여 모듈 열을 선택하면, 모듈 선택 상자가 표시되며 설정할 모듈(디지털 모듈, 특수 모듈, 통신 모듈 등)을 선택한다.

다음에 설명 열을 선택하고 오른쪽 마우스 버튼을 눌러 [편집] 항목을 선택하여 해당 슬롯에 대한 설명문을 입력한다(그림 7.42).

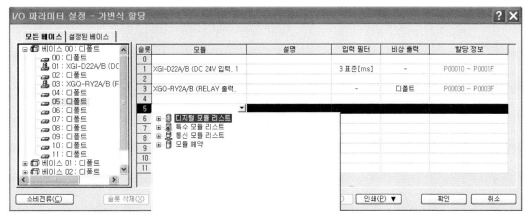

그림 7.42 I/O파라미터 설정

7.7 온라인

PLC와 연결되었을 때 가능한 기능을 설명한다.

1. 접속옵션

(1) 로컬접속 설정

로컬접속은 RS-232C이나 USB 연결이 가능하며, 메뉴 [온라인] – [접속 설정]을 선택한다 (그림 7.43).

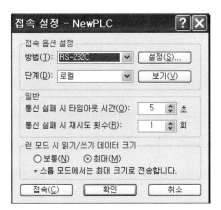

그림 7.43 접속설정

- 접속방법 : PLC와 연결 시 통신 미디어를 설정해야 하며, RS-232C, USB, Ethernet, Modem 등으로 설정할 수 있다.

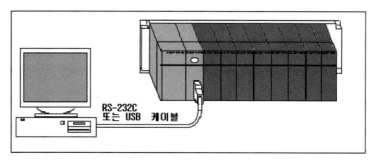

그림 7.43a 로컬접속

- 접속단계 : PLC와의 연결구조를 설정하는 것이며, 로컬, 리모트 1단, 리모트 2단 등으로 연결 설정을 할 수 있다.
- 접속 : 설정된 접속옵션 사항으로 PLC와 연결한다.
- 설정 : 접속방법에 선택된 것에 대한 상세설정을 할 수 있다.
- 보기 : 전체적인 접속옵션을 확인할 수 있다.
- 타임아웃 시간 : 설정된 시간 내에 PLC와의 통신연결을 재개하지 못할 경우 타임아웃이 발생하여 연결을 재시도할 수 있다.
- 재시도 횟수 : PLC와의 통신연결 실패 시 몇 회를 더 다시 통신연결을 할지를 설정한다.

1) 로컬 RS-232C 연결의 경우

그림 7.43a와 같이 RS-232C케이블을 연결한 후, "접속설정" 대화상자(그림 7.43)에서 접속방법을 RS-232C로 선택하고 "설정" 버튼을 눌러 "세부사항" 대화상자에서 통신속도 및 통신 COM포트를 설정한다(그림 7.43b). 기본 설정은 통신포트가 COM1이고, 통신속도는 115200 bps이며, 통신포트는 COM1~COM8, 통신속도는 38400 bps와 115200 bps를 지원한다.

그림 7.43b

2) 로컬 USB 연결의 경우

"접속설정" 대화상자에서 접속방법을 USB로 설정하며, USB는 세부 설정사항이 없다. USB로 PLC를 연결하기 위해서는 USB장치 드라이버가 설치되어 있어야 하며, XG5000 설치 시 USB드라이버가 자동 설치된다.

(2) 리모트 1단 접속 설정

1) Ethernet 연결 설정

"접속설정" 대화상자에서 접속방법을 Ethernet으로 선택하고 접속단계는 리모트 1단을 선택한 후 "설정" 버튼을 눌러 "세부사항" 대화상자에서 Ethernet IP를 설정한다(그림 7.43c). Ethernet 연결을 위해서는 PC에 Ethernet 연결이 되어 있어야 하고, IP 설정은 Ethernet 통신 모듈의 IP이다.

그림 7.43c

2) 모뎀 연결 설정

"접속설정"대화상자에서 접속 방법을 Modem으로 설정하고, 접속단계는 리모트 1단으로 설정한 후 "설정" 버튼을 눌러 모뎀 상세설정을 한다(그림 7.43d).

- 모뎀종류 : 연결 가능한 모뎀의 타입을 설정한다. 전용 모뎀은 Cnet 통신 모듈이 전용 모뎀 기능을 한다.
- 포트번호 : 모뎀 통신포트를 설정한다.
- 전송속도 : 모뎀의 통신속도를 설정한다.
- 전화번호 : 다이얼 업 모뎀인 경우 모뎀의 전화번호를 입력한다.
- 국번 : 리모트 1단 쪽 통신 모듈에 설정된 국번번호를 입력한다.

그림 7.43d

3) RS-232C 또는 USB로 리모트 연결

접속방법을 RS-232C 또는 USB로 설정하고, 접속단계를 리모트 1단으로 설정한 후 "설정" 버튼을 눌러 "세부사항"대화상자에서 "리모트 1단"탭을 클릭한다.(그림 7.43e).

그림 7.43e

- 네트워크 종류 : 리모트 연결 시 PLC 통신 모듈 타입을 설정하며, 통신 모듈은 Rnet, Fnet, Enet, FDnet, Cnet, FEnet, FDEnet이 가능하다.
- 베이스 번호 및 슬롯번호는 로컬 쪽 PLC 베이스의 통신 모듈의 베이스 번호(0~7) 및 슬롯번호(0~15)를 설정한다.

- Cnet채널 : 리모트 1단 접속 통신 모듈이 Cnet 모듈인 경우 접속 채널포트를 선택한다.
- 국번 : 리모트 1단 쪽 통신 모듈에 설정된 국번번호를 입력한다.
- IP주소 : 리모트 1단 쪽 통신 모듈에 설정된 IP주소를 입력한다.
  * 네트워크 타입이 Enet, FEnet인 경우에만 IP주소가 활성화되고, 그렇지 않은 경우에는 국번이 활성화되면서, IP주소는 비활성화된다.

(3) 리모트 2단 접속 설정

그림 7.43f와 같이 리모트 2단 접속을 한 후 "접속설정"대화상자에서 접속방법을 RS-232C, 접속단계는 리모트 2단을 선택하고, "설정"버튼을 클릭하면 그림 7.43g의 "세부사항"대화상자가 나타나며, "리모트 2단"탭을 클릭한다.

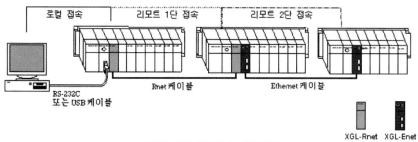

그림 7.43f 리모트 1, 2단 접속

그림 7.43g

- 네트워크 종류 : 리모트 연결 시 PLC 통신 모듈 타입을 설정한다. 통신 모듈은 Rnet, Fnet, Enet, FDnet, Cnet, FEnet, FDEnet이 가능하다.
- 베이스 번호 및 슬롯 번호는 로컬 쪽 PLC 베이스의 통신 모듈의 베이스 번호 및 슬롯 번호를 설정한다.

• 국번 : 리모트 1단 쪽 통신 모듈에 설정된 국번번호를 입력한다.
• IP주소 : 리모트 1단 쪽 통신 모듈에 설정된 IP주소를 입력한다.

2. 접속

메뉴 [온라인] – [접속]을 선택하면 설정된 접속옵션에 따라 PLC와 연결이 되며, "접속"대화상자가 나타난다(그림 7.44). PLC와의 연결이 성공하면 온라인 메뉴 및 온라인 상태의 표시가 활성화된다.

그림 7.44 접속

3. 쓰기

사용자 프로그램 및 각 파라미터, 설명문 등을 PLC로 전송시키는 것을 "쓰기"라 한다.
메뉴 [온라인] – [접속]을 선택하여 PLC와 온라인으로 연결된 상태에서 메뉴 [온라인] – [쓰기]를 선택한 후 "쓰기" 대화상자(그림 7.45)가 나타나면 PLC로 전송할 데이터를 선택하고, "확인"을 누르면 선택된 데이터가 PLC로 전송된다.

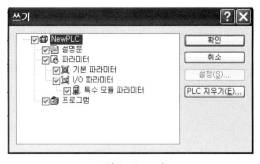

그림 7.45 쓰기

4. 읽기

PLC 내에 저장되어 있는 프로그램 및 각 파라미터, 설명문 등을 PLC로부터 업로드하여 현재 프로젝트에 적용하는 것을 "읽기"라 하며, 메뉴 [온라인] – [접속]을 선택하여 PLC와 연결하고 메뉴 [온라인] – [읽기]를 선택한다. 다음에 PLC로부터 업로드할 항목을 설정한 후 확인 버튼을 누르면 PLC로부터 업로드되며, 업로드된 항목들은 현재 프로젝트에 적용된다.

5. 모드전환

PLC의 운전모드를 전환할 수 있다. 메뉴 [온라인] – [접속]을 선택하여 PLC와 연결한다. 다음에 메뉴 [온라인] – [모드 전환] – [런/스톱/디버그]를 선택하면 PLC의 운전모드를 사용자가 선택한 운전모드로 전환할 수 있다.

6. PLC와 비교

PLC 내의 프로젝트와 XG5000에 열려있는 프로젝트를 비교할 수 있다. 메뉴 [온라인] – [접속]을 선택하여 PLC와 연결하고, 메뉴 [온라인] – [PLC와 비교]를 선택한 후 비교할 대상을 선택하여 "프로젝트 비교" 대화상자에서 "비교하기" 탭을 누른다.

7. PLC 리셋

PLC를 리셋시킬 수 있다. 메뉴 [온라인] – [접속]을 선택하여 PLC와 연결하고, 메뉴 [온라인] – [PLC 리셋]을 선택하며, "리셋" 대화상자에서 리셋의 종류를 선택한 후 확인 버튼을 눌러서 PLC를 리셋시킨다(그림 7.46). PLC의 리셋 딥 스위치로도 PLC 리셋이 가능하다.

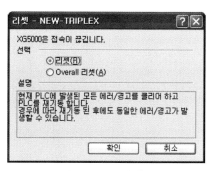

• 리셋 : PLC가 전원이 다시 들어올 때 에러/경고 정보를 지우고 전원이 들어온다.
• Overall 리셋 : PLC가 전원이 다시 들어올 때 에러/경고를 지우고, 래치1 영역의 데이터, I/O 스킵, 고장 마스크, 강제 I/O 설정 영역을 지우고 전원이 들어온다.

그림 7.46 PLC의 리셋

8. PLC 지우기

PLC 내의 프로그램, 각 파라미터, 설명문 및 메모리, 래치 영역을 지울 수 있다.

메뉴 [온라인] – [접속]을 선택하여 PLC와 연결하고 메뉴 [온라인] – [PLC 지우기]를 선택한다. "지우기" 대화상자에서 각 지울 항목들을 선택 후 지우기 버튼을 눌러 PLC 지우기를 실행한다.

(1) 프로젝트 지우기

"지우기"대화상자의 "항목"탭을 클릭하여 PLC에 저장된 프로젝트의 지우고자 하는 내용을 지운다(그림 7.47a).

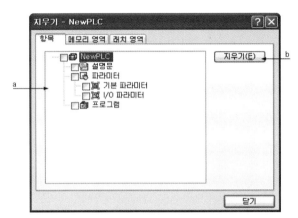

a. 항목 선택 목록 : PLC 내에 저장된 항목에서 지울 내용을 선택한다.
b. 지우기 버튼 : 선택된 항목의 지우기를 실행한다.

그림 7.47a PLC 내 저장내용 지우기

(2) 메모리 지우기

"지우기"대화상자에서 "메모리 영역"탭을 클릭하여 PLC의 메모리값을 지운다(그림 7.47b).

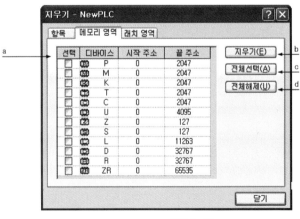

a. 메모리 영역 선택 목록 : PLC 내의 메모리 영역 중 사용자가 지우려고 하는 시작 주소와 끝 주소를 지정한다. 전체선택 또는 전체해제를 할 수 있다.
b. 지우기 버튼 : 선택된 항목의 지우기를 실행한다.

그림 7.47b

(3) 래치 데이터 지우기

"지우기"대화상자에서 "래치 영역"탭을 클릭한 후 래치 영역으로 설정된 디바이스의 값을 지운다(그림 7.47c).

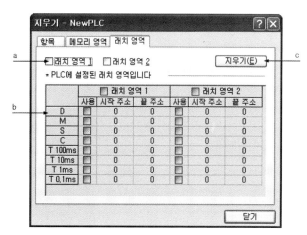

a. 래치 영역 체크박스 : 체크된 래치영역은 실행버튼을 누를 시 PLC의 선택된 래치 영역 내 디바이스 영역의 값이 지워진다.

b. 래치 설정 영역 : PLC 내에 기본 파라미터에서 설정한 래치 설정 영역 및 설정내용을 보여주며, 지우기 버튼에 의해 선택된 항목이 지워진다.

그림 7.47c

9. PLC 정보

연결된 PLC의 정보를 볼 수 있고, 비밀번호, PLC 시계를 설정할 수 있다.

(1) CPU 정보

메뉴 [온라인] - [접속]을 선택하여 PLC와 연결하고, 메뉴 [온라인] - [PLC정보]를 선택하여 "PLC 정보" 대화상자(그림 7.48a)에서 "CPU" 탭을 클릭하면 PLC CPU의 자세한 정보를 확인할 수 있다.

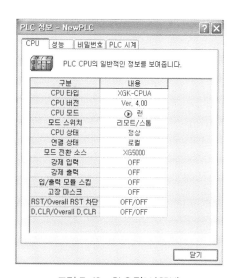

그림 7.48a PLC 정보(CPU)

(2) CPU 성능

"PLC 정보" 대화상자에서 "성능" 탭을 클릭하면 PLC의 스캔 타임 및 메모리 사용 사항을 확인할 수 있다(그림 7.48b). 이때 기본 파라미터의 [고정주기 운전]이 설정되어 있으면 설정된 고정주기를 표시한다.

(3) 비밀번호

"PLC 정보" 대화상자에서 "비밀번호" 탭을 클릭하여 PLC 정보를 보호하기 위해 사용자 비밀번호를 설정, 변경, 삭제할 수 있다(그림 7.48c).

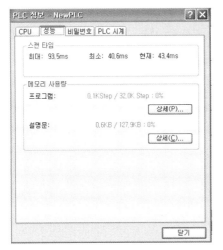

그림 7.48b PLC 정보(성능)

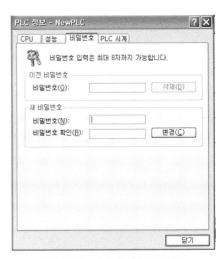

그림 7.48c PLC 정보(비밀번호)

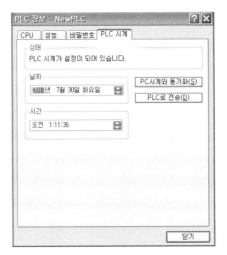

그림 7.48d PLC 정보(PLC 시계)

(4) PLC 시계 설정

"PLC 정보" 대화상자에서 "PLC 시계" 탭을 클릭하여 PLC 시계를 설정할 수 있다(그림 7.48d). 여기서 "PC 시계와 동기화" 탭을 클릭하면 PC의 날짜와 시간을 PLC와 일치시키고, "PLC로 전송" 탭을 클릭하면 사용자가 설정한 시간이 PLC로 전송된다.

10. PLC 이력

PLC가 저장하고 있는 에러/경고, 모드전환, 전원차단 이력을 표시한다. 메뉴 [온라인] - [접속]을 선택하여 PLC와 연결하고, 메뉴 [온라인] - [PLC 이력]을 선택하면 "PLC 이력" 대화상자가 나타나며, "에러 이력", "모드전환 이력", "시스템 이력", "전원 차단 이력" 탭을 각각 선택하여 각 이력을 확인할 수 있다(그림 7.49).

그림 7.49 PLC 이력

11. PLC 에러/경고

PLC가 현재 가지고 있는 에러/경고 및 이전의 에러이력을 확인할 수 있다. 메뉴 [온라인] - [접속]을 선택하여 PLC와 연결하고, 메뉴 [온라인] - [PLC 에러/경고]를 선택한다(그림 7.50).

접속 시 또는 온라인으로 연결된 중에 에러 또는 경고가 있으면 "에러/경고" 대화상자가 나타나며, ① 발생된 에러가 "I/O 파라미터 불일치, I/O 착탈 에러, 퓨즈 에러, I/O 읽기/쓰기 에러, 특수 통신 모듈 에러"일 경우는 해당 에러의 슬롯 정보를 같이 표시한다. ② 프로그램 에러(PLC가 스톱에서 런 진입 시 발생하는 에러) 또는 실행 프로그램 에러(PLC가 런 수행 중에 발생하는 에러)가 발생 시에 마우스로 프로그램 이름 영역을 더블클릭하여 PLC와 프로그램이 같다면 해당 스텝으로 이동한다.

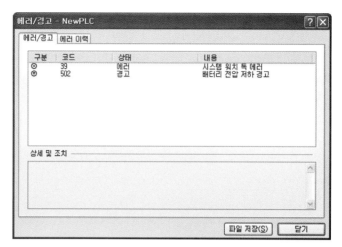

그림 7.50 PLC 에러/경고

12. 강제 I/O 설정

PLC에서 I/O 리프레시 영역의 강제 입/출력을 설정할 수 있으며, 메뉴 [온라인] – [강제 I/O 설정]을 선택하면 "강제 I/O 설정" 대화상자가 나타난다(그림 7.51a).

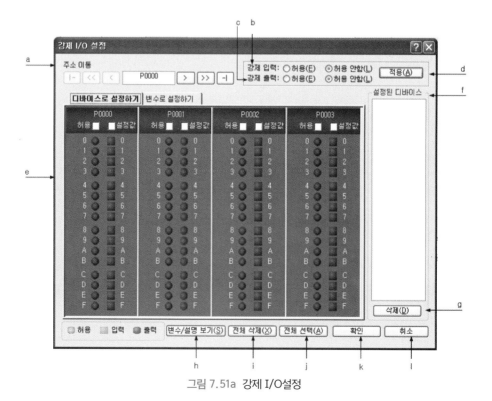

그림 7.51a 강제 I/O설정

- a. 주소값 이동 : 영역의 주소값을 변경한다. 버튼을 이용하여 이동하거나, 편집 상자에 이동하고자 하는 주소값을 직접 입력할 수 있다.

버 튼	설 명	버 튼	설 명
<< 버튼	8워드 이전 주소로 이동	>> 버튼	8워드 이후 주소로 이동
< 버튼	1워드 이전 주소로 이동	|- 버튼	첫 주소로 이동
> 버튼	1워드 이후 주소로 이동	-| 버튼	마지막 주소로 이동

- b. 강제입력 : 강제입력 허용여부를 선택하며, 강제입력이 "허용" 상태인 경우에만 비트별 강제 입력값이 적용된다.
- c. 강제출력 : 강제출력 허용여부를 선택하며, 강제출력이 "허용" 상태인 경우에만 비트별 강제 출력값이 적용된다.
- d. 적용 : 대화상자를 닫지 않고 변경사항을 PLC에 저장한다.
- e. 강제 I/O : 비트별로 허용 플래그 및 데이터(설정값)를 설정한다.
- f. 설정된 디바이스 : 강제 I/O 허용 플래그 및 데이터가 설정된 디바이스를 표시한다.
- g. 삭제 : 설정된 디바이스 리스트 중에서 선택한 디바이스에 설정된 허용 및 데이터를 삭제한다.
- h. 변수/설명 보기 : 변수/설명에 대한 리스트를 표시한다.
- i. 전체 삭제 : 모든 영역에 대하여 허용 플래그 및 데이터를 해제한다.
- j. 전체 선택 : 모든 영역에 대하여 허용 플래그 및 데이터를 설정한다.
  ※ 허용은 비트별 강제 I/O 사용 여부를 표시한다. 선택된 경우는 허용, 그렇지 않은 경우는 허용하지 않음을 표시한다.
  ※ 데이터는 강제값을 표시한다. 선택된 경우는 1, 그렇지 않은 경우에는 0이 강제값이 된다. 단 플래그가 허용 상태인 경우에만 유효하다.

허 용	설정값	강제값
0 (선택 안 함)	0 (선택 안 함)	×
0 (선택 안 함)	1 (선택함)	×
1 (선택함)	0 (선택 안 함)	0
1 (선택함)	1 (선택 함)	1

(1) 강제 I/O 설정

(예 : P0000 워드의 4번째 비트 강제출력 1, 8번째 비트 강제출력 0) (그림 7.51b)

① P00003으로 이동한다. 영역의 이동은 버튼을 이용하거나 직접 입력한다.
② 비트 3의 허용 플래그와 데이터를 설정한다.

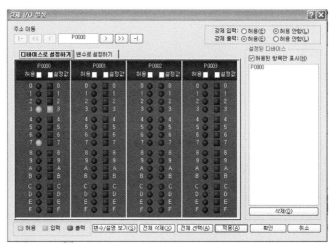

그림 7.51b

③ 비트 7의 허용 플래그를 선택한다. 비트 7의 강제 출력값은 0이므로 데이터는 선택하지 않는다.

④ 강제값을 적용하기 위하여 강제출력 허용 플래그를 선택하고 "적용" 버튼을 누른다.

(2) 강제 I/O 해제

(예: P0000 워드의 4번째, 8번째 비트의 강제값 해제, 그림 7.51c)

① P00003으로 이동한다. 영역의 이동은 버튼을 이용하거나 직접 입력한다.

② 강제출력값을 해제하기 위하여 비트 3, 7의 허용 플래그의 선택을 해제한다.

③ "적용" 버튼을 누른다.

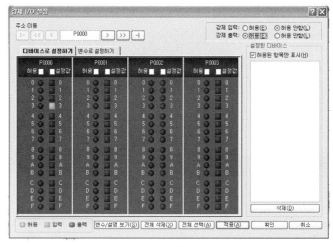

그림 7.51c

강제 I/O 허용여부는 디바이스 표시 부분의 색상이 변경되며, 설정값은 LD기호에 색상이 아래와 같이 변경된다.

표시 기호	상 태
Input_Sw1	접점 Input_Sw1은 강제 I/O가 허용된 상태이며, 설정값은 1로 되어 있음을 나타냄
Input_Sw2	접점 Input_Sw2는 강제 I/O가 허용된 상태이며, 설정값은 0으로 되어 있음을 나타냄

13. 런 중 수정

"런 중 수정" 기능을 이용하면 PLC를 정지시키지 않고 RUN 상태에서 프로그램을 수정 또는 추가할 수 있다. PLC를 정지시키지 않은 상태에서 수정할 수 있는 것은 PLC에 저장되어 있는 프로그램의 수정으로 한정되며, 프로그램 블록의 추가 또는 프로그램 블록 전체의 삭제는 할 수 없으며, 파라미터의 수정도 할 수 없다.

기본 파라미터 및 I/O 파라미터를 변경하고자 할 경우에는 PLC를 정지시킨 후 'PLC로 쓰기'를 수행해야 수정된 파라미터가 PLC의 운전에 반영된다.

(1) 런 중 수정 순서

런 중 수정 순서는 그림 7.52a와 같이 수행한다.

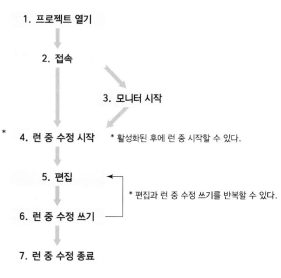

그림 7.52a 런 중 수정 순서

1) 런 중 수정 시작

단축 아이콘 (🔧)을 선택하거나 [온라인] – [런 중 수정](단축키: Ctrl+Q)을 선택하여 '런 중 수정'을 시작한다. '런 중 수정'이 시작되면 XG5000 프로그램 창의 바탕색이 변경된다(그림 7.52b).

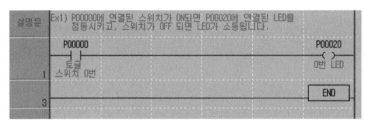

그림 7.52b 런 중 수정

2) 설명문 수정

설명문이 편집되어 있는 행을 마우스로 더블클릭하거나 사각커서를 옮겨놓고 키보드의 엔터키를 누르면 설명문을 편집하는 창이 나타난다.

3) 프로그램의 수정

다음의 과정을 거쳐서 프로그램을 수정한다.

① 라인 삽입

라인을 추가할 행에 사각커서를 위치시킨 후 [편집] – [라인 삽입]을 선택하면 사각커서가 위치하고 있는 행에 빈 행이 추가된다(그림 7.52c).

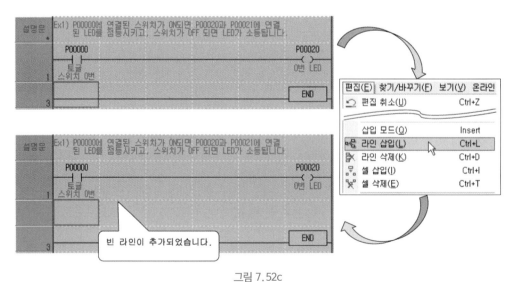

그림 7.52c

② 세로선 편집

편집 도구에서 세로선을 선택하여
프로그램에 추가한다(그림 7.52d).

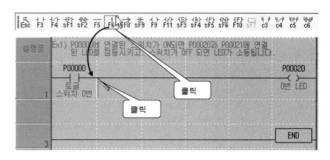

그림 7.52d

③ 코일 편집

편집 도구에서 코일을 선택하여 프
로그램에 추가한다(그림 7.52e).

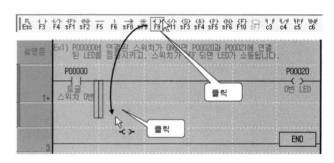

그림 7.52e

④ 디바이스 편집

출력 코일에 대해 디바이스를 할당하고 변수 및 설명문을 편집한다(그림 7.52f).

그림 7.52f

4) 런 중 수정 쓰기

프로그램의 수정이 완료되면 수정된 프로그램을 PLC로 전송한다. 즉, 단축 아이콘의 (![])을 선택하거나 [온라인]-[런 중 수정 쓰기]를 선택한다. 런 중 수정 쓰기가 시작되면 프로그램이 PLC로 전송되며, 이때 런 중 수정과정에서 변경된 설명문 쓰기를 선택한 경우 설명문도 PLC로 전송된다(그림 7.52g).

프로그램 쓰기가 완료되면 PLC는 XG5000으로부터 전송된 프로그램을 PLC의 실행코드로 변환하고, 변환이 완료되면 런 중 수정완료 메시지가 나타나며(그림 7.52h), 이때부터 수정된 프로그램이 PLC에서 연산된다.

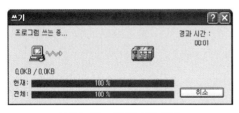

그림 7.52g 런 중 수정 쓰기

그림 7.52h

5) 런 중 수정종료

런 중 수정 쓰기가 완료되면 런 중 수정종료 아이콘 (![])을 선택하거나 [온라인]-[런 중 수정 종료]를 선택하여 런 중 수정을 종료한다. 런 중 수정이 종료되면 프로그램 창의 바탕색이 흰색으로 바뀐다.

7.8 프로그램의 모니터링

1. 모니터 시작/끝

메뉴 [온라인]-[접속] 항목을 선택하여 PLC와 온라인으로 연결하고, 메뉴 [모니터]-[모니터 시작]을 선택하여 프로그램에서 모니터링을 시작할 수 있으며, 메뉴 [모니터]-[모니터 끝]을 선택하여 모니터링을 정지시킬 수 있다.

2. LD 프로그램 모니터링

XG5000이 모니터링 상태에서 LD다이어그램에 작성된 접점(평상 시 열린접점, 평상 시 닫힌접점, 양변환 검출접점, 음변환 검출접점), 코일(코일, 역코일, 셋코일, 리셋코일, 양변환 검출코일, 음변환 검출코일) 및 응용명령어의 현재값을 표시한다.

(1) 모니터 시작 순서

① 메뉴 [모니터] – [모니터 시작/끝] 항목을 선택한다.
② LD 프로그램이 모니터 모드로 변경된다(그림 7.53).
③ 현재값 변경 : 메뉴 [모니터] – [현재값 변경] 항목을 선택한다.

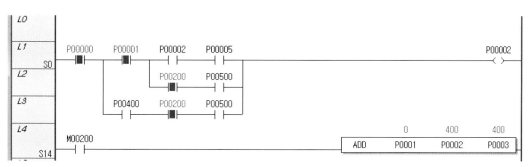

그림 7.53 모니터 모드

(2) 접점의 모니터 표시(그림 7.54)

1) 평상 시 열린 접점

해당 접점의 값이 ON 상태인 경우 디바이스(혹은 변수)의 표시는 붉은색으로 표시되며, 접점 안에 파워 플로우가 파란색으로 표시된다.

2) 평상 시 닫힌 접점

해당 접점의 값이 ON 상태인 경우 디바이스의 표시는 붉은색으로 표시되며, 점점 안에 파워 플로우는 표시되지 않는다.

3) 양변환 검출접점 및 음변환 검출접점

평상 시 열린접점과 동일하게 표시된다.

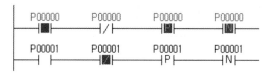

그림 7.54 접점의 모니터링

(3) 코일의 모니터 표시(그림 7.55)

1) 코일

해당 코일의 값이 ON 상태인 경우 디바이스(혹은 변수)의 표시는 붉은색으로 표시되며, 코일 안의 파워 플로우는 파란색으로 표시된다.

2) 역코일

해당 코일의 값이 ON 상태인 경우 디바이스(혹은 변수)의 표시는 붉은색으로 표시되며, 코일 안의 파워 플로우는 표시되지 않는다.

3) 셋코일 및 리셋코일

코일과 동일하게 표시된다.

4) 양변환 검출코일 및 음변환 검출코일

코일과 동일하게 표시된다.

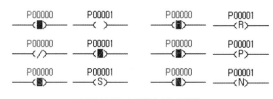

그림 7.55 코일의 모니터링

(4) 응용명령어의 모니터 표시

그림 7.56 응용명령어의 모니터링

응용명령어의 오퍼랜드에 해당 값이 직접 표시되며(그림 7.56), 응용명령어의 데이터값은 모니터 표시형식(메뉴[도구] – [옵션]에서 "옵션"창의 XG5000 – 온라인 클릭)에 따라 표시된다(그림 7.57).

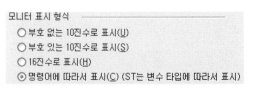

그림 7.57 모니터 표시형식

3. 변수 모니터링

특정 변수 또는 디바이스를 모니터 창에 등록하여 모니터할 수 있다.

(1) 모니터 등록

XG5000 메인화면의 "변수 모니터" 창에서 마우스 오른쪽을 눌러 "변수/설명에서 등록"을 선택하면 "변수 디바이스 선택" 대화상자가 나타나고(그림 7.58), 각 변수를 클릭하여 확인을 누르면 변수 모니터 창에 등록된다. 이것을 보기 위해서 "변수 모니터" 창에서 마우스 오른쪽을 눌러 나타나는 메뉴에서 "간단히 보기", "자세히 보기"를 차례로 누르면 입력시킨 내용들을 볼 수 있다(그림 7.59a 참조).

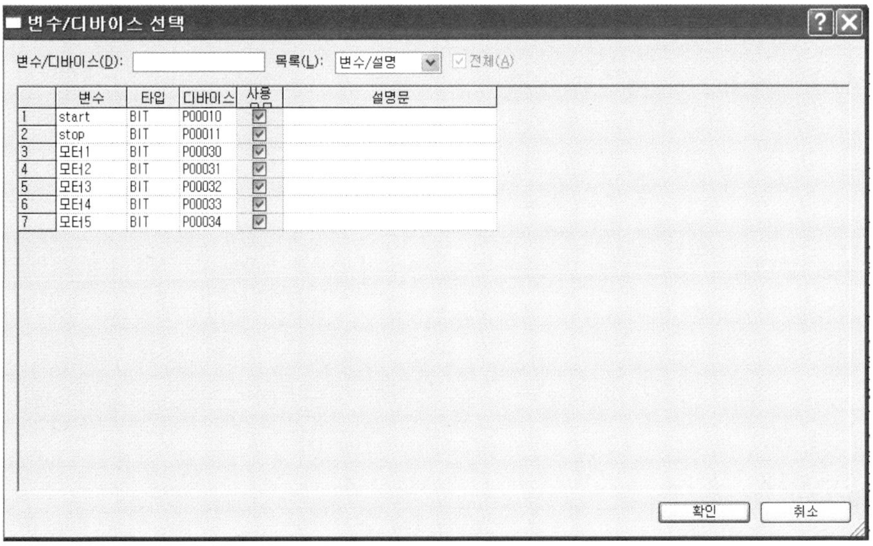

그림 7.58

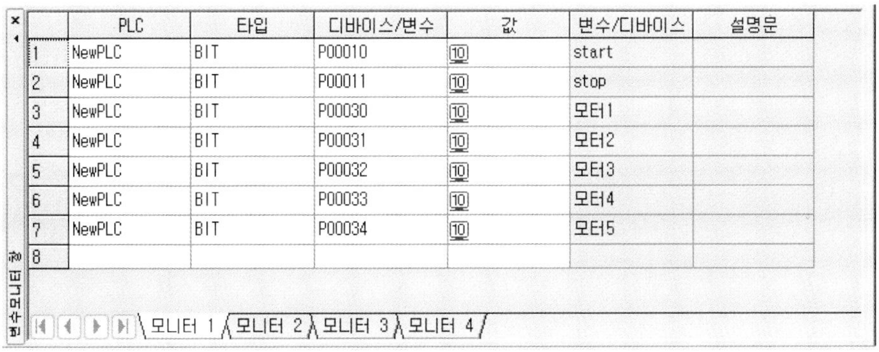

그림 7.59a 변수 모니터 창

(2) 모니터의 동작

1) 모니터 시작

변수 모니터에 등록된 디바이스의 모니터를 시작시키기 위해 메뉴 [모니터] – [모니터 시작/끝]을 선택하고 PLC이름이 같은 항목과 오류가 없는 항목은 "값"의 항목에 ON 또는 OFF 표시로서 모니터를 수행한다(그림 7.59b 참조).

또 다른 예로서 "값"의 항목에 수치값으로 표시되는 모니터를 수행 중인 "변수 모니터" 창을 그림 7.59c에 예시하였다.

	PLC	타입	디바이스/변수	값	변수/디바이스	설명문
1	NewPLC	BIT	P00010	🔟 On	start	
2	NewPLC	BIT	P00011	🔟 Off	stop	
3	NewPLC	BIT	P00030	🔟 On	모터1	
4	NewPLC	BIT	P00031	🔟 Off	모터2	
5	NewPLC	BIT	P00032	🔟 Off	모터3	
6	NewPLC	BIT	P00033	🔟 Off	모터4	
7	NewPLC	BIT	P00034	🔟 Off	모터5	
8						

그림 7.59b

	PLC	타입	디바이스	값	변수	설명문
1	NewPLC	BIT	P00003	Off	스위치	입력 센서 스위치
2	NewPLC	WORD	#D00000	42591(25185)		
3	NewPLC	DWORD	L0000	3417301691	모터온도	온도 계수를 측정
4	NewPLC	LWORD	D00000	435475931745		
5	NewPLC	REAL	U00.00	9.20998607e-012		
6	NewPLC	LREAL	K0000	6.5604260659175664e+164		
7	NewPLC	STRING	S000	'abcde'		
8	NewPLC	BIT				
9						

\모니터 1\모니터 2\모니터 3\모니터 4/

그림 7.59c

여기서 각 항에 대하여 설명한다.

- PLC : 등록 가능한 PLC의 이름을 보여 준다. XG5000은 멀티 PLC 구성이 가능하므로 변수 모니터 창에서도 구별해 준다.
- 타입 : 등록 디바이스의 타입을 설정한다. 등록 가능한 타입으로는 BIT, WORD, DWORD, LWORD, INT, DINT, LINT, REAL, LREAL, STRING이 있다.
- 디바이스 : 디바이스 이름을 입력한다. # 디바이스 또는 이중 디바이스 설정도 가능하다.
- 값 : 모니터 시 해당 디바이스의 값을 표시한다. [모니터] – [현재값 변경]을 통해 값을 변경할 수 있다.
- 변수 : 디바이스 이름이 변수/설명 목록에 등록되어 있고 변수이름이 있는 경우 변수이

름을 표시한다. 변수/설명 목록에 등록되어 있지 않으면 빈 칸으로 표시된다. 변수 컬럼
위치에서 Enter키 또는 마우스를 더블클릭하면 변수목록에서 변수를 선택할 수 있다.
- 설명문 : 디바이스 설명문을 표시한다.
- 에러 표시 : 붉게 표시된다.

4. 시스템 모니터링

시스템 모니터는 PLC의 슬롯정보, I/O 할당정보, 모듈상태 및 데이터값을 표시한다.

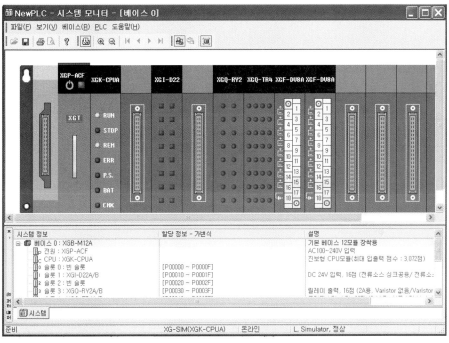

그림 7.60a 시스템 모니터

(1) 기본 사용법

시스템 모니터를 실행시키는 방법은 메뉴 [모니터] – [시스템 모니터]를 선택한다. 그러면
"시스템 모니터" 대화상자(그림 7.60a)가 나타난다.

"모듈정보" 창은 PLC에 설치된 슬롯정보를 표시하며, PLC에 있는 모듈정보를 읽어와서
"모듈정보" 창의 데이터 표시 화면에 표시한다. 이때 임의의 베이스를 보기 위해서는 모듈
정보 창의 베이스 0, 베이스 1, … 를 선택하는 방법, 메뉴에서 [베이스] 항목들을 선택(처음,
이전, 다음, 마지막 베이스 선택)하는 방법, 모듈의 커서에서 키보드의 방향키로 베이스를
선택하는 방법 등이 있다.

(2) 접속 및 시스템 동기화

시스템 모니터는 PLC와 접속상태에서 XG5000에서 호출하여 생성하며, 시스템 모니터를 XG5000 메뉴에서 실행시킨 경우는 접속, 모니터 시작 상태이다. 이때 메뉴 [PLC]-[시스템 동기화]를 선택하면 모니터 시, 현재값 변경을 하기 위해 I/O 스킵정보, I/O 강제 입/출력 정보를 읽어온다. 시스템 동기화를 수행하면 모듈정보를 다시 갱신한다.

(3) 선택된 I/O모듈 ON/OFF

PLC에 장착되어 있는 선택된 I/O 모듈의 출력값을 체크하기 위해서 사용된다.

Stop모드 상태에서 PLC 화면에 보이는 베이스에서 선택된 I/O 모듈의 접점수만큼 데이터 값을 ON 또는 OFF로 설정한다. 이때 메뉴 [PLC]-[선택된 I/O 모듈 ON] 또는 [PLC]-[선택된 I/O모듈 OFF]를 선택한다.

(4) 현재값 변경

현재값 변경을 수행하기 위해서는 PLC와 접속된 상태이며, 모니터 모드여야 하며, 마우스로 접점을 클릭하면 선택된 접점의 데이터값이 ON/OFF로 변경된다(그림 7.60b).

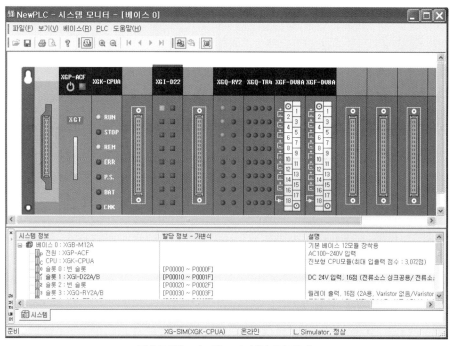

그림 7.60b 시스템 모니터(현재값 변경)

(5) 모듈정보 표시

"모듈정보" 창에서 전원 모듈, CPU 모듈, 특수 모듈, 통신 모듈의 경우, 정보를 보고자 하는 모듈을 선택하고, 마우스 오른쪽 버튼 메뉴에서 [모듈 정보]를 선택한다. 디지털 모듈의 경우는 설명란에 정보가 표시된다.

- 전원 모듈 정보는 베이스 전원 차단 이력 정보를 표시하며, 표시하는 항목은 날짜, 시간, 내용이다. 내용에는 전원이 차단된 베이스를 표시한다.
- CPU 모듈 정보는 CPU의 버전, 타입, 동작 모드, 키 상태, CPU 상태, 연결 상태, 강제 입력 및 강제 출력 설정 상태, I/O 스킵 및 고장 마스크 상태를 표시한다.
- 통신 모듈 정보는 모듈 종류, 동작상태, 하드웨어 버전 및 에러상태, O/S 버전 및 날짜를 표시한다.
- 특수 모듈 정보는 모듈타입, 모듈정보, O/S 버전, 모듈상태를 표시한다.

5. 디바이스 모니터링

디바이스 모니터는 PLC의 모든 디바이스 영역의 데이터를 모니터링할 수 있다. PLC의 특정 디바이스에 데이터값을 쓰거나 읽어올 수 있으며, 데이터값을 화면에 표시하거나 입력할 때, 비트형태 및 표시방법에 따라 다양하게 나타낼 수 있다.

(1) 기본 사용법

디바이스 모니터링을 실행시키는 방법은 XG5000 메뉴에서 [모니터] – [디바이스 모니터]를 선택한다. "디바이스 모니터" 대화상자(그림 7.61)가 나타난다.

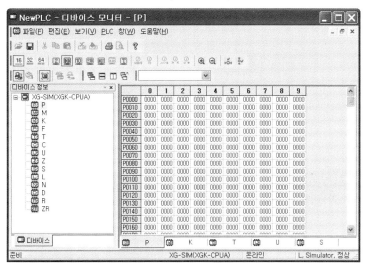

그림 7.61 디바이스 모니터

디바이스 정보 창은 CPU 타입에 따른 PLC의 모든 디바이스 영역들을 표시하며, 디바이스 열기를 수행하는 방법은 디바이스 아이콘을 더블 클릭(예 : P, T, …)하거나 마우스 오른쪽 버튼 메뉴에서 [디바이스 열기]를 선택한다.

디바이스 모니터를 XG5000 메뉴에서 실행시킨 경우는 접속, 모니터 상태이며, 모니터 모드가 아닌 경우 디바이스를 열면 이전 데이터값을 표시한다. 기본적으로 데이터값은 0으로 초기화된다.

(2) 데이터 형태 및 표시 항목들

데이터를 화면에 표시하는 방법(그림 7.62)으로는 크게 4가지로 구분할 수 있다.

표시 설정	설 명
데이터 크기	16비트형, 32비트형, 64비트형
표시 형식	2진수, BCO, 부호 없는 10진수, 부호 있는 10진수, 16진수, 실수형, 문자형
T, C 디바이스 데이터 보기/숨기기	현재값 보기, 설정값 보기, 비트값 보기
T, C 디바이스 비트 값 표시 형식	문자 비트형, 숫자 비트형

그림 7.62 데이터 표시형식

1) 16비트형 표시

디바이스 모니터 창의 메뉴 [보기] - [보기 옵션] - [16 비트형]을 선택하면 디바이스의 데이터 크기를 16비트형으로 표시한다(그림 7.62a).

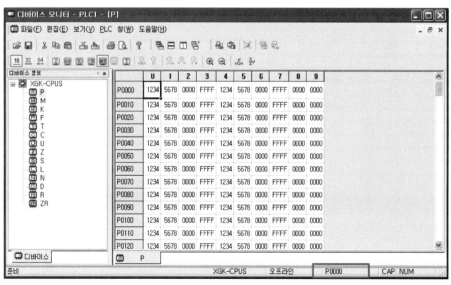

그림 7.62a 16비트형 표시

2) 32비트형 표시

디바이스 모니터 창의 메뉴 [보기] - [보기 옵션] - [32비트형]을 선택하면 디바이스의 데이터 크기를 32비트 디바이스 모니터 창의 형으로 표시한다(그림 7.62b).

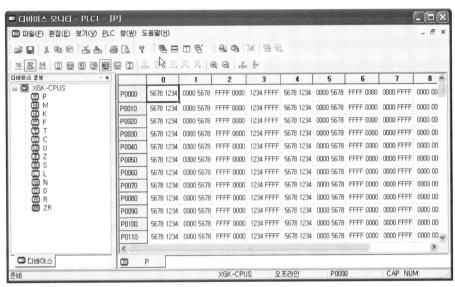

그림 7.62b 32비트형 표시

3) 2진수 표시

디바이스 모니터 창의 메뉴 [보기] - [보기 옵션] - [2진수]를 선택하면 데이터를 2진수로 표시한다(데이터값을 1, 0, ' '(빈칸)으로 표시한다, 그림 7.62c).

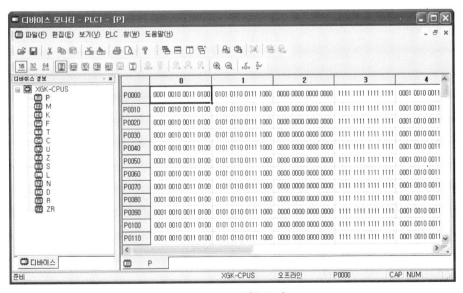

그림 7.62c 2진수 표시

4) BCD 표시

디바이스 모니터 창의 메뉴 [보기] – [보기 옵션] – [BCD]를 선택하면 데이터를 BCD로 표시한다(데이터값을 0~9의 숫자로 표시한다, 그림 7.62d).

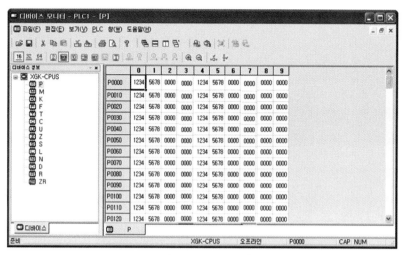

그림 7.62d BCD 표시

5) 부호 없는 10진수 표시

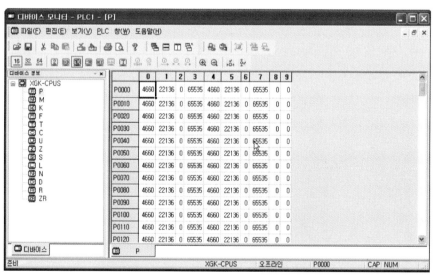

그림 7.62e 부호 없는 10진수 표시

6) 부호 있는 10진수 표시

디바이스 모니터 창의 메뉴 [보기] – [보기 옵션] – [부호있는 10진수]를 선택하면 데이터를 부호있는 10진수로 표시한다(그림 7.62f).

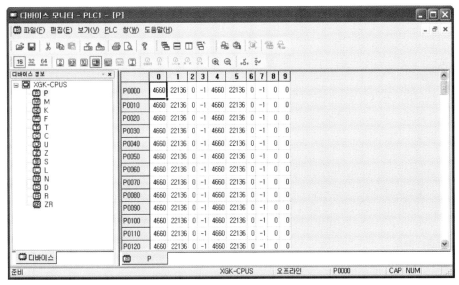

그림 7.62f 부호 있는 10진수 표시

7) 16진수 표시

디바이스 모니터 창의 메뉴 [보기] – [보기 옵션] – [16진수]를 선택하면 데이터를 16진수로 표시한다(그림 7.62g).

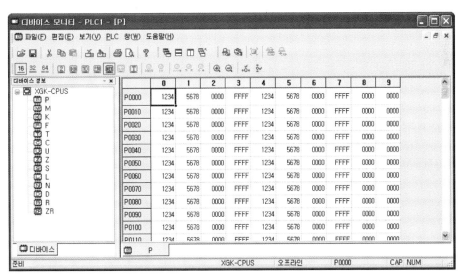

그림 7.62g 16진수 표시

8) 현재값 보기

디바이스 모니터 창의 메뉴 [보기] – [보기 옵션] – [현재값 보기]를 선택하면 T, C 디바이스에서 현재값 열을 보이게 하거나 숨기게 한다(그림 7.62h).

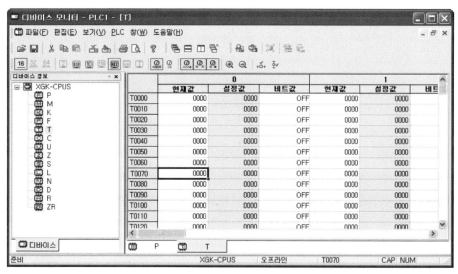

그림 7.62h 현재값 보기

(3) 데이터값 설정

디바이스의 데이터값을 표시방법 및 비트수에 따라 설정할 수 있으며, 데이터값의 설정 영역도 선택할 수 있다.

디바이스 모니터 창의 메뉴 [편집] - [데이터값 설정]을 선택한다(그림 7.62i 및 7.62j).

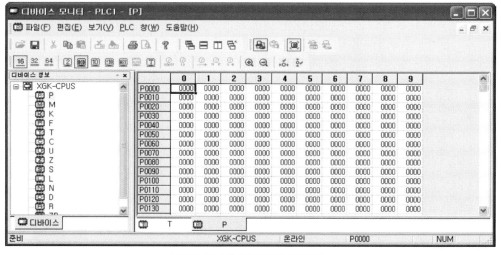

그림 7.62i 데이터값 설정 디바이스

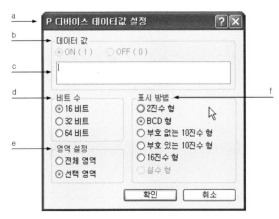

- a 타이틀 바 : 디바이스 데이터값을 설정하는 디바이스를 표시한다.
- b 데이터값 : 비트수와 표시방법 항목에 맞게 데이터를 입력 및 표시한다.
- c 비트값 : T, C 디바이스에서 비트값을 설정한다.
- d 비트수 : 데이터의 사이즈를 결정한다.
- e 영역 설정 : 디바이스에서 데이터값이 적용되는 범위를 결정한다.
- f 표시 방법 : 데이터의 입력 형태를 결정하고, 데이터값이 있는 경우 값 표시 변경에 따라 데이터값 형태가 변경된다.

그림 7.62j 데이터 값 설정

(4) 현재값 변경

모니터 모드인 경우에 셀의 데이터값을 변경한다. 단 디바이스 모니터링에서 현재값 변경을 모니터링하려면 I/O파라미터에 설정하지 않아야 한다.

1) PLC와 접속한 상태이고, 모니터 모드여야 한다.
2) 메뉴 [PLC] - [현재값 변경]을 선택한다. 또는 해당 비트에서 마우스를 더블클릭한다.

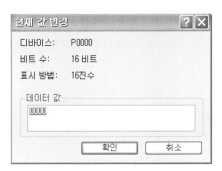

그림 7.62k 현재값 변경

- 디바이스 : 현재값 변경할 시작 디바이스를 표시한다.
- 비트수 : 현재값 변경할 비트수를 표시한다.
  - 일반적으로 화면에 표시되는 비트형인 16, 32, 64비트형과 같다.
  - T, C 디바이스의 비트값은 1비트이다.
  - 텍스트형 표시 방법일 경우는 32*8 비트이다.
- 표시 방법 : 현재값 변경할 데이터 표시방법을 표시한다.
- 데이터 값 : 현재값 변경할 데이터값을 표시한다(ON 또는 OFF).
           T, C 디바이스의 경우 비트값을 설정한다.

7.9 XG-SIM(XG 시뮬레이터)

1. 시작하기

(1) XG-SIM 특징

XG-SIM은 XGT PLC시리즈를 위한 윈도우 환경의 가상 PLC로서, XG-SIM을 이용하면 PLC 없이도 작성한 프로그램을 실행할 수 있으며, 입력조건 설정 및 모듈 시뮬레이션 기능을 이용하여 PLC프로그램을 디버깅할 수도 있다. XG-SIM의 기능을 열거하면 다음과 같다.

1) 프로그램 시뮬레이션

XG5000에서 LD 또는 IL언어로 작성된 프로그램을 시뮬레이션할 수 있다. 또한 XG-SIM에서 실행 중인 프로그램을 런 상태에서 변경사항을 적용할 수 있는 "런 중 수정" 기능이 있으며, 사용자가 작성한 프로그램을 스텝단위로 트레이스할 수 있는 디버깅 기능을 갖는다.

2) PLC 온라인 기능

XG5000에서는 프로그램 모니터링 기능 이외에, 시스템 모니터, 디바이스 모니터, 트렌드 모니터, 데이터 트레이스, 사용자 이벤트 등 온라인 진단기능을 그대로 사용할 수 있다.

3) 모듈 시뮬레이션

디지털 입/출력 모듈 및 A/D변환 모듈, D/A변환 모듈, 고속 카운터 모듈, 온도제어 모듈, 위치결정 모듈 등 XGK 랙 형 PLC에 설치 가능한 모듈에 대하여 간략한 시뮬레이션 기능이 있다. 모듈 시뮬레이션 기능을 이용하면 모듈로부터의 입력값을 이용하여 프로그램을 시뮬레이션할 수 있다.

4) I/O 입력조건 설정

특정 디바이스의 값 혹은 모듈 내부의 채널값을 입력조건으로 하여 디바이스의 값을 설정할 수 있다. I/O 입력조건 설정기능을 이용하면 작성한 PLC프로그램을 테스트하기 위한 별도의 PLC프로그램을 작성하지 않고도 작성한 그대로의 프로그램을 시뮬레이션할 수 있다.

(2) XG-SIM 실행

XG5000을 실행하여 XG-SIM에서 실행할 프로그램(그림 7.63)을 작성한다.

메뉴 [도구]−[시뮬레이터 시작] 항목을 선택하거나 아이콘 (▓)을 클릭하면 XG-SIM이 실행되어 작성한 프로그램이 XG-SIM으로 자동으로 다운로드되며, XG-SIM이 실행되면 온라인, 접속, 스톱 상태가 된다. 다음에 메뉴 [온라인]−[모드 전환]−[런] 항목을 선택하여 다운로드한 프로그램을 실행한다.

XG-SIM 실행 시 XG5000이 지원하는 온라인 메뉴 항목은 표 7.3과 같다.

그림 7.63 시뮬레이션용 프로그램 예

표 7.3 XG-SIM의 온라인 메뉴 항목

메뉴항목	지원여부	메뉴항목	지원여부
PLC로부터 열기	○	고장 마스크 설정	×
모드 전환(런)	○	모듈 교환 마법사	×
모드 전환(중지)	○	런 중 수정 시작	○
모드 전환(디버그)	○	런 중 수정 쓰기	○
접속 끊기	×	런 중 수정 종료	○
읽기	×	모니터 시작/끝	○
쓰기	○	모니터 일시 정지	○
PLC와 비교	×	모니터 다시 시작	○
플래시 메모리 설정(설정)	×	모니터 일시 정지 설정	○
플래시 메모리 설정(해제)	×	현재값 변경	○
PLC 리셋	×	시스템 모니터	○
PLC 지우기	○	디바이스 모니터	○
PLC 정보(CPU)	○	특수 모듈 모니터	○
PLC 정보(성능)	○	사용자 이벤트	○
PLC 정보(비밀번호)	○	데이터 트레이스	○

(계속)

메뉴항목	지원여부	메뉴항목	지원여부
PLC 정보(PLC 시계)	○	디버그 시작/끝	○
PLC 이력(에러 이력)	○	디버그(런)	○
PLC 이력(모드전환 이력)	○	디버그(스텝 오버)	○
PLC 이력(전원차단 이력)	○	디버그(스텝 인)	○
PLC 이력(시스템 이력)	○	디버그(스텝 아웃)	○
PLC 에러 경고	○	디버그(커서위치까지 이동)	○
I/O 정보	○	브레이크 포인트 설정/해제	○
강제 I/O 설정	○	브레이크 포인트 목록	○
I/O 스킵 설정	○	브레이크 조건	○

2. XG-SIMULATION

(1) 프로그램 창의 구성

XG-SIM 프로그램 시뮬레이션 창은 그림 7.64와 같이 구성되어 있다.

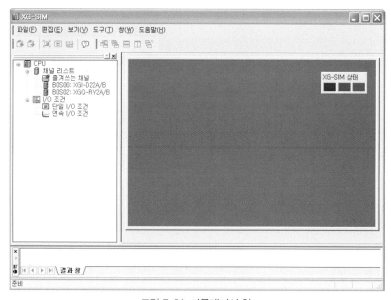

그림 7.64 시뮬레이션 창

1) 채널 리스트

모듈별 채널 및 사용자 선택에 의해 즐겨쓰는 채널이 표시되며, 모듈의 경우에는 I/O 파라미터에서 설정한 모듈만 표시된다. 모듈의 표시는 "B0(베이스 번호)S00(슬롯 번호): 모듈이름"의 형태로 표시된다.

표 7.4 시뮬레이터 상태

상태	설명	창
초기	초기상태를 나타내며 시뮬레이터로 접속이 불가능하다.	XG-SIM 상태
접속 가능	접속 준비완료 상태를 나타내며 적색의 LED가 켜진다.	XG-SIM 상태
단일 I/O 조건 실행	단일 I/O 조건이 실행 중임을 나타내며, 실행 중인 경우 초록색의 LED가 점멸한다.	XG-SIM 상태
연속 I/O 조건 실행	연속 I/O 조건이 실행 중임을 나타내며, 실행 중인 경우 노란색의 LED가 점멸한다.	XG-SIM 상태

2) I/O 조건

단일 I/O 조건 및 연속 I/O 조건을 표시한다.

3) 상태 창

상태 창은 표 7.4와 같이 시뮬레이터의 상태를 표시한다.

(2) 모듈 시뮬레이션

XG-SIM은 I/O(입·출력) 모듈과 특수 모듈에 대한 시뮬레이션 기능을 갖는다. 즉, 디지털 입·출력 모듈의 경우에는 P 영역에 대한 입·출력, 특수 모듈의 경우에는 외부로부터 입력 받는 아날로그값 혹은 외부로의 아날로그 출력값 모니터링 등의 기능을 갖는다.

1) 모듈의 설정

XG-SIM에서 제공하는 모듈 시뮬레이션 기능은 XG5000의 I/O 파라미터에서 설정한 정보를 이용하므로 모듈을 시뮬레이션하여 프로그램에 반영하기 위해서는 해당 모듈을 I/O 파라미터에서 설정해야 한다.

예를 들어, 다음 표와 같은 구성을 갖는 PLC시스템을 시뮬레이션하기 위해서는 프로젝트 창의 I/O파라미터를 선택하여 그림 7.65와 같이 I/O 파라미터를 설정해야 한다.

베이스	슬롯	모듈명	모듈 종류
기본 베이스	0	XGI – D21A	DC 24 V 8점 입력 모듈
기본 베이스	1	XGF – AV8A	전압 형 A/D 변환 모듈(8채널)
기본 베이스	2	XGF – H02A	오픈 컬렉터 타입 고속 카운터 모듈(2채널)

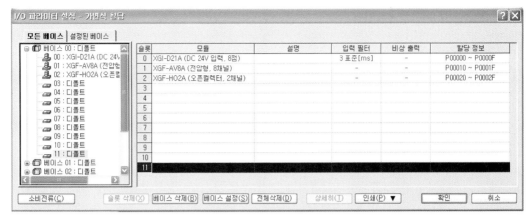

그림 7.65 I/O 파라미터 설정

XG-SIM이 실행된 이후 시스템 모니터에는 다음과 같이 I/O파라미터에서 설정한 모듈이 표시된다(그림 7.66).

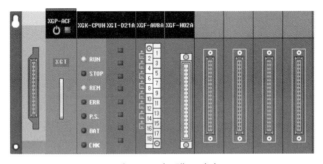

그림 7.66 시스템 모니터

2) 디지털 입·출력 모듈의 시뮬레이션

디지털 입·출력 모듈의 시뮬레이션은 접점의 현재값을 변경하거나, 프로그램에서 출력으로 사용된 출력값이 정상적으로 출력되는지 여부를 시뮬레이션할 수 있다. I/O 파라미터에서 입/출력 모듈의 설정 여부에 따라 다음과 같은 차이가 있다.

표 7.5 입/출력 모듈의 설정 여부에 따른 차이점

구 분	입/출력 모듈 미설정	입/출력 모듈 설정
입력값 변경	모니터 현재값 변경 이용	XG-SIM 채널값 변경 이용
출력값 변경	변경할 수 없음	변경할 수 없음
강제 I/O 입력	적용 안됨	설정한 강제 입력값 입력
강제 I/O 출력	적용 안됨	설정한 강제 출력값 출력

| 설명문 | 모터의 정역회전 ; 정방향버튼을 누르면 모터가 정회전, 역방향버튼을 누르면
모터가 역회전, 정지버튼을 누르면 모터가 정지. |

```
L1   P00001    P00002    P00002                              P00020
     ─┤P├──────┤/├──────┤/├─────────────────────────────────( )─
      정방향     정지      역방향                              모터_정회
 S1                                                            전
L2   P00020
     ─┤ ├─
      모터_정회
      전
L3   P00002    P00000    P00001                              P00021
     ─┤P├──────┤/├──────┤/├─────────────────────────────────( )─
      역방향     정지      정방향                              모터_역회
 S7                                                            전
L4   P00021
     ─┤ ├─
      모터_역회
      전
L5                                                          ┌─────┐
                                                            │ END │
 S13                                                        └─────┘
```

그림 7.67 "모터 정역전" 프로그램

시뮬레이션은 ① 시스템 모니터링에 의한 시뮬레이션(I/O설정을 해야 됨)과 ② 디바이스 모니터링에 의한 시뮬레이션, ③ 프로그램 모니터링에 의한 시뮬레이션 3종류가 있으며, 다음의 "모터 정역전" 프로그램(그림 7.67)에 대하여 세 가지 시뮬레이션을 각각 수행하여 본다.

① 시스템 모니터링 시뮬레이션

시스템 모니터링 시뮬레이션은 I/O파라미터에서 프로그램에 사용된 입출력 모듈을 먼저 설정해놓아야 한다.

메뉴 [도구]-[시뮬레이터 시작] 항목을 선택하거나 시뮬레이터 시작의 아이콘 (▦)을 클릭하면 XG-SIM이 실행되어 "쓰기" 대화상자(그림 7.68)에서 프로그램, 파라미터 등의 내용을 체크하여 확인버튼을 클릭하면 작성한 프로그램이 XG-SIM으로 자동으로 다운로드되며, XG-SIM이 실행되면 온라인, 접속, 스톱 상태가 된다.

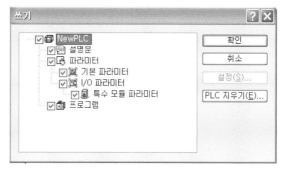

그림 7.68 쓰기

다음에 메뉴 [온라인] -[모드 전환] -[런] 항목을 선택하거나 런 아이콘 (▣)을 누르면

다운로드한 프로그램의 시뮬레이션이 가능해진다. 이때 메뉴 [모니터] – [시스템 모니터]를 선택하면 다음의 "시스템 모니터" 대화상자(그림 7.69)가 나타나고 P00001비트를 누르면 P00020비트가 ON됨을 나타내고 있으며, 동시에 프로그램(그림 7.70)의 모니터상에서도 그 비트들이 ON상태임을 확인할 수 있다.

또 "시스템 모니터" 대화상자(그림 7.71)에서 P00002비트를 누르면 P00021비트가 ON됨을 나타내고, 동시에 프로그램(그림 7.72)에서도 동일한 상태로 모니터링됨을 알 수 있다.

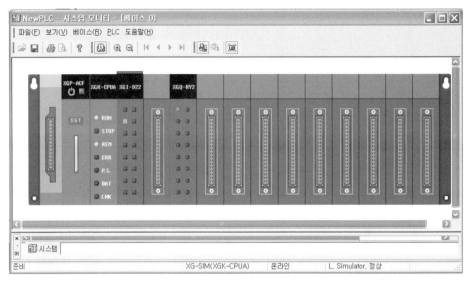

그림 7.69 시스템 모니터

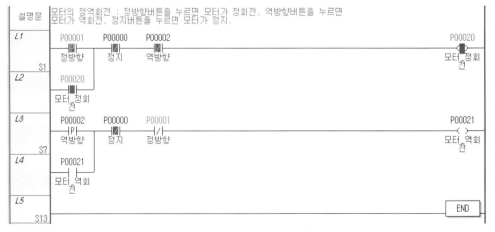

그림 7.70 프로그램상의 모니터링

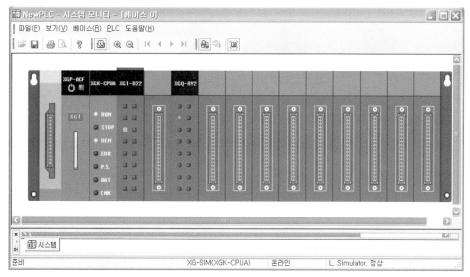

그림 7.71 시스템 모니터의 모니터링

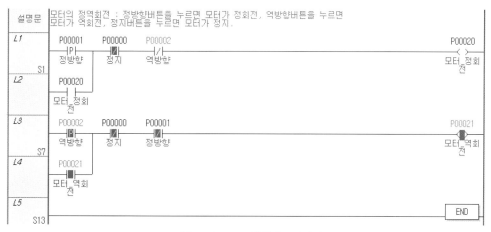

그림 7.72 프로그램상의 모니터링

② 디바이스 모니터링 시뮬레이션

디바이스 모니터링 시뮬레이션은 프로그램에 사용된 입·출력 모듈을 I/O 파라미터에서 설정하지 않은 상태에서만 시뮬레이션이 가능하다.

메뉴 [도구]-[시뮬레이터 시작] 항목을 선택하거나 시뮬레이터 시작의 아이콘 (▦)을 클릭하면 XG-SIM이 실행되어 "쓰기" 대화상자(그림 7.73)에서 프로그램, 파라미터 등의 내용을 체크하여 확인버튼을 클릭하면 작성한 프로그램이 XG-SIM으로 자동으로 다운로드되며, XG-SIM이 실행되면 온라인, 접속, 스톱 상태가 된다.

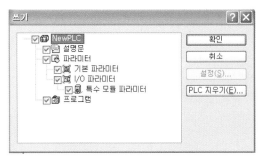

그림 7.73 쓰기

다음에 메뉴 [온라인]–[모드 전환]–[런] 항목을 선택하거나 런 아이콘 (▶)을 누르면 다운로드한 프로그램의 시뮬레이션이 가능해진다. 이때 메뉴 [모니터]–[디바이스 모니터]를 선택하면 다음의 "디바이스 모니터" 대화상자(그림 7.74)가 나타나고, 프로그램의 P00001에 해당하는 비트를 ON시키기 위해 P0000-0의 사각형 내의 값을 16비트상에서 BCD 표시인 0002로 수정하도록 더블클릭하면 그림 7.75a에서 보듯이 "현재값 변경" 대화상자가 나타나며, 데이터값을 0002로 입력하면 P00001이 ON상태가 되는 것이다. 그림 7.75b에서 보듯이 P0000-2의 사각형내 값이 0001로 되면 P00020이 ON상태가 되는 것이다.

이러한 시뮬레이션의 현상이 프로그램 상에서도 동시에 그림 7.76과 같이 모니터링되어 나타나고 있다.

같은 방법으로 P0000-0에 해당하는 BCD 표시를 0004로 현재값을 변경시키면 P00002가 ON, P0000-2의 사각형 내의 값이 0002로 되면 P00021이 ON상태가 된다.

* 디바이스 모니터상의 표시숫자가 1, 2, 4, 8이면 비트는 각각 0, 1, 2, 3이 된다.

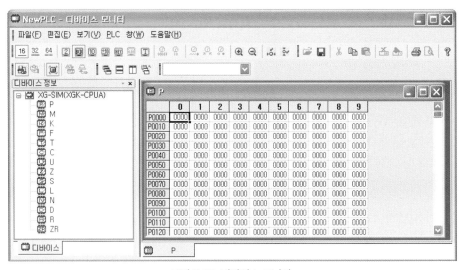

그림 7.74 디바이스 모니터

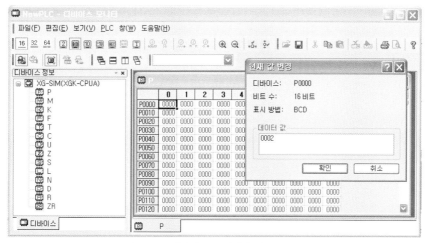

그림 7.75a 디바이스 모니터의 데이터값 변경

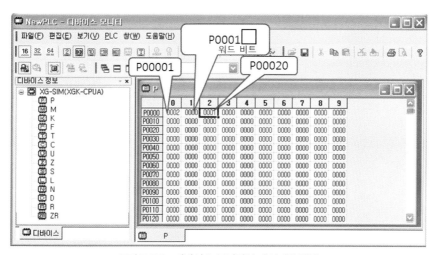

그림 7.75b 디바이스 모니터의 데이터값 변경

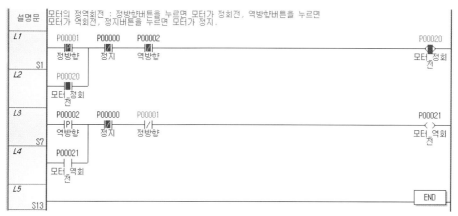

그림 7.76 프로그램상의 모니터링

참고로 디바이스 번호가 디바이스 모니터 상에서 표시되는 예를 그림 7.77에 나타내었다.

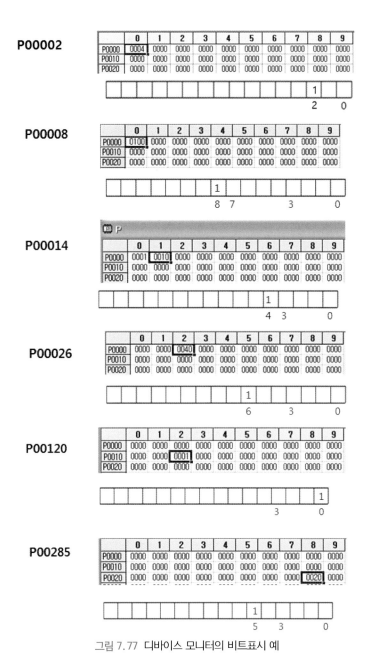

그림 7.77 디바이스 모니터의 비트표시 예

③ 프로그램 모니터링에 의한 시뮬레이션

이 시뮬레이션은 프로그램에 사용된 입출력 모듈을 I/O파라미터에서 설정하지 않은 상태
에서만 시뮬레이션이 가능하다.

메뉴 [도구]-[시뮬레이터 시작] 항목을 선택하고 "쓰기"를 수행한 후 메뉴 [온라인]-[모드 전환]-[런] 항목을 선택하고, 입력 변수를 더블클릭하면 "현재값 변경" 대화상자(그림 7.78)가 나타난다. 여기서 ON/OFF를 이용하여 입출력 변수를 강제로 ON/OFF시킬 수 있다.

입력 변수의 강제 ON에 의해 프로그램에 따라 관련되는 출력이 나오게 되므로 시뮬레이션이 수행되는 것이다(그림 7.79 참조).

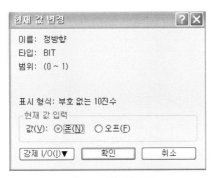

그림 7.78 현재값 변경

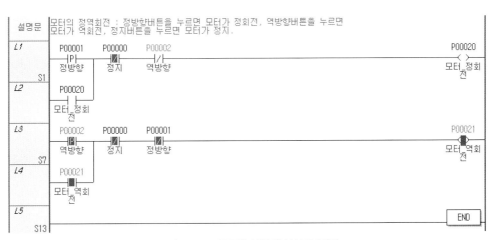

그림 7.79 프로그램 시뮬레이션 모니터링

아날로그 입력 모듈(A/D변환 모듈), 아날로그 출력 모듈(D/A변환 모듈), 고속 카운터 모듈도 시뮬레이션이 가능하지만, 통신 모듈은 시뮬레이션이 불가능하며, XGB-XBMS와 같은 소형 PLC의 경우에는 PITAT과 같은 전용명령어 및 기본 파라미터/내장 파라미터와 같은 일부 항목에 대해서는 정상적으로 동작하지 않는다.

Chapter 08

기본명령어의 활용

XGK PLC에서 사용하는 명령어는 기본명령어와 응용명령어로 대별하며, 표 8.1과 같이 각각의 명령어의 종류를 분류할 수 있다. 이 장에서는 기본명령어와 응용명령어로 분류하여 주로 많이 사용되는 명령어에 대하여 설명하기로 한다.

표 8.1 기본명령어와 응용명령어의 종류

구 분	명령어 종류	내 용	비 고
기본 명령	접점명령	LOAD, AND, OR 관련 명령	
	결합명령	AND LOAD, OR LOAD, MLOAD, MPOP	
	반전명령	NOT	
	마스터 컨트롤 명령	MCS, MCSCLR	
	출력명령	OUT, SET, RST, 1스캔출력명령, 출력반전명령 (FF)	
	순차/후입 우선명령	스텝 컨트롤 명령(SET Sxx.xx, OUT Sxx.xx)	
	종료명령	END	
	무처리명령	NOP	
	타이머명령	TON, TOFF, TMR, TMON, TRTG	
	카운터명령	CTD, CTU, CTUD, CTR	
응용 명령	데이터전송 명령	지정된 데이터 전송, 그룹전송, 문자열전송	4/8/64 비트 가능

(계속)

구 분	명령어 종류	내 용	비 고
응용 명령	변환명령	지정된 데이터 BIN/BCD 변환, 그룹 BIN/BCD 변환	4/8비트 가능
	데이터형 변환명령	정수/실수 변환명령	
	출력단 비교명령	비교결과를 특수릴레이에 저장	Unsigned 비교
	입력단 비교명령	비교결과를 BR에 저장, 실수, 문자열 비교, 그룹 비교, 오퍼랜드 3개 비교	Signed 비교
	증감명령	지정된 데이터 1 증가 또는 1 감소	4/8비트 가능
	회전명령	지정된 데이터 좌회전, 우회전, 캐리 포함 회전	4/8비트 가능
	이동명령	지정된 데이터 좌이동, 우이동, 워드단위 이동, 비트이동	4/8비트 가능
	교환명령	디바이스간 교환, 상하위바이트 교환, 그룹데이터 교환	
	BIN 사칙명령	정수/실수 덧셈, 뺄셈, 곱셈, 나눗셈, 문자열 덧셈, 그룹 덧셈, 그룹 뺄셈	
	BCD 사칙명령	덧셈, 뺄셈, 곱셈, 나눗셈	
	논리연산명령	논리곱, 논리합, Exclusive OR, Exclusive NOR, 그룹연산	
	시스템명령	고장표시, WDT 초기화, 출력제어, 운전정지 등	
	데이터 처리명령	Encode, Decode, 데이터 분리/연결, 검색, 정렬, 최대, 최소, 합계, 평균 등	
	데이터 테이블 처리명령	데이터 테이블의 데이터 입출력	
	문자열 처리명령	문자열 관련 변환, 코멘트 읽기, 문자열 추출, 아스키 변환, HEX 변환, 문자열 검색 등	
	특수함수 명령	삼각함수, 지수/로그 함수, 각도/라디안 변환 등	
	데이터 제어명령	상하한리미트 제어, 불감대 제어, 존 제어	
	시간관련 명령	날짜시간 데이터 읽기/쓰기, 시간데이터 가감 및 변환	
	분기명령	JMP, CALL	
	루프명령	FOR/NEXT/BREAK	
	플래그관련 명령	캐리플래그 Set/Reset, 애러플래그 클리어	
	특수/통신관련 명령	Bus Controller Direct 액세스하여 데이터 읽기/쓰기	
	인터럽트관련 명령	인터럽트 Enable/Disable	
	부호반전명령	정수/실수값의 부호 반전, 절대값 연산	

8.1 접점명령

접점이란 데이터 메모리에 저장되어 있는 비트 데이터의 정보를 읽어 그 상태를 좌측에
서 우측으로 전달하는 프로그래밍 기호이다(표 8.2).

표 8.2 접점 명령어

명 칭	심 벌	기 능	기본 스텝수	비 고
LOAD	⊢┤ ├─	A 접점 연산 개시	1	
LOAD NOT	⊢┤/├─	B 접점 연산 개시	1	
AND	─┤ ├─	A 접점 직렬 접속	1	
AND NOT	─┤/├─	B 접점 직렬 접속	1	
OR	└┤ ├┘	A 접점 병렬 접속	1	
OR NOT	└┤/├┘	B 접점 병렬 접속	1	
LOADP	⊢┤P├─	양(Positive)변환 검출접점	2	
LOADN	⊢┤N├─	음(Negative)변환 검출접점	2	
ANDP	─┤P├─	양변환 검출접점 직렬접속	2	
ANDN	─┤N├─	음변환 검출접점 직렬접속	2	
ORP	└┤P├┘	양변환 검출접점 병렬접속	2	
ORN	└┤N├┘	음변환 검출접점 병렬접속	2	

XGK PLC 프로그래밍에서 사용하는 접점의 종류는 평상 시 열린접점(a 접점), 평상 시 닫힌접점(b 접점), 양변환 검출접점(P 접점), 음변환 검출접점(N 접점)이 있으며, 각 접점의 동작 특성은 다음과 같다.

(1) 평상 시 열린접점(─┤ ├─)

데이터 메모리에 저장된 비트 데이터를 읽어 그 상태를 우측으로 전달한다(a접점).

(2) 평상 시 닫힌접점(─┤/├─)

데이터 메모리에 저장된 비트 데이터를 읽어 상태를 반전시킨 후 그 상태를 우측으로 전달한다(b접점).

(3) 양변환 검출접점(─┤P├─)

지정된 비트가 OFF에서 ON으로 변경될 때 1스캔 시간 동안 ON상태를 우측으로 전달한다.

(4) 음변환 검출접점(─|N|─)

지정된 비트가 ON에서 OFF로 변경될 때 1스캔 시간 동안 ON상태를 우측으로 전달한다.

여기서 기본 스텝수란 간접지정, 인덱스 수식, 직접변수 입력 등을 사용하지 않은 경우의 스텝수를 말한다. 즉, 해당 명령의 가장 적은 스텝수를 나타낸다. 스텝수는 간접지정, 인덱스 수식, 직접변수 입력, 펄스사용 여부에 따라 달라진다.

8.2 출력명령

표 8.3 출력명령어

명 칭	심 벌	기 능	기본 스텝수	비 고
OUT	─( )─	연산 결과 출력	1	
OUT NOT	─(/)─	연산 결과 반전 출력	1	
OUTP	─(P)─	입력조건 상승 시 1스캔 출력	2	
OUTN	─(N)─	입력조건 하강 시 1스캔 출력	2	
SET	─(S)─	접점 출력 ON 유지	1	
RET	─(R)─	접점 출력 OFF 유지	1	
FF	─[FF D]─	입력조건 상승 시 출력 반전	1	

코일(OUT)은 연산의 결과가 비트로 출력될 때 출력된 연산결과를 지정된 비트 메모리에 저장하는 프로그래밍 기호(표 8.3)이다.

XGK PLC 프로그램에서 사용하는 코일의 종류는 코일, 역코일, 셋코일, 리셋코일, 양변환 검출코일(P 코일), 음변환 검출코일(N 코일)이 있으며, 각 코일의 동작 특성은 다음과 같다.

(1) 코일(─( )─)

출력된 비트 결과를 지정된 메모리에 저장한다.

(2) 역코일(─(/)─)

출력된 비트 결과를 반전하여 지정된 메모리에 저장한다.

(3) 셋코일(─⟨S⟩─)

조건이 만족될 때 지정된 비트 메모리를 ON시키고, 조건이 해제되더라도 지정된 비트를 다시 OFF시키지 않는다. 지정된 비트 메모리가 ON되어 있는 상태에서 조건이 만족될 때 지정된 비트에는 변화가 없다.

(4) 리셋코일(─⟨R⟩─)

조건이 만족될 때 지정된 비트 메모리를 OFF시키고, 조건이 해제되더라도 지정된 비트 메모리를 다시 ON시키지 않는다. 지정된 비트 메모리가 OFF되어 있는 상태에서 조건이 만족될 때 지정된 비트에는 변화가 없다.

(5) 양변환 검출코일(─⟨P⟩─)

연산 결과가 OFF에서 ON으로 변경될 때 1스캔 시간 동안 ON상태를 지정된 비트에 저장한다. 1스캔 시간이 지난 후 지정된 비트는 OFF된다.

(6) 음변환 검출코일(─⟨N⟩─)

연산 결과가 ON에서 OFF로 변경될 때 1스캔 시간 동안 ON상태를 지정된 비트에 저장한다. 1스캔 시간이 지난 후 지정된 비트는 OFF된다.

(7) 비트 출력 반전(─[FF D]─)

비트출력 반전 명령으로 입력접점이 OFF → ON으로 될 때, 지정된 디바이스의 상태를 반전시킨다.

예제 8.1

스위치1을 누르면 램프1이 ON, 스위치2를 누르면 램프2가 ON되는 프로그램을 작성하고, 시뮬레이션을 통해 동작을 확인하라. 각 변수의 입출력 할당은 다음과 같다.

변수목록

	변수	타입 ▲	디바이스	사용 유무	설명문
1	스위치1	BIT	P00000	☑	
2	스위치2	BIT	P00001	☑	
3	정지스위치	BIT	P00003	☑	
4	램프1	BIT	P00020	☑	
5	램프2	BIT	P00021	☑	

(계속)

• 프로그램

그림 8.1

• 프로그램 실행 모니터링 결과

그림 8.1a

• 시스템 모니터링 결과

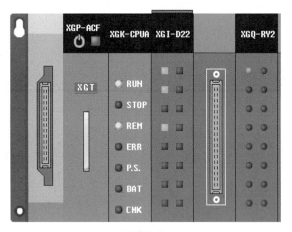

그림 8.1b

작동원리

스위치1(P00000)을 누르면 램프1(P00020)이 ON되며, 스위치2(P00001)를 누르면 램프2(P00021)가 ON되는데 정지스위치(P00003)를 누르면 램프2가 OFF된다.

다음 프로그램을 작성하여 P00000~P00001의 토글 스위치를 ON/OFF시키면 P00030(램프 1), P00031(램프 2)의 상태를 확인하고, 양변환 검출접점과 음변환 검출접점의 기능을 확인하여라.

변수목록

	변수	타입 ▲	디바이스	사용 유무	설명문
1	스위치1	BIT	P00000	☑	
2	스위치2	BIT	P00001	☑	
3	램프1	BIT	P00030	☑	
4	램프2	BIT	P00031	☑	

• 프로그램

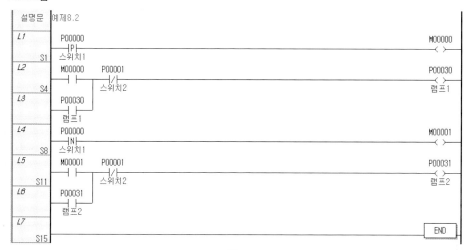

그림 8.2

• 프로그램 실행 모니터링 결과

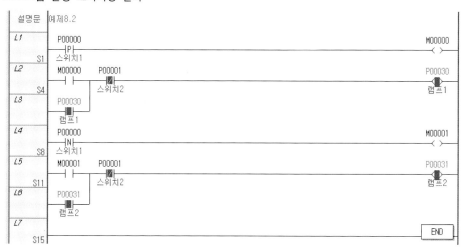

그림 8.2a

(계속)

• 시스템 모니터링 결과

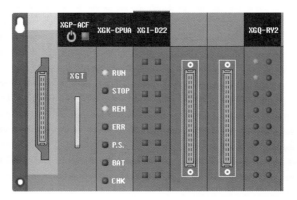

그림 8.2b

작동원리

P00000을 ON시키면 P00030이 ON되어 자기유지되며, P00000을 OFF시키면 P00031이 ON
되어 자기유지된다. 이 프로그램에서 출력코일의 주소를 다시 입력으로 사용하는 회로를 **자기
유지회로**라 한다. 자기 유지회로는 처음의 조건이 만족되었을 때 출력코일에 사용된 비트의
상태를 ON시킨 상태로 유지하다가 사용자가 원하는 시점에서 출력코일에 사용된 비트의 상태
를 OFF시킬 때 이용한다.

위의 프로그램에서 P00000접점(스위치1)이 ON되면 M00000비트가 ON되고, P00001이 OFF
되어 있으면 P00030 출력접점(램프1)이 ON된다. 그 다음 스캔에 P00000접점이 OFF상태를 유
지하더라도 M00000접점은 OFF되지만, P00030비트가 그 전 스캔에서 ON되었으므로 P00030
접점의 ON상태에 의해서 코일의 P00030비트(램프1)는 계속 ON상태를 유지한다.

P00001 입력접점이 ON되면 평상 시 닫힌접점 P00001에 의해 회로가 차단되므로, 코일의
P00030비트(램프1)는 OFF된다. 즉, P00000접점이 ON되면 P00030 출력접점이 ON되어 그 상
태를 계속 유지하다가 P00001접점이 ON되면 P00030 출력접점이 OFF된다.

한편 P00000 입력접점(스위치2)이 OFF되면 그 순간에 M00001비트가 1스캔동안 ON되어
P00031 출력접점(램프2)을 자기유지시켜 계속 ON시킨다.

다음 프로그램을 작성하여 PLC로 전송한 후 P00001 토글 스위치를 ON/OFF시키면서 P00021, P00022, P00023 램프의 상태를 확인하고, 코일, 역코일, 반전 기호의 기능을 확인하여라. 변수/디바이스의 할당표와 프로그램은 다음과 같다.

변수목록

	변수	타입 ▲	디바이스	사용 유무	설명문
1	스위치	BIT	P00001	☑	
2	램프1	BIT	P00021	☑	
3	램프2	BIT	P00022	☑	
4	램프3	BIT	P00023	☑	

• 프로그램

그림 8.3

• 프로그램 실행 모니터링 결과 1

    스위치를 OFF시킨 상태의 [프로그램 모니터링] 결과와 [시스템 모니터링] 결과

그림 8.3a

(계속)

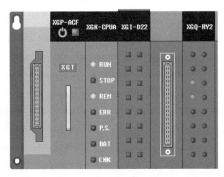

그림 8.3b

• 프로그램 실행 모니터링 결과 2

　스위치를 ON시킨 상태의 [프로그램 모니터링] 결과와 [시스템 모니터링] 결과

그림 8.3c

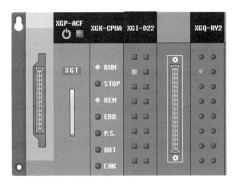

그림 8.3d

작동원리

　코일은 논리연산의 결과를 그대로 지정된 비트 메모리에 저장하는 역할을 한다. 즉, 논리연산의 결과가 1이면 지정된 비트에 1을 저장하고(ON), 논리연산의 결과가 0이면 지정된 비트에 0(OFF)을 저장한다.

(계속)

역코일은 논리연산의 결과를 반전하여 지정된 비트 메모리에 저장하는 역할을 한다. 즉, 논리연산의 결과가 1이면 지정된 비트에 0을 저장하고(OFF), 논리연산의 결과가 0이면 지정된 비트에 1(ON)을 저장한다.

위의 프로그램에서 P00022와 P00023 출력접점은 동일한 결과를 갖는다. 즉, 역코일과 "반전기호 + 코일"은 동일한 결과를 갖는다. 즉, ─⟨/⟩─ = ─*──┤ ├─ 이다.

반전명령 (──*── , NOT)은 이전의 결과를 반전시키는 기능이며, 이것을 사용하면 반전명령 좌측의 회로에 대하여 a접점 회로는 b접점 회로로, b접점 회로는 a접점 회로로, 직렬연결 회로는 병렬연결 회로로, 병렬연결 회로는 직렬연결 회로로 반전되는 기능을 갖는다.

예제 8.4

다음 프로그램을 작성하여 PLC로 전송한 후 P00001, P00002 스위치를 ON/OFF시키면서 P00021, P00022 램프의 상태를 확인하고, 양변환 검출코일과 음변환 검출코일의 기능을 확인하여라.

변수목록

	변수	타입 ▲	디바이스	사용 유무	설명문
1	스위치1	BIT	P00001	☑	
2	스위치2	BIT	P00002	☑	
3	램프1	BIT	P00021	☑	
4	램프2	BIT	P00022	☑	

• 프로그램

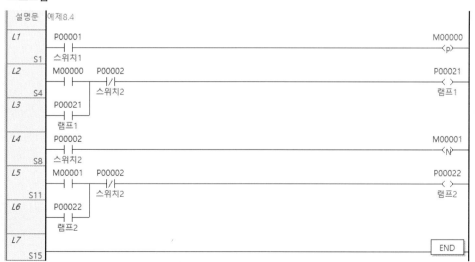

그림 8.4

(계속)

• 프로그램 실행 모니터링 결과

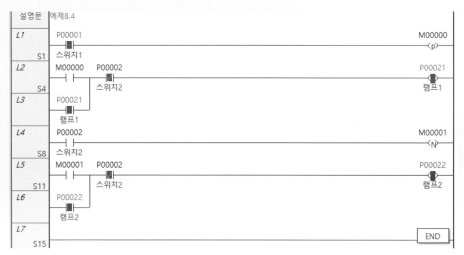

그림 8.4a

• 시스템 모니터링 결과

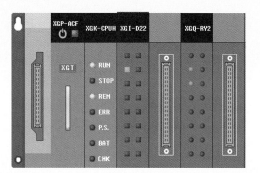

그림 8.4b

작동원리

P00001을 터치하면 1스캔동안 M00000이 ON되어 P00021을 ON시켜 자기유지된다. P00002를 눌렀다가 놓으면 놓는 순간부터 1스캔동안 M00001이 ON되어 P00022를 ON시켜 자기유지된다. P0002를 누르는 순간에 P00021은 OFF되며, 다시 P00001을 터치하면 P00021이 ON된다.

– 양변환 검출코일: 양변환 검출코일은 논리 연산의 결과가 OFF에서 ON으로 변화될 때 지정된 비트 메모리를 ON시켰다가 그 다음 스캔에서 OFF시킨다. 결과적으로 양변환 검출코일은 논리 연산결과의 상승에지가 발생한 순간부터 1스캔 시간동안 지정된 비트를 ON시킨다.

– 음변환 검출코일: 음변환 검출코일은 논리연산의 결과가 ON에서 OFF로 변화될 때 지정된 비트 메모리를 ON시켰다가 그 다음 스캔에서 OFF시킨다. 결과적으로 음변환 검출코일은 논리연산 결과의 하강에지가 발생한 시간부터 1스캔 시간동안 지정된 비트를 ON시킨다.

다음 프로그램을 작성하여 PLC로 전송한 후 P00001, P00002 토글 스위치를 ON/OFF시키면서
P00030 램프의 상태를 확인하고, 셋코일과 리셋코일의 기능을 확인하여라.

변수목록

	변수	타입 ▲	디바이스	사용 유무	설명문
1	스위치1	BIT	P00001	☑	
2	스위치2	BIT	P00002	☑	
3	램프	BIT	P00030	☑	

• 프로그램

```
설명문   예제8.5
L1      P00001                                                  P00030
  S1    ┤├─────────────────────────────────────────────────────(S)─
L2      P00002                                                  P00030
  S3    ┤├─────────────────────────────────────────────────────(R)─
L3
  S5    ─────────────────────────────────────────────────────[END]
```

그림 8.5

• 프로그램 실행 모니터링 결과

```
설명문   예제8.5
L1      P00001                                                  P00030
  S1    ┤├─────────────────────────────────────────────────────(⊙)─
L2      P00002                                                  P00030
  S3    ┤├─────────────────────────────────────────────────────(R)─
L3
  S5    ─────────────────────────────────────────────────────[END]
```

그림 8.5a

• 시스템 모니터링 결과

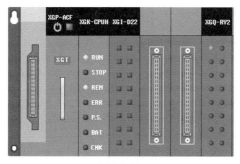

그림 8.5b

(계속)

P00001을 누르면 P00030이 ON되며, P00001을 OFF시켜도 P00030은 계속 ON상태를 유지한다. 이때 P00002를 터치하면 P00030이 OFF된다.

- 셋코일 : 셋코일은 논리연산의 결과가 1이 될 때 지정된 비트에 1을 저장(ON)한다. 지정된 비트에 1이 저장된 후 논리연산의 결과가 0으로 변화되어도 지정된 비트에 저장되어 있는 1을 변경하지 않는다. 또 지정된 비트에 1이 저장되어 있는 상태에서 논리연산의 결과가 1이 될 경우는 지정된 비트에 아무런 변화가 없다.
- 리셋코일 : 리셋코일은 논리연산의 결과가 1이 될 때 지정된 비트에 0을 저장(OFF)한다. 지정된 비트에 0이 저장된 후 논리연산의 결과가 0으로 변화되어도 지정된 비트에 저장되어 있는 0을 변경하지 않는다. 또 지정된 비트에 0이 저장되어 있는 상태에서 논리연산 결과가 1이 될 경우 지정된 비트에는 아무 변화가 없다.

이 프로그램은 동일한 주소를 셋/리셋시키는 경우 아래의 자기유지 회로와 동일한 동작을 한다.

8.3 결합명령

표 8.4 결합명령

명 칭	심 벌	기 능	기본 스텝수	비 고
AND LOAD		A, B블록 직렬 접속	1	
OR LOAD		A, B블록 병렬 접속	1	
MPUSH		현재까지의 연산결과 Push	1	
MLOAD		분기점 이전 연산결과 Load	1	
MPOP		분기점 이전 연산결과 Pop	1	

(1) AND LOAD(블록 직렬접속)

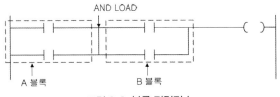

그림 8.6 블록 직렬접속

■ 기능

A블록과 B블록을 AND 연산하는 명령으로서 A블록과 B블록이 모두 ON되어야 연산이
가능하며, 연속 사용의 경우 최대 15회(16블록)까지 연산할 수 있다.

예제 8.6

입력조건 P00001, P00004 또는 P00001, P00005 또는 P00002, P00004 또는 P00002, P00005가
ON되면 출력램프가 ON되고, P00006이 ON되면 모든 경우에 램프가 OFF되는 프로그램을 설계
하여 작동시켜라.

변수목록

	변수	타입 ▲	디바이스	사용 유무	설명문
1	스위치1	BIT	P00001	☑	
2	스위치2	BIT	P00002	☑	
3	스위치3	BIT	P00003	☑	
4	스위치4	BIT	P00004	☑	
5	스위치5	BIT	P00005	☑	
6	스위치6	BIT	P00006	☑	
7	램프	BIT	P00030	☑	

• 프로그램

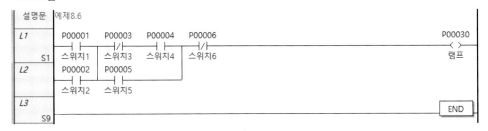

그림 8.7

(계속)

• 프로그램 실행 모니터링 결과

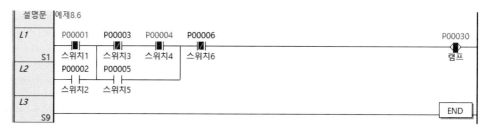

그림 8.7a

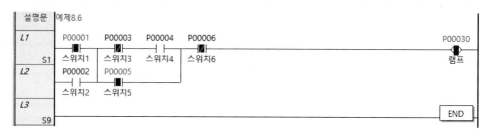

그림 8.7b

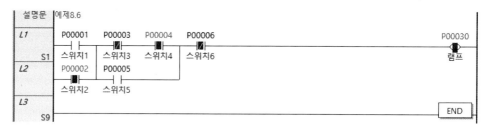

그림 8.7c

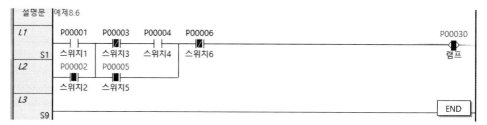

그림 8.7d

(2) OR LOAD(블록 병렬접속)

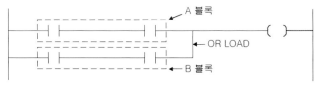

그림 8.8 블록 병렬접속

■ 기능

A블록과 B블록을 OR 연산하여 연산결과를 출력하는 명령어로서, 연속 사용의 경우 최대 15회(16블록)까지 연산하여 출력할 수 있다.

예제 8.7

입력조건 P00025가 ON이면서 P00021 또는 P00024가 ON되면 P00040이 출력되는 프로그램을 설계하여 작동시켜라.

변수목록

	변수	타입 ▲	디바이스	사용 유무	설명문
1	버튼1	BIT	P00021	☑	
2	버튼2	BIT	P00022	☑	
3	버튼3	BIT	P00023	☑	
4	버튼4	BIT	P00024	☑	
5	버튼5	BIT	P00025	☑	
6	램프	BIT	P00040	☑	

• 프로그램

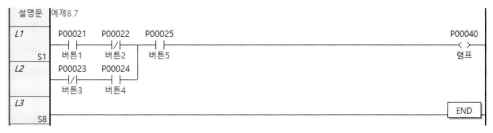

그림 8.9

(계속)

• 프로그램 실행 모니터링 결과 1

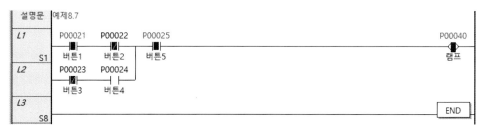

그림 8.9a

• 프로그램 실행 모니터링 결과 2

그림 8.9b

(3) 래더의 다중분기 MPUSH, MLOAD, MPOP

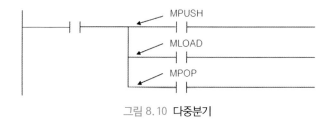

그림 8.10 **다중분기**

■ 기능

Ladder의 다중분기를 할 수 있는 명령어로서

- MPUSH : 현재까지 연산결과를 저장하는 기능
- MLOAD : 다음 연산을 위해 이전의 연산결과를 읽어 오기만 하고 저장 영역의 값은 변하지 않는다.
- MPOP : 분기점에서 저장된 이전 연산결과를 읽어온 후 저장된 이전 결과를 지운다.
  - MPUSH, MPOP는 16단까지 가능하다.

다음 다중분기 프로그램의 작동원리를 설명하라.

변수목록

	변수	타입 ▲	디바이스	사용 유무	설명문
1	스위치0	BIT	P00000	☑	
2	스위치1	BIT	P00001	☑	
3	스위치2	BIT	P00002	☑	
4	스위치3	BIT	P00003	☑	
5	스위치4	BIT	P00004	☑	
6	램프1	BIT	P00021	☑	
7	램프2	BIT	P00022	☑	
8	램프3	BIT	P00023	☑	
9	램프4	BIT	P00024	☑	

• 프로그램

그림 8.11

• 프로그램 실행 모니터링 결과 1

그림 8.11a

(계속)

• 프로그램 실행 모니터링 결과 2

그림 8.11b

작동원리

• 분기 첫점 MPUSH : P00000의 상태가 내부 메모리에 저장되며, 최초의 분기이다. 따라서 P00000가 ON/OFF에 따라 분기 후의 연산이 ON/OFF된다.
• 분기 두 번째 점 MLOAD : 저장된 P00000의 상태를 읽어 다음의 연산을 한다. P00000가 ON 이면 분기 후의 접점이 ON/OFF에 따라 출력이 ON/OFF된다. 분기의 중계점으로 사용된다.
• 분기 세 번째 점 MLOAD : 분기 두 번째 점 MLOAD의 경우와 동일하다.
• 분기 네 번째 점 MPOP : 저장된 P00000의 상태를 PLC의 내부메모리로부터 읽어와서 다음 연산을 하고 reset한다. 분기의 종료로 사용된다.

8.4 반전명령

표 8.5 반전명령

명 칭	심 벌	기 능	기본 스텝수	비 고
NOT	———✱———	이전 연산결과 반전	1	

■ 기능

반전명령 NOT(———✱———)은 이전의 결과를 반전시키는 기능을 가지며, 반전명령(NOT)을 사용하면 반전명령 좌측의 회로에 대하여 a접점 회로는 b접점 회로로, b접점 회로는 a접점 회로로 그리고 직렬연결 회로는 병렬연결 회로로, 병렬연결 회로는 직렬연결 회로로 반전된다.

다음의 프로그램에서 스위치1과 스위치2의 입력요소를 a접점, b접점, 직렬회로, 병렬회로에서 각각 반전명령을 사용한 프로그램의 작동원리를 설명하라.

변수목록

	변수	타입 ▲	디바이스	사용 유무	설명문
1	스위치1	BIT	P00001	☑	
2	스위치2	BIT	P00002	☑	
3	램프1	BIT	P00011	☑	
4	램프2	BIT	P00012	☑	
5	램프3	BIT	P00013	☑	
6	램프4	BIT	P00014	☑	
7	램프5	BIT	P00015	☑	

• 프로그램

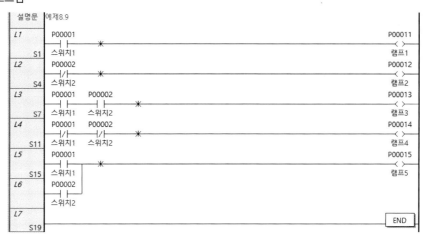

그림 8.12

• 프로그램 실행 모니터링 결과 1 : 두 스위치를 모두 작동시키지 않은 경우

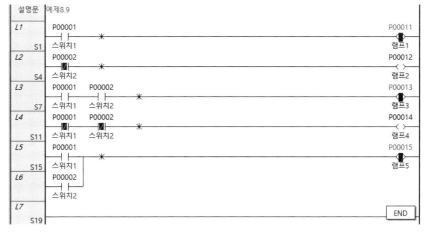

그림 8.12a

(계속)

• 프로그램 실행 모니터링 결과 2 : 스위치1만을 작동시킨 경우

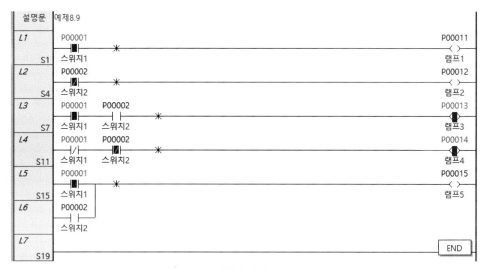

그림 8.12b

• 프로그램 실행 모니터링 결과 3 : 스위치2만을 작동시킨 경우

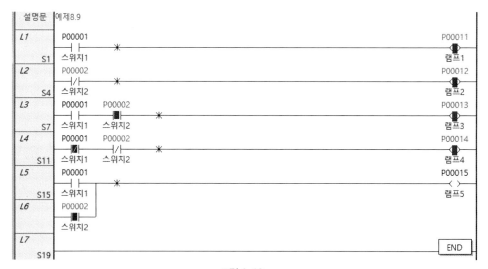

그림 8.12c

(계속)

• 프로그램 실행 모니터링 결과 4 : 스위치1과 스위치2를 모두 작동시킨 경우

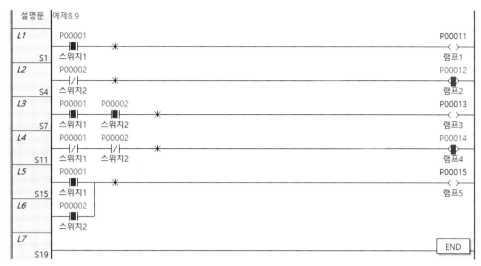

그림 8.12d

8.5 마스터 컨트롤(Master Control : MCS, MCSCLR)명령

표 8.6 마스터 컨트롤

명 칭	심 벌	기 능	기본 스텝수	비 고
MCS	─┤ MCS ┃ n ┠	마스터 컨트롤 설정(n : 0~7)	1	
MCSCLR	─┤ MCSCLR ┃ n ┠	마스터 컨트롤 해제(n : 0~7)	1	

■ 기능

① MCS의 입력조건이 ON이면 MCS 번호와 동일한 MCSCLR까지를 실행하고 입력조건이 OFF되면 실행하지 않는다.

② 우선순위는 MCS번호 0이 가장 높고, 15가 가장 낮으므로 우선순위가 높은 순으로 사용하고 해제는 그 역순으로 한다.

③ MCSCLR 시 우선순위가 높은 것을 해제하면 낮은 순위의 MCS블록도 함께 해제된다. 따라서 MCS 혹은 MCSCLR는 우선순위에 따라 순차적으로 사용해야 한다.

MCS의 ON/OFF 명령이 OFF인 경우 MCS~MCSCLR의 연산결과는 다음과 같으므로 MCS(MCSCLR) 명령 사용 시 주의해야 한다.

- 타이머 명령 : 처리하지 않음. 접점 OFF와 같은 처리
- 카운터 명령 : 처리하지 않음(현재값은 유지)
- OUT 명령 : 처리하지 않음. 접점 OFF와 같은 처리
- 셋(SET), RST 명령 : 결과유지

예제 8.10

다음의 마스터 컨트롤을 이용하는 프로그램의 작동원리를 설명하여라.

변수목록

	변수	타입 ▲	디바이스	사용 유무	설명문
1	조건0	BIT	P00000	☑	
2	조건1	BIT	P00001	☑	
3	조건2	BIT	P00002	☑	
4	램프0_버튼	BIT	P00010	☑	
5	램프1_버튼	BIT	P00011	☑	
6	램프2_버튼	BIT	P00012	☑	
7	램프0	BIT	P00100	☑	
8	램프1	BIT	P00101	☑	
9	램프2	BIT	P00102	☑	

- 프로그램

그림 8.13

• 프로그램 실행 모니터링 결과 1 : 조건 1과 조건 2를 ON시킨 경우

그림 8.13a

• 프로그램 실행 모니터링 결과 2 : 조건 0을 ON시킨 경우

그림 8.13b

(계속)

• 프로그램 실행 모니터링 결과 3 : 조건 0, 조건 1, 조건 2 모두 ON시킨 경우

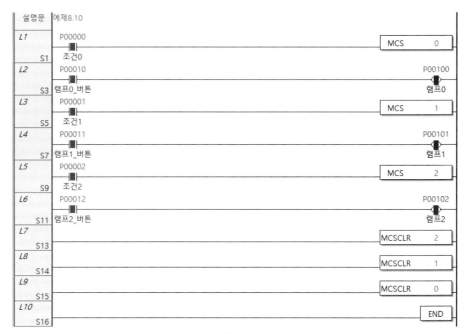

그림 8.13c

작동원리

조건 0이 ON상태에서는 제어 0만 수행(제어 1과 제어 2는 수행하지 않음), 조건 0과 조건 1이 ON상태에서는 제어 0과 제어 1이 수행(제어 2는 수행 안함), 조건 0과 조건 1과 조건 2 모두 ON상태에서는 제어 0, 1, 2영역 모두 수행한다. 조건 1만 또는 조건 2만 ON상태에서는 모두 수행하지 않는다.

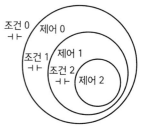

8.6 순차/후입 우선명령

표 8.7 스텝 컨트롤

명 칭	심 벌	기 능	기본 스텝수	비 고
SET S	$\mathbf{S}yyy.xx$ ─(S)─	순차 제어	1	
OUT S	$\mathbf{S}yyy.xx$ ─( )─	후입 우선	1	

Syyy.xx는 S 디바이스 접점으로, yyy는 조 번호(0~127)를, xx는 스텝 번호(0~99)를 나타낸다.

(1) SET Syyy.xx (순차제어) ($\xrightarrow{\text{Syyy.xx}}_{\langle S \rangle}$)

① 동일 조 내에서 바로 이전의 스텝번호가 ON되어 있는 상태에서 현재 스텝번호의 입력조 건 접점상태가 ON되면 현재 스텝번호가 ON되고, 이전 스텝번호는 OFF된다.

② 현재 스텝번호가 ON되면 자기 유지되어 입력 접점이 OFF되어도 ON상태를 유지한다.

③ 입력조건 접점이 동시 ON되어도 한 조 내에서는 한 스텝번호만이 ON된다.

④ 초기의 Run상태에서 Syyy.00은 ON되어 있다.

⑤ 셋(SET) Syyy.xx 명령은 Syyy.00의 입력접점을 ON시킴으로써 클리어된다.

(2) OUT Syyy.xx (후입우선) ($\xrightarrow{\text{Syyy.xx}}$)

① 셋(SET) Syyy.xx 와는 달리 스텝 순서에 관계없이 입력조건 접점이 ON되면 해당 스텝이 기동한다.

② 동일 조 내에서 입력조건 접점이 다수가 ON되어도 한 개의 스텝번호만 ON된다. 이때 나중에 ON된 것이 우선으로 출력된다.

③ 현재 스텝번호가 ON되면 자기 유지되어 입력 조건이 OFF되어도 ON상태를 유지한다.

④ OUT Syyy.xx 명령은 Syyy.00의 입력접점을 ON시킴으로써 클리어된다.

예제 8.11

순차제어 출력접점을 이용하여 램프1, 2, 3이 순서대로 켜지는 프로그램을 작성하고, 작동시 켜라.

변수목록

	변수	타입	디바이스	사용 유무	설명문
1	스위치1	BIT	P00001	☐	
2	스위치2	BIT	P00002	☐	
3	스위치3	BIT	P00003	☐	
4	스위치0	BIT	P00000	☐	
5	램프1	BIT	P00021	☐	
6	램프2	BIT	P00022	☐	
7	램프3	BIT	P00023	☐	

(계속)

• 프로그램

그림 8.14

• 프로그램 실행 모니터링 결과 1 : 초기 RUN상태

그림 8.14a

(계속)

• 프로그램 실행 모니터링 결과 2 : 스위치1, 스위치3의 ON상태

그림 8.14b

작동원리

모니터링 결과1은 프로그램을 RUN시킨 초기상태이며, 그 후 P00001~P00003의 순서대로 ON시키면 램프1~램프2의 순서대로 ON/OFF되고, 램프3이 ON상태로 된다. 모니터링 결과2 는 P00001을 ON시킨 결과 램프1이 ON되었지만, 그 다음에 순서에 어긋나게 P00003을 ON시 키면 해당 램프3이 ON되지 않음을 확인할 수 있다.

램프3을 ON시키려면 P00001, P00002를 순차적으로 ON시켜 램프1이 ON/OFF, 램프2가 ON상태에서 P00003을 ON시켜야 램프2가 OFF되고 램프3이 ON된다. P00000을 누르면 프로 그램이 초기화하여 모든 램프가 OFF된다.

예제 8.12

후입 입력이 우선하는 프로그램을 작성하여 작동시켜라.

변수목록

	변수	타입 ▲	디바이스	사용 유무	설명문
1	스위치1	BIT	P00001	☑	
2	스위치2	BIT	P00002	☑	
3	스위치3	BIT	P00003	☑	
4	스위치4	BIT	P00004	☑	
5	램프1	BIT	P00011	☑	
6	램프2	BIT	P00012	☑	
7	램프3	BIT	P00013	☑	

(계속)

• 프로그램

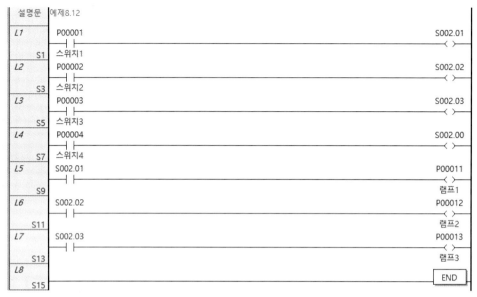

그림 8. 15

• 프로그램 실행 모니터링 결과 1 : RUN 후 초기 상태

그림 8. 15a

(계속)

• 프로그램 실행 모니터링 결과 2 : 초기에 P00003을 ON시킨 경우

그림 8.15b

• 프로그램 실행 모니터링 결과 3 : P00003을 OFF시킨 경우

설명문 | 예제8.12

L1	P00001	S002.01
S1	스위치1	
L2	P00002	S002.02
S3	스위치2	
L3	P00003	S002.03
S5	스위치3	
L4	P00004	S002.00
S7	스위치4	
L5	S002.01	P00011
S9		램프1
L6	S002.02	P00012
S11		램프2
L7	S002.03	P00013
S13		램프3
L8		END
S15		

그림 8.15c

(계속)

• 프로그램 실행 모니터링 결과 4 : P00001을 ON시킨 경우

그림 8. 15d

　모니터링 결과2에서 첫순서가 아닌 P00003을 ON시켜도 그에 상당하는 램프3이 ON되며, 모니터링 결과3에서 P00003을 OFF시켜도 램프3은 자기유지되어 ON상태이다. 모니터링 결과 4(그림 8.15d)에서 P00001을 ON시켜도 순서에 상관없이 후입우선의 상태로서 램프1이 ON되는 것을 알 수 있다. 이때 P00004를 ON시키면 S002.00에 의해 클리어된다.

8.7 종료명령

표 8.8 종료명령

명 칭	심 벌	기 능	기본 스텝수	비 고
END	─[END]─	프로그램의 종류	1	

▪기능

　END (─[END]─) 명령은 프로그램의 종료를 표시하는 명령어로서, END 명령은 반드시 프로그램의 마지막에 입력해야 한다.

8.8 타이머(Timer) 명령어

(1) 기본적인 특징

시퀀스 프로그램 중 지정된 시간지연요소가 필요한 경우에 사용하는 프로그램 요소가 타이머이다. XGK PLC에는 타이머의 기능별로 TON, TOFF, TMR, TMON, TRTG 등 5종, 시간 설정단위로 100 ms, 10 ms, 1 ms, 0.1 ms의 4종의 타이머가 있다. 1개의 타이머는 최대 6,553.5초(65,535×100 ms)까지 시간제어를 할 수 있다.

타이머의 기능별 종류는 표 8.9에 표시하였으며, 타이머의 시간 설정단위는 4종이 있다. 예를 들어, 100 ms 타이머에 설정값을 1로 설정했다면 100 ms시간제어가 되는 것이다. 이것은 기본 파라미터의 "디바이스 영역 설정" 항목에서 설정할 수 있다(그림 8.16).

정전 시 타이머 동작시간 데이터가 보존되어야 할 타이머의 경우는 래치 영역의 타이머를 사용해야 하며, 역시 기본 파라미터의 "디바이스 영역 설정" 항목에서 각 설정 시간별 타이머에 래치 영역을 설정하여 사용할 수 있다. 초기설정은 모든 타이머 영역이 휘발성 영역으로 설정되어 있으므로 래치 타이머가 필요한 경우 사용자가 지정해서 사용해야 한다.

표 8.9 타이머

명 칭	심 벌	기 능	기본 스텝수	비 고
TON	─[TON | T | t]─	인력 ├─ t ─┤ / T	2	
TOFF	─[TOFF | T | t]─	인력 ├─ t ─┤ / T	2	
TMR	─[TMR | T | t]─	인력 t1+t2 = t ├t1┤├t2┤ / T	2	
TMON	─[TMON | T | t]─	인력 ├─ t ─┤ / T	2	
TRTG	─[TRTG | T | t]─	인력 ├─ t ─┤ / T	2	

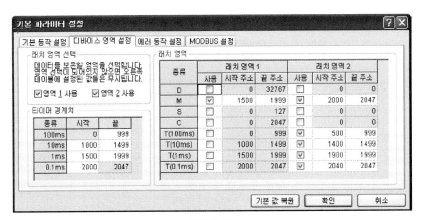

그림 8.16

타이머 명령의 기본적인 특징은 다음과 같다.

- 타이머 종류에 관계없이 모두 XGK는 2,048개, XGB는 256개의 타이머를 사용할 수 있고, 설정값의 범위는 0~65,535까지이며, 동일한 타이머 번호의 중복사용은 불가능하다.
- 타이머값 설정가능 디바이스(사용가능 오퍼랜드)는 정수, P, M, K, U, D, R 등이며, 인덱스 기능을 사용할 수 있다. 단 이때 사용 가능한 인덱스 범위는 Z0~Z3이다.
- 타이머를 리셋시키기 위해서는 입력접점을 OFF시키는 방법과 리셋코일을 사용하는 방법이 있으며, 후자의 경우 타이머 접점과 동일한 이름의 리셋코일로 작성한다. 리셋코일이 ON상태에서는 타이머가 동작하지 않는다.
- 타이머는 END명령 실행 후에 타이머의 현재값 갱신 및 접점을 ON/OFF하므로 타이머 명령어는 사용상의 오차가 발생할 수 있다.

(2) 타이머의 종류 및 동작 특성

1) TON(ON Delay 타이머)

입력조건이 ON되면 타이머 접점출력이 OFF상태를 유지하다가 타이머 현재값이 증가하여 설정값에 도달했을 때 타이머 접점출력이 ON된다.

2) TOFF(OFF Delay 타이머)

입력조건이 ON되면 현재값은 설정값이 되고, 타이머 접점출력이 ON상태를 유지하다가 입력조건이 OFF되면 현재값이 감소되어 0이 되었을 때 타이머 접점출력이 OFF된다.

3) TMR(적산 타이머)

입력조건이 성립되는 동안 타이머 현재치가 증가하여 누적된 값이 타이머의 설정시간에 달하면 타이머 접점출력이 ON된다. 이 경우 입력조건이 OFF되어도 현재값을 유지한다.

4) TMON(Monostable Timer)

입력조건이 ON되면 타이머의 현재값은 설정값이 되고 타이머 접점출력이 ON되며, 입력조건이 OFF되어도 계속 현재값이 감소하여 0이 되면 접점출력이 OFF된다.

5) TRTG(Retriggerable Timer)

모노스테이블 타이머와 같은 기능을 하되, 현재값이 감소하고 있을 때 다시 입력조건이 ON되면 현재값은 다시 설정값이 되어 동작한다.

(3) TON(ON Delay Timer)

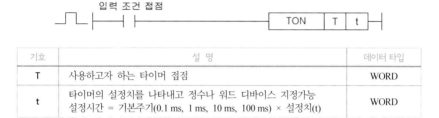

기호	설 명	데이터 타입
T	사용하고자 하는 타이머 접점	WORD
t	타이머의 설정치를 나타내고 정수나 워드 디바이스 지정가능 설정시간 = 기본주기(0.1 ms, 1 ms, 10 ms, 100 ms) × 설정치(t)	WORD

그림 8.17 ON Delay Timer (TON)

1) 기능

ON Delay Timer는 조건이 만족된 후 설정된 시간 이상이 되면 타이머의 접점이 ON되는 타이머로 세부 동작사항은 다음과 같다.

① 타이머의 기동조건이 만족되면 현재값을 설정시간 단위로 1씩 증가시키며, 현재값 = 설정값이 될 때 타이머 접점이 ON된다.
② 타이머 동작 중 기동조건이 해제되면 현재값 = 0이 된다.
③ 타이머 접점이 ON된 상태에서 기동조건이 해제되면 타이머 출력접점이 OFF된다.
④ 타이머를 리셋하면 현재값 = 0이 되며, 타이머 출력접점이 ON되어 있는 경우 그 접점은 OFF된다.

2) 타임차트

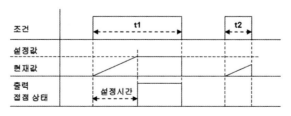

그림 8.18 TON 타임차트

입력접점 P00000이 ON된 후 5초 후에 출력 P00025가 ON되고, 리셋 입력 접점 P00001이 ON
되면 출력이 OFF되는 프로그램을 작성하여 작동시켜라.

변수목록

	변수	타입 ▲	디바이스	사용 유무	설명문
1	스위치1	BIT	P00000	☑	
2	리셋스위치	BIT	P00001	☑	
3	램프	BIT	P00025	☑	

• 프로그램 1

그림 8.19A

• 프로그램 1 실행 모니터링

그림 8.19A-a

• 프로그램 2

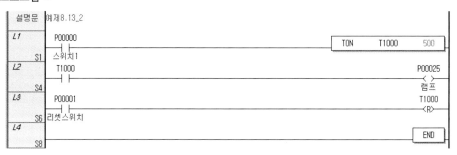

그림 8.19B

(계속)

• 프로그램 2 실행 모니터링

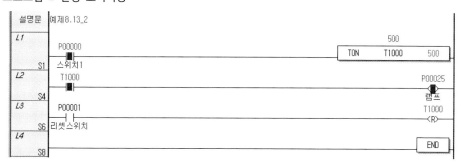

그림 8.19B-a

작동원리

　프로그램 1에서 타이머 T0000은 100 ms 주기 타이머이므로 설정시간을 5초로 하기 위해 설정치를 50으로 하였으며, 프로그램 2에서는 10 ms 주기 타이머 T1000를 사용하여 설정치를 500으로 하였다. 이들 프로그램에서 입력접점 P00000이 ON된 후 5초가 지나면 T0000 또는 T1000이 설정치에 도달하므로 출력(P00025)이 ON된다. 출력이 ON되려면 입력접점이 5초 이상 ON상태가 유지되어야 하므로 유지형 스위치를 이용하는 것이 편리하다. 설정시간 전에 입력접점을 OFF하면 현재치가 0이 되므로 출력이 OFF되며, 출력이 ON상태에서 리셋 스위치 P00001을 ON해도 설정치가 0으로 되면서 출력이 OFF된다.

예제 8.14

타이머 2개를 사용하여 2초간 ON, 1초간 OFF되는 플리커 회로 프로그램을 작성하여 작동시켜라.

변수목록

	변수	타입 ▲	디바이스	사용 유무	설명문
1	버튼	BIT	P00000	☑	
2	램프	BIT	P00020	☑	

• 프로그램

그림 8.20

(계속)

P00000를 ON시키면 On Delay Timer T0000가 1초 후에 작동하여 출력 P00020을 ON시키고, 그로부터 2초 후에 T0001 타이머가 작동하여 T0000를 OFF시켜 출력 P00020을 OFF시키는 동작을 반복한다(1초간 OFF, 2초간 ON을 반복). 이때 입력접점 P00000는 유지형 스위치를 사용하는 것이 편리하다.

(4) TOFF(OFF Delay Timer)

기호	설 명	데이터 타입
T	사용하고자 하는 타이머 접점	WORD
t	타이머의 설정치를 나타내고 정수나 워드 디바이스 지정가능 설정시간 = 기본주기(0.1 ms, 1 ms, 10 ms, 100 ms) × 설정치(t)	WORD

그림 8.21 OFF Delay Timer (TOFF)

1) 기능

OFF Delay Timer는 입력 조건이 만족될 때 타이머 접점이 ON되고, 조건이 OFF되면 그로부터 설정시간이 경과한 후에 OFF되는 타이머로서 세부 동작사항은 다음과 같다.

① 타이머의 기동조건이 만족되면 현재값 = 설정값이 되고, 타이머 출력접점은 ON된다.
② 타이머의 기동조건이 해제되면 현재값은 설정시간 단위로 1씩 감소하고, 현재값이 0이 될 때 타이머의 출력접점은 OFF된다.
③ 타이머의 현재값이 감소하고 있는 상태에서 다시 기동조건이 만족되면 현재값 = 설정값이 되고, 타이머 출력접점은 ON된다.
④ 타이머를 리셋하면 현재값 = 0이 되며, 타이머 출력접점이 ON되어 있는 경우 그 접점이 OFF된다.

2) 타임차트

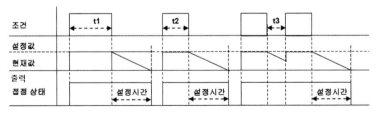

그림 8.22 TOFF 타임차트

스위치 P00000이 ON하면 동시에 램프 P00020이 ON되고, 스위치를 OFF한 후 5초가 지나면
램프가 OFF된다. 리셋 스위치를 ON하면 타이머의 현재치가 0이 된다. 이 프로그램을 작성하여
작동시켜라.

변수목록

	변수	타입	디바이스	사용 유무	설명문
1	스위치	BIT	P00000	┌	
2	리셋스위치	BIT	P00001	┌	
3	램프	BIT	P00020	┌	

• 프로그램

그림 8.23

• 프로그램 실행 모니터링

그림 8.23a

사용자가 변기에 접근한 후 1초 뒤 2초간 물이 나오고 이탈 후 즉시 3초간 물이 공급되는 화장실 자동밸브 제어회로의 프로그램을 작성하여 작동시켜라.

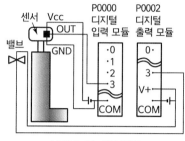

그림 8.24 시스템도

변수목록

	변수	타입 ▲	디바이스	사용 유무	설명문
1	센서	BIT	P00003	☑	변기센서
2	밸브	BIT	P00023	☑	물공급 밸브

• 프로그램

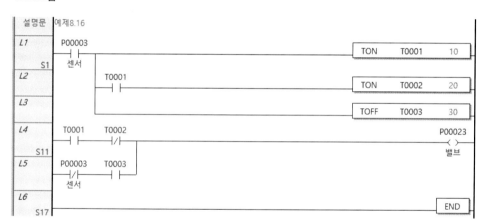

그림 8.25

작동원리

입력센서를 ON시키면 T0003은 ON되고 1초 후 타이머 접점 T0001이 ON되어 밸브가 작동하고 그로부터 2초 후 T0002가 ON되어 밸브를 정지시킨다. 센서가 OFF되면 3초 후까지 타이머 접점 T0003이 ON되어 밸브가 작동하고, 3초 후 T0003이 OFF되어 밸브가 정지한다.

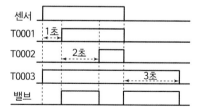

(5) TMR(적산 타이머)

기호	설 명	데이터 타입
T	사용하고자 하는 타이머 접점	WORD
t	타이머의 설정치를 나타내고 정수나 워드 디바이스 지정가능 설정시간 = 기본주기(0.1 ms, 1 ms, 10 ms, 100 ms) × 설정치(t)	WORD

그림 8.26 TMR(적산 타이머)

1) 기능

적산 Timer는 조건이 만족된 후 설정된 시간 이상의 조건이 유지될 때 타이머의 출력접점이 ON되는 타이머로서 세부 동작사항은 다음과 같다.

① 타이머의 기동조건이 만족되면 현재값을 설정시간 단위로 1씩 증가시키며, 현재값 = 설정값이 될 때 타이머 출력접점이 ON된다.

② 타이머의 접점이 ON된 상태에서 기동조건을 계속 만족하더라도 더 이상 현재값은 증가하지 않는다.

③ 타이머 동작 중 기동조건이 해제되어도 현재값을 유지하며, 타이머 출력접점이 ON상태를 유지한다.

④ 타이머를 리셋하면 현재값=0이 되며, 타이머 출력접점이 ON되어 있는 경우 그 접점은 OFF된다.

2) 타임차트

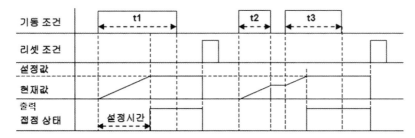

그림 8.27 TMR 타임차트

기동 스위치가 ON되면 램프1이 ON되고, 램프의 누적된 ON시간이 1시간이 되면 램프2가
200 ms 주기로 점멸(100 ms ON, 100 ms OFF 반복)하는 프로그램을 작성하여 작동시켜라.

변수목록

	변수	타입	디바이스	사용 유무	설명문
1	기동스위치	BIT	P00000	☐	
2	램프1	BIT	P00020	☐	
3	램프2	BIT	P00021	☐	
4	리셋스위치	BIT	P00001	☐	

• 프로그램

그림 8.28

• 프로그램 실행 모니터링

그림 8.28a

(계속)

기동스위치를 ON하면 램프1이 ON되고 그로부터 1시간(지속적이든 기동스위치의 ON/OFF
에 따른 T0000의 시간 증가/정지에 의한 시간의 합)이 지나면 타이머 접점 T0000가 ON되어
시스템 플래그 F00092(200 ms주기 클럭)에 따라 램프2가 200 ms 주기로 점멸한다. 리셋스위치
를 터치하면 타이머의 현재값=0이 되어 타이머 접점 T0000이 OFF되므로 램프2가 OFF된다.

■ 데이터 플래그(시스템 메모리)

프로그램에서 F00092 비트를 사용하였으며, F00092 비트는 200 ms 주기의 클럭으로
100 ms ON, 100 ms OFF를 반복한다. 이것은 사용자가 제어하지 않아도 PLC시스템에서
제어해 주는 시스템 플래그 또는 데이터를 플래그라 한다.

XGT PLC에서는 시스템 플래그(F 영역), PID 플래그(K 영역), P2P 플래그(L 영역), 고속
링크 플래그(L 영역) 등 기능별 플래그를 제공하고 있으며, 대부분의 플래그는 읽기 전용
영역으로 사용된다. 플래그는 XG5000에서 자동으로 변수 및 설명문을 등록하기 때문에 사
용자가 변수 또는 설명문을 등록하지 않아도 변수 또는 설명문을 볼 수 있다.

표 8.10은 프로그램에서 자주 사용되는 시스템 플래그이다.

표 8.10 자주 사용하는 시스템 플래그

디바이스	변수	설명	디바이스	변수	설명
F00000	_RUN	PLC Run 시 ON	F00096	_T20S	20초 주기 CLOCK (10초 ON, 10초 OFF)
F00001	_STOP	PLC Run 시 ON	F00097	_T60S	1분 주기 CLOCK (30초 ON, 30초 OFF)
F00002	_ERROR	Error 발생 시 ON	F00099	_ON	항상 ON
F00090	_T20MS	20 ms 주기 CLOCK (10 ms ON, 10 ms OFF)	F0009A	_OFF	항상 OFF
F00091	_T100MS	100 ms 주기 CLOCK (50 ms ON, 50 ms OFF)	F0009B	_1ON	첫 스캔 ON
F00092	_T200MS	200 ms 주기 CLOCK (100 ms ON, 100 ms OFF)	F0009C	_1OFF	첫 스캔 OFF
F00093	_T1S	1초 주기 CLOCK (0.5초 ON, 0.5초 OFF)	F0009D	_DTOG	AO 스캔 반전
F00094	_T2S	2초 주기 CLOCK (1초 ON, 1초 OFF)	F00110	_LER	연산 에러(1 스캔 ON)
F00095	_T10S	10초 주기 CLOCK (5초 ON, 5초 OFF)	F00112	_CARRY	연산 캐리 발생 시 ON

(6) TMON(Mono Stable Timer)

기호	설 명	데이터 타입
T	사용하고자 하는 타이머 접점	WORD
t	타이머의 설정치를 나타내고 정수나 워드 디바이스 지정가능 설정시간 = 기본주기(0.1 ms, 1 ms, 10 ms, 100 ms) × 설정치(t)	WORD

그림 8.29 TMON(Mono Stable Timer)

1) 기능

Mono Stable Timer는 조건이 만족되면 설정된 시간동안 타이머 출력접점이 ON되는 타이머로 세부 동작사항은 다음과 같다.

① 타이머의 기동조건이 만족되면 현재값 = 설정값이 되고, 타이머 출력접점이 ON된다.
② 타이머의 기동조건이 만족된 후 기동조건의 변화와 관계없이 현재값이 설정시간 단위로 1씩 감소되며, 현재값 = 0이 될 때 출력접점이 OFF된다.
③ 타이머를 리셋하면 현재값 = 0이 되며, 타이머 출력접점이 ON되어 있는 경우에 그 접점은 OFF된다.

2) 타임차트

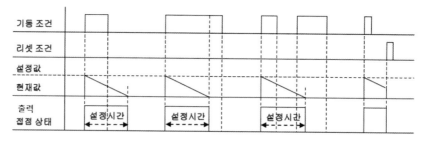

그림 8.30 TMON 타임차트

기동스위치를 ON하면 바로 램프가 ON되며 타이머의 설정시간(10초)이 지나면 램프는 OFF된다. 이때 램프가 ON되어 있는 중에 기동스위치를 ON, OFF해도 설정시간이 지나면 램프가 OFF되며, 리셋스위치를 ON하면 타이머 현재값이 0이 되므로 램프가 OFF된다. 프로그램을 작성하여 확인하여라.

변수목록

	변수	타입 ▲	디바이스	사용 유무	설명문
1	기동스위치	BIT	P00000	☑	
2	리셋스위치	BIT	P00001	☑	
3	램프	BIT	P00020	☑	

• 프로그램

그림 8.31

• 프로그램 모니터링

그림 8.31a

작동원리

기동스위치를 ON시키면 T0000가 ON되어 램프가 ON된다. 그 후 설정시간 10초가 지나면 T0000가 OFF되어 램프는 OFF된다. 도중에 리셋스위치를 ON시키면 T0000가 리셋되며, 램프가 바로 OFF된다.

입력 스위치 P00000을 터치하면 상시출력 P00020(램프)이 10초 동안 1초 간격으로 ON/OFF를 반복(점멸)하는 프로그램을 작성하여라. 단 P00000이 초기에 OFF상태에서는 램프가 ON상태이다.

변수목록

	변수	타입	디바이스	사용 유무	설명문
1	기동스위치	BIT	P00000	⌐	
2	램프	BIT	P00020	⌐	

• 프로그램

그림 8.32

작동원리

프로그램을 RUN시키면 초기상태에서 램프가 ON상태이다. 기동스위치를 터치하면 램프가 1초 간격으로 10초 동안 점멸하며, 그 후에는 램프가 ON상태를 유지한다.

(7) TRTG(Retriggerable Timer)

기호	설 명	데이터 타입
T	사용하고자 하는 타이머 접점	WORD
t	타이머의 설정치를 나타내고 정수나 워드 디바이스 지정가능 설정시간 = 기본주기(0.1 ms, 1 ms, 10 ms, 100 ms) × 설정치(t)	WORD

그림 8.33 TRTG

1) 기능

리트리거블 Timer는 조건이 만족되면 설정된 시간동안 타이머 접점이 ON되는 타이머로 세부 동작사항은 다음과 같다.

① 타이머의 기동조건이 만족되면 현재값=설정값이 되고, 타이머 출력접점이 ON된다.
② 타이머의 기동조건이 만족된 후 설정시간 단위로 1씩 감소되며, 현재값=0이 될 때 그 접점이 OFF된다.
③ 타이머 동작 중 타이머의 기동조건에서 상승에지가 발생(OFF → ON)하면 현재값=설정값이 된 후 현재값이 다시 설정시간 단위로 1씩 감소하고, 현재값=0이 될 때 타이머 출력접점이 OFF된다.
④ 타이머를 리셋하면 현재값=0이 되며, 타이머 출력접점이 ON되어 있는 경우 그 접점이 OFF된다.

2) 타임차트

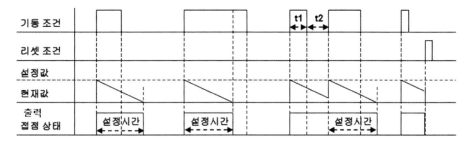

그림 8.34 TRTG 타임차트

예제 8.20

기동스위치를 ON하면 램프가 타이머 설정시간인 5초동안 ON된다. 램프가 OFF되기 전에 기동스위치를 OFF 후 다시 ON시키면 그 시각부터 5초간 ON되며, 리셋스위치를 ON하면 램프가 OFF되는 프로그램을 작성하여라.

변수목록

	변수	타입 ▲	디바이스	사용 유무	설명문
1	기동스위치	BIT	P00000	☑	
2	리셋스위치	BIT	P00001	☑	
3	램프	BIT	P00020	☑	

(계속)

• 프로그램

그림 8.35

작동원리

기동스위치를 ON하면 타이머 접점 T0000이 ON되고, 따라서 램프가 ON되며 타이머가 감산을 하여 0에 도달하면(5초) 램프가 OFF된다. 타이머가 0에 도달하기 전에 기동스위치를 껐다가 다시 켜면 램프는 그때부터 5초간 ON상태를 유지한다. 리셋스위치를 ON하면 현재치가 0이 되어 램프가 OFF된다.

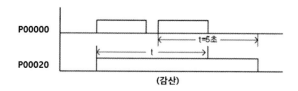

예제 8.21

일정시간(30초)마다 공급되는 제품에 의해 반송장치의 고장을 검출하는 반송장치 고장 검출회로를 프로그램으로 작성하여라. 시스템도는 그림 8.36과 같다.

변수목록

	변수	타입 ▲	디바이스	사용 유무	설명문
1	검출센서	BIT	P00000	☑	제품검출시 작동
2	램프	BIT	P00020	☑	ON시 정상

(계속)

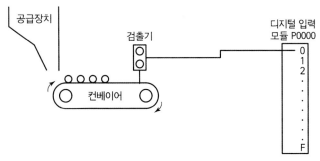

그림 8. 36   [예제 8. 21]의 시스템도

• 프로그램

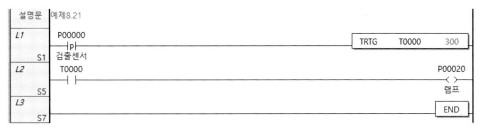

그림 8. 37

• 타임차트

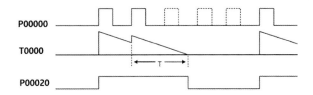

작동원리

검출센서 P00000이 작동하면 타이머 접점 T0000이 ON되어 감산하기 시작하며 램프 P00020이 ON된다. 30초가 지나서 검출센서가 작동하지 않으면 타이머 접점(램프)이 OFF되어 반송장치가 고장임을 알 수 있다.

8.9 카운터 명령어

(1) 기본적인 특징

카운터(Counter)는 요구조건의 회수를 계수하는 프로그램 요소이다. 즉, 조건이 만족될 때 현재값을 1씩 증가 또는 감소시켜 조건이 만족되는 회수를 계수하여 설정값이 되면 출력을 ON시킨다.

PLC가 정전 시 카운터의 현재값이 유지되어야 하는 경우가 있으며, 특히 장기적인 데이터의 누적이 필요한 경우 래치 영역의 카운터를 사용할 수 있다. 카운터 영역의 래치는 기본 파라미터(그림 8.38 참조)에서 설정할 수 있으며, 초기설정은 모든 영역이 휘발성으로 설정되어 있으므로 래치 카운터가 필요한 경우 사용자가 직접 래치 영역을 설정(그림 8.39 참조)해야 한다.

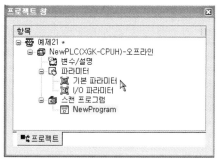

그림 8.38

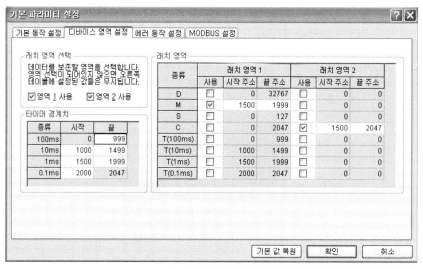

그림 8.39

카운터는 동작특성에 따라 표 8.11과 같이 4가지 명령어가 있다.

표 8.11 **카운터의 종류**

명 칭	심 벌	기 능	기본 스텝수	비 고
CTD	—[CTD　C｜c]—		2	
CTU	—[CTU　C｜c]—		2	
CTUD	—[CTUD　C｜U｜D｜c]—		4	
CTR	—[CTR　C｜c]—		2	

카운터명령어의 기본적인 특징은 다음과 같다.

- 카운터 종류에 관계없이 모두 XGK는 2,048개의 카운터를 사용할 수 있고, 설정할 수 있는 값의 범위는 0~65,535까지이다. 동일한 카운터 번호의 중복사용은 불가능하다.
- 카운터값을 설정할 수 있는 디바이스(사용 가능 오퍼랜드)는 정수, P, M, K, U, D, R 등이며, 인덱스 기능을 사용할 수 있다. 단, 이때 사용가능한 인덱스 범위는 Z0~Z3이다.
- 카운터를 리셋시키기 위해 리셋명령을 사용할 경우, 반드시 사용된 카운터 접점과 같은 이름의 리셋코일을 사용해야 한다.
- CTUD 명령어의 경우 카운터 리셋을 하기 위해서 리셋코일 이외에 입력접점을 OFF시키면 된다.

• CTU, CTUD 명령은 설정한 값을 초과해도 UP카운터 펄스가 계속 입력되면 카운터값이 65,535까지는 계속 증가한다. 따라서 CTU, CTUD 명령의 값을 0으로 초기화시키기 위해서는 Reset명령을 사용해야 한다.

(2) 카운터의 종류 및 동작특성

1) CTU(Up Counter)

입상펄스가 입력될 때마다 현재치를 1씩 가산하며, 그 값이 설정치 이상이면 출력이 ON된다.

2) CTD(Down Counter)

입상펄스가 입력될 때마다 설정치로부터 1씩 감산하여 그 값이 0이 되면 출력이 ON된다.

3) CTUD(Up Down Counter)

Up단자에 입상펄스가 입력되면 1씩 가산, Down단자에 펄스가 입력되면 1씩 감산되며, 현재치가 설정치 이상이면 ON된다.

4) CTR(Ring Counter)

입상펄스가 입력될 때마다 현재치가 1씩 가산되며, 현재치가 설정치에 도달하면 출력이 ON된다. 이후 다시 펄스가 입력되면 현재치는 0이 된다.

(3) CTU(Up Counter) : 가산 카운터

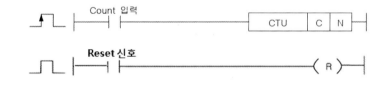

기호	설 명	데이터 타입
C	사용하고자 하는 카운터 접점	WORD
N	설정치(0~65,535)	WORD

그림 8.40 CTU(Up Counter)

1) 기능

CTU(UP Counter)는 초기 현재값 = 0이며 카운터의 동작조건에 상승에지가 발생(OFF → ON)할 때마다 카운터의 현재값이 1씩 증가되고, 카운터의 현재값 = 설정값이 될 때 카운터의 출력이 ON되는 카운터로서 세부 동작은 다음과 같다.

① 카운터의 초기 현재값 = 0이고 입력펄스가 입력되면 현재값이 1씩 증가(최대치: 65535) 되며, 카운터의 현재값 = 설정값이 될 때 출력이 ON된다.

② 카운터를 리셋하면 현재값 = 0이 되며, 출력이 OFF된다.

③ 카운터의 현재값을 강제로 변경시킬 경우 출력접점 상태는 변경되지 않는다.

2) 타임차트

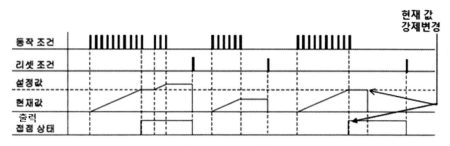

그림 8.41 CTU 타임차트

예제 8.22

입력스위치(P00000)가 10회 이상 ON되면 램프(P00020)가 ON되는 프로그램을 작성하여라.

변수목록

	변수	타입	디바이스	사용 유무	설명문
1	입력스위치	BIT	P00000	⌐	
2	램프	BIT	P00020	⌐	
3	리셋스위치	BIT	P00001	⌐	

• 프로그램

그림 8.42

(계속)

• 프로그램 실행 모니터링

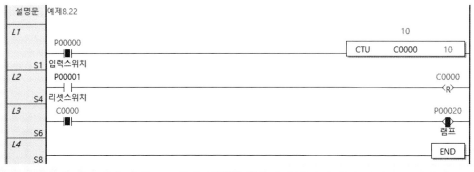

그림 8.42a

작동원리

　입력스위치를 설정값인 10회 ON/OFF하면 업 카운터 접점 C0000가 ON되어 램프가 ON되며, 이때 리셋스위치를 ON하면 현재값이 0으로 되어 카운터 접점이 OFF되므로 램프가 OFF된다.

(4) CTD(Down Counter) : 감산 카운터

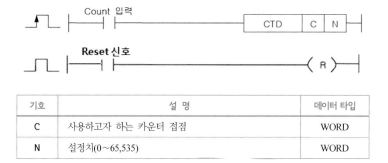

기호	설 명	데이터 타입
C	사용하고자 하는 카운터 접점	WORD
N	설정치(0~65,535)	WORD

그림 8.43 CTD (Down Counter)

1) 기능

　DOWN Counter의 초기 현재값 = 설정값이 되며, 카운터에 입상펄스가 입력될 때마다 카운터의 현재값이 1씩 감소되고, 카운터의 현재값 = 0이 될 때 출력이 ON된다. 세부 동작은 다음과 같다.

① 카운터의 출력접점이 ON된 상태(현재값 = 0)에서는 입력펄스가 입력되어도 현재값이 변화되지 않는다.

② 카운터의 출력접점이 ON되어 있는 경우 카운터를 리셋하면 현재값 = 설정값이 되며, 카운터 출력접점이 OFF된다.

③ 카운터의 현재값을 강제로 변경시킬 경우 출력접점 상태는 변경되지 않는다.

2) 타임차트

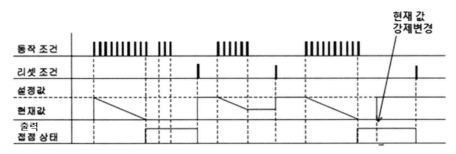

그림 8.44 CTD 타임차트

예제 8.23

입력스위치(P00000)가 10회 이상 ON되면 램프(P00020)가 ON된다. 리셋스위치(P00001)를 ON 하면 현재치 = 설정치가 되며 램프가 OFF되는 프로그램을 작성하여라.

변수목록

	변수	타입	디바이스	사용 유무	설명문
1	입력스위치	BIT	P00000	⌐	
2	리셋스위치	BIT	P00001	⌐	
3	램프	BIT	P00020	⌐	

• 프로그램

그림 8.45

(계속)

• 프로그램 실행 모니터링

그림 8.45a

작동원리

    프로그램을 RUN시키면 초기에 다운 카운터에는 현재치가 설정치 10으로 된다. 입력스위치를 10회 터치하면 현재치가 0이 되어 카운터 접점이 ON되므로 램프가 ON된다. 이때 리셋스위치를 ON시키면 현재치=설정치가 10으로 되며 램프는 OFF된다.

(5) CTUD(Up Down Counter) : 가감산 카운터

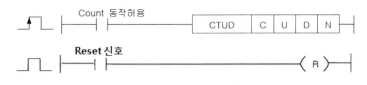

기호	설 명	데이터 타입
C	사용하고자 하는 카운터 접점	WORD
U	현재치를 +1씩 가산하는 신호	BIT
D	현재치를 −1씩 감산하는 신호	BIT
N	설정치(0~65,535)	WORD

그림 8.46 CTUD(Up Down Counter)

1) 기능

    UP/DOWN Counter는 명령어 편집 시 증가(UP) 및 감소(DOWN)계수의 조건을 설정하며, 증가계수의 조건에 상승에지가 발생(OFF → ON)할 때 카운터의 현재값이 1씩 증가되고, 감소계수의 조건에 상승에지가 발생(OFF → ON)할 때 카운터의 현재값이 1씩 감소된다.

상세 동작은 다음과 같다.

① U로 지정된 디바이스에 입력신호가 입력될 때마다 현재치를 1씩 가산하며, 현재치가 설정치 이상이면 출력이 ON되고 카운터 최대치(65,535)까지 카운트할 수 있다.

② D로 지정된 디바이스에 입력신호가 입력될 때마다 최소치(0)까지 현재치를 1씩 감산한다.

③ 리셋(Reset) 신호가 ON되면 현재치는 0이 된다.

④ U, D로 지정된 디바이스에 입력펄스가 동시에 ON되면 현재치는 변하지 않는다.

⑤ 카운트 동작허용신호는 ON된 상태를 유지하고 있어야 Up-Down 카운트가 가능하다. 일반적으로 상시 ON(F00099, _ON)을 사용한다.

⑥ 현재값=설정값이 되는 상태에서 카운트 출력접점이 ON된다.

⑦ 카운터의 현재값을 강제로 변화시킬 경우 카운트 출력접점 상태는 변경되지 않는다.

2) 타임차트

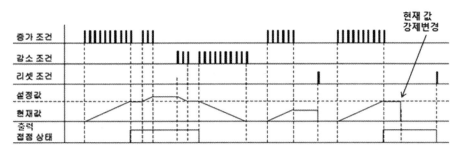

그림 8.47 CTUD 타임차트

예제 8.24

Up스위치(P00000)로 count up하여 현재치가 설정치(5)와 같을 때 출력 P00020이 ON되며 count down은 Down스위치(P00001)에 의해 이루어진다. 리셋은 P00002 접점, 카운트 허용신호는 상시 ON(F00099) 접점을 사용하는 프로그램을 작성하여라(CTUD 이용).

변수목록

	변수	타입 ▲	디바이스	사용 유무	설명문
1	Up스위치	BIT	P00000	☑	
2	Down스위치	BIT	P00001	☑	
3	Reset스위치	BIT	P00002	☑	
4	출력	BIT	P00020	☑	

(계속)

• 프로그램

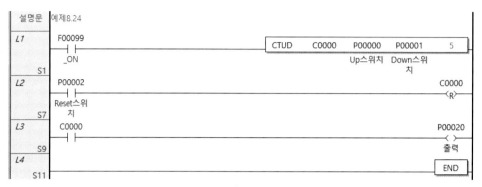

그림 8.48

• 프로그램 실행 모니터링 결과

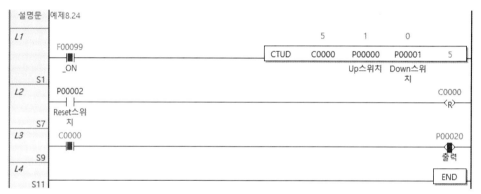

그림 8.48a

작동원리

　　Up스위치를 5회 이상 터치하면 현재치=설정치이므로 카운터 접점 C0000이 ON되어 출력이
ON된다. Down스위치를 터치하여 현재치가 설정치 미만으로 되면 출력은 OFF된다. 이때 현재
치는 0까지 감소하며 그 이후에는 Down스위치를 ON해도 현재치는 0을 유지한다. 리셋스위치
를 누르면 현재치는 0이 되며 출력은 OFF된다.

(6) CTR(Ring Counter)

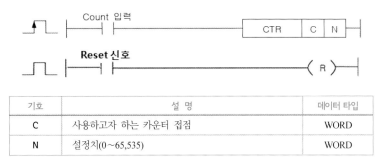

그림 8.49 CTR(Ring Counter)

기호	설 명	데이터 타입
C	사용하고자 하는 카운터 접점	WORD
N	설정치(0~65,535)	WORD

1) 기능

Ring Counter의 초기 현재값은 = 0이다. 카운터의 펄스입력이 ON될 때마다 카운터의 현재값이 1씩 증가되고, 카운터의 현재값 = 설정값이 될 때 카운터 출력접점이 ON된다. 그 출력 점점이 ON된 상태에서 펄스입력이 1번 ON하면 카운터의 현재값이 0으로 변경되고, 카운터 출력접점이 OFF된다. 카운터를 리셋하면 현재값 = 0이 되며, 카운터의 출력접점이 ON되어 있는 경우 접점이 OFF된다. 카운터의 현재값을 강제로 변경시킬 경우 출력접점 상태는 변경되지 않는다.

2) 타임차트

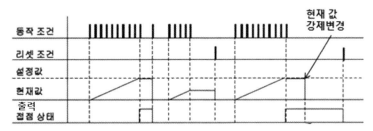

그림 8.50 CTR 타임차트

예제 8.25

다음의 링 카운터를 이용한 프로그램(그림 8.51)의 작동원리를 설명하라.

변수목록

	변수	타입 ▲	디바이스	사용 유무	설명문
1	기동스위치	BIT	P00000	☑	
2	리셋스위치	BIT	P00001	☑	
3	램프	BIT	P00020	☑	

(계속)

• 프로그램

그림 8.51

• 프로그램 실행 모니터링 결과

그림 8.51a

그림 8.51b

작동원리

기동스위치를 펄스 입력하면 링카운터가 1씩 증가하고 현재치가 설정치 5가 되면 카운터 접점이 ON되어 램프가 ON된다. 기동스위치를 한 번 더 입력하면 램프출력이 OFF되면서 현재 치가 0으로 리셋된다. 또한 리셋스위치를 ON하면 언제나 현재치가 0이 되며, 램프가 OFF된 다. 그림 8.51a는 기동스위치를 5회 ON시켰을 때 램프가 ON되는 상태이며, 그림 8.51b는 기동 스위치를 6번째 ON시켰을 때의 상태를 모니터링한 것이다.

8.10 타이머와 카운터를 이용하는 응용 프로그램

컨베이어의 제어(TON, TOFF 이용)
3대(A, B, C)의 컨베이어를 기동 시는 5초 간격으로 A → B → C, 정지 시는 역시 5초 간격으로
C → B → A의 순서로 제어하는 프로그램을 설계하여라.

변수목록

	변수	타입 ▲	디바이스	사용 유무	설명문
1	기동스위치	BIT	P00000	☑	
2	컨베이어A	BIT	P00020	☑	
3	컨베이어B	BIT	P00021	☑	
4	컨베이어C	BIT	P00022	☑	

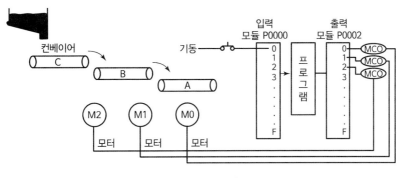

그림 8.52 시스템도

• 프로그램

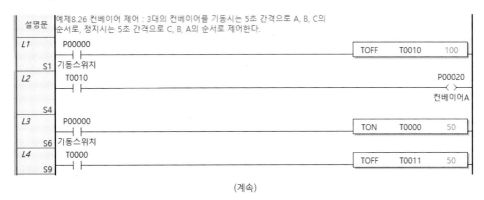

(계속)

그림 8.53

작동원리

기동스위치를 ON하면 T0010이 ON하여 바로 컨베이어A가 ON되고, 5초 후 T0000이 ON하여 컨베이어B가 ON되며, 동시에 T0011이 ON된다. 한편 기동스위치가 ON되고 10초 후에 T0001이 ON되어 컨베이어C가 작동한다.

기동스위치를 OFF하면 T0001이 OFF되어 컨베이어C가 OFF되고, 동시에 T0000도 OFF되며 5초 후 T0011이 OFF되어 컨베이어B가 OFF된다. 한편 기동스위치가 OFF되고 나서 10초 후에 T0010이 OFF되므로 컨베이어A가 OFF된다.

예제 8.27

공구수명 경보회로(TMR 이용)
머시닝센터에서 사용하는 공구의 사용시간(10시간)을 측정하여 공구교환을 위한 경보를 출력하는 프로그램을 설계하여라.

변수목록

	변수	타입	디바이스	사용 유무	설명문
1	드릴하강_센서	BIT	P00000	□	
2	드릴교환완료	BIT	P00001	□	
3	공구수명경보	BIT	P00020	□	

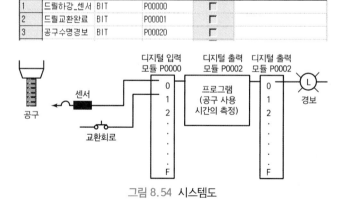

그림 8.54 시스템도

(계속)

- 프로그램

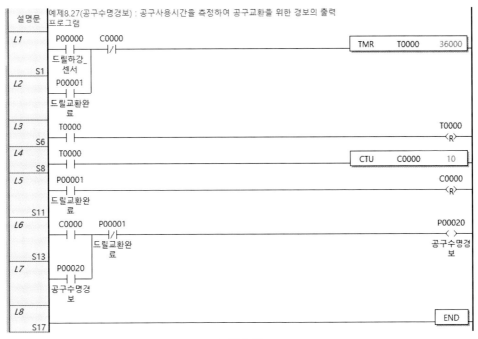

설명문	예제8.27(공구수명경보) : 공구사용시간을 측정하여 공구교환을 위한 경보의 출력 프로그램

그림 8.55

작동원리

드릴하강센서가 작동하는 전체 시간이 3600초(1시간)가 되면 타이머 접점 T0000이 ON되어 CTU의 카운터 현재치가 1 증가하며 그것이 10회, 즉 10시간이 되면 카운터 접점 C0000이 ON 되어 공구수명경보가 ON된다. 드릴교환을 완료하여 그 스위치 P00001이 ON되면 공구수명경보가 OFF되며 카운터 현재치도 0으로 초기화된다.

예제 8.28

창고입출고_제한제어(CTUD 이용)
입고센서와 출고센서가 있는 창고에 재고가 5개 이하일 때 램프1이 2초 주기로 점멸하고, 10개 초과할 때 램프2가 2초 주기로 점멸한다.

(계속)

변수목록

	변수	타입 ▲	디바이스	사용 유무	설명문
1	입고센서	BIT	P00001	☑	
2	출고센서	BIT	P00002	☑	
3	리셋스위치	BIT	P00003	☑	
4	램프1	BIT	P00020	☑	
5	램프2	BIT	P00021	☑	

• 프로그램

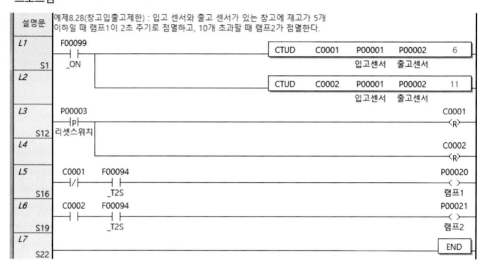

그림 8.56

작동원리

초기상태와 입고센서 및 출고센서가 작동하여 재고가 5개 이하일 때는 카운터 접점 C0001이 아직 작동을 하지 않으므로 램프1이 2초 간격으로 점멸하고 재고가 6개 이상인 경우에는 C0001이 ON되어 램프1이 OFF된다. 또 재고가 11 이상이 되면 카운터 접점 C0002가 ON되어 램프2가 2초 간격으로 점멸한다.

예제 8.29

컨베이어_기동제어(CTR 이용)
BOX센서가 작동되면 컨베이어가 ON되며, BOX에 10개의 제품이 들어가면 컨베이어가 정지하고, 그 BOX를 치우면 BOX센서가 OFF된다. 그리고 새로운 BOX를 셋팅하면 다시 BOX센서가 ON되어 다시 컨베이어가 기동한다.

(계속)

	변수	타입 ▲	디바이스	사용 유무	설명문
1	제품센서	BIT	P00009	☑	
2	BOX센서	BIT	P0000A	☑	
3	컨베이어	BIT	P00026	☑	

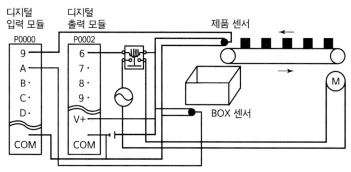

그림 8.57 시스템도

• 프로그램

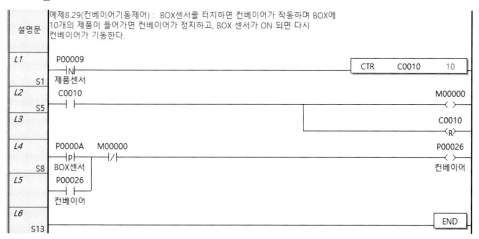

| 설명문 | 예제8.29(컨베이어기동제어) : BOX센서를 터치하면 컨베이어가 작동하며 BOX에 10개의 제품이 들어가면 컨베이어가 정지하고, BOX 센서가 ON 되면 다시 컨베이어가 기동한다. |

그림 8.58

작동원리

    빈 BOX를 위치시키면 BOX센서가 동작하여 컨베이어를 ON시킨다. 따라서 컨베이어를 타고 오는 제품이 BOX로 하나씩 투입되어 10개가 투입되고 나면 카운터 접점 C0010이 ON되어 M00000이 ON되므로 컨베이어가 작동을 멈추며, 그 BOX를 치우고 새로운 빈 BOX를 위치시켜 BOX센서가 다시 동작하면 컨베이어가 동작하여 위의 과정이 새롭게 수행된다.

Chapter 09

응용명령어의 활용

XGK PLC에서 비트 데이터는 접점과 코일을 이용하여 읽고 쓸 수 있다. 그러나 XGK에서 비트 데이터뿐 아니라 니블(Nibble, 4비트), 바이트(Byte, 8비트), 워드(Word, 16비트), 더블 워드(Double Word, 32비트), 롱 워드(Long Word, 64비트) 크기의 다양한 데이터를 취급할 수 있으며, 이러한 데이터를 이용하여 연산하기 위해서는 응용명령어를 사용해야 한다.

응용명령어의 종류를 분류하면 다음 표 9.1과 같다.

표 9.1 응용명령어

명령어 종류	내 용	비 고
데이터 전송명령	지정된 데이터 전송, 그룹전송, 문자열전송	4/8/64 비트가능
변환명령	지정된 데이터 BIN/BCD 변환, 그룹 BIN/BCD 변환	4/8 비트가능
데이터형 변환명령	정수/실수 변환명령	
출력단 비교명령	비교결과를 특수릴레이에 저장	Unsigned 비교
입력단 비교명령	비교결과를 BR에 저장. 실수, 문자열 비교, 그룹 비교, 오퍼랜드 3개 비교	Signed 비교
증감명령	지정된 데이터 1 증가 또는 1 감소	4/8 비트가능
회전명령	지정된 데이터 좌회전, 우회전, 캐리포함 회전	4/8 비트가능
이동명령	지정된 데이터 좌이동, 우이동, 워드단위 이동, 비트이동	4/8 비트가능
교환명령	디바이스간 교환, 상하위 바이트 교환, 그룹데이터 교환	

(계속)

명령어 종류	내용	비고
BIN 사칙명령	정수/실수 덧셈, 뺄셈, 곱셈, 나눗셈, 문자열 덧셈, 그룹 덧셈, 그룹 뺄셈	
BCD 사칙명령	덧셈, 뺄셈, 곱셈, 나눗셈	
논리연산명령	논리곱, 논리합, Exclusive OR, Exclusive NOR, 그룹연산	
시스템명령	고장표시, WDT 초기화, 출력제어, 운전정지 등	
데이터 처리명령	Encode, Decode, 데이터 분리/연결, 검색, 정렬, 최대, 최소, 합계, 평균 등	
데이터 테이블 처리명령	데이터 테이블의 데이터 입출력	
문자열 처리명령	문자열 관련 변환, 코멘트 읽기, 문자열 추출, 아스키 변환, HEX 변환, 문자열 검색 등	
특수함수명령	삼각함수, 지수/로그 함수, 각도/라디안 변환 등	
데이터 제어명령	상하한 리미트 제어, 불감대 제어, 존 제어	
시간관련 명령	날짜시간 데이터 읽기/쓰기, 시간데이터 가감 및 변환	
분기명령	JMP, CALL	
루프명령	FOR/NEXT/BREAK	
플래그 관련 명령	캐리플래그 Set/Reset, 애러플래그 클리어	
특수/통신 관련 명령	Bus Controller Direct 액세스하여 데이터 읽기/쓰기	
인터럽트 관련 명령	인터럽트 Enable/Disable	
부호반전명령	정수/실수값의 부호 반전, 절대값 연산	

여기서는 응용명령어의 구조를 설명하고, PLC의 데이터 연산에 주로 많이 사용되는 응용명령어에 대하여 설명한다.

(1) 응용명령어 구조

XGK의 응용명령어는 워드 데이터를 처리하는 기본 명령어에 접두어와 접미어를 추가함으로써 기본 명령어의 기능을 추가 또는 제한하는 구조로 구성된다. 접두어와 접미어는 각각 2개까지 조합하여 사용이 가능하다. 즉, "접두어 + 기본 명령어 + 접미어"의 구조이다.

(2) 접두어

기본 명령어 앞에 추가하여 기본 명령어의 기능을 보조하는 문자를 접두어라고 하며, 하나의 기본 명령어에 최대 2개의 접두어를 사용할 수 있다. 그 종류는 표 9.2와 같다.

표 9.2 접두어

접두어	기 능	예	비 고
D	Double 워드(32비트) 정수 데이터 연산	DMOV, D=, DADD 등	
R	Double 워드(32비트) 실수 데이터 연산	RMOV, R=, RDIV 등	
L	Long 워드(32비트) 실수 데이터 연산	LMOV, L=, LADD 등	
G	Group 데이터 연산	GMOV, G=, GADD 등	
B	Bit 데이터 연산	BMOV	
$	문자열 데이터 연산	$MOV, $ADD 등	
8	8비트 데이터 연산	8=, 8<, 8<> 등	
4	4비트 데이터 연산	4=, 4<> 등	

(3) 접미어

기본 명령어 뒤에 추가하여 기본 명령어의 기능을 보조하는 문자를 접미어(표 9.3 참조)라고 하며, 하나의 기본 명령어에 최대 2개의 접미어를 사용할 수 있다.

표 9.3 접미어

접두어	기 능	예	비 고
U	기본 명령어가 부호있는 십진 정수 데이터를 연산할 때 부호없는 십진 정수 데이터 연산	ADDU 등	
P	레벨 연산 응용명령어의 상승에지 연산	MOVP, DIVP 등	
B	기본 명령어가 십진 정수 데이터 연산할 때 BCD 데이터 연산	ADDB, MULB 등	
8	8비트 데이터 연산	MOV8, BCD8 등	
4	4비트 데이터 연산	MOV4, BCD4 등	
3	2개의 데이터 연산 기본 명령어에서 3개의 데이터 처리	= 3, <>3 등	

9.1 데이터 전송 명령어

(1) MOV

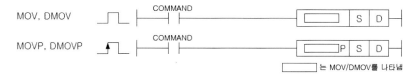

기호	설 명	데이터 타입
S	전송하고자 하는 데이터 또는 데이터가 들어있는 디바이스 번호	WORD/DWORD
D	전송된 데이터를 저장할 디바이스 번호	WORD/DWORD

그림 9.1 MOV

■ 기능

1) MOV(Move)

S(Source)로 지정된 디바이스의 워드 데이터 또는 지정된 상수를 D(Destination)로 지정된 디바이스로 전송한다. S를 상수로 지정할 경우 16진수는 h0000~hFFFF까지 지정할 수 있으며, 십진수는 −32768~65535까지 지정할 수 있다.

2) DMOV(Double Move)

S+1(16비트), S(16비트)로 지정된 디바이스의 더블워드 데이터를 D+1(16비트), D(16비트)에 전송한다. Source를 상수로 지정하는 경우에는 h00000000~hFFFFFFFF까지 지정이 가능하다. 여기서 S+1 또는 D+1은 각각 S 워드 디바이스의 다음 워드 디바이스, D 워드 디바이스의 다음 워드 디바이스를 나타낸다.

예제 9.1

P00000 스위치를 ON시키면 16진수 h1234를 BCD표시기(P0003 워드)에 표시하고, P00001 스위치를 ON시키면 BCD입력스위치(또는 디지털 스위치, P0001 워드)의 입력 데이터를 BCD표시기(P0003 워드)에 표시하는 프로그램을 작성하여라.

변수목록

	변수	타입 ▲	디바이스	사용 유무	설명문
1	스위치1	BIT	P00000	☑	
2	스위치2	BIT	P00001	☑	
3	BCD입력스위치	WORD	P0001	☑	
4	BCD표시기	WORD	P0003	☑	

• 프로그램

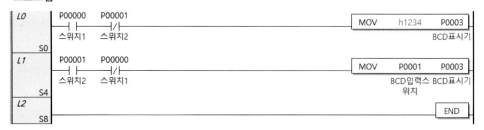

그림 9.2

(계속)

• 프로그램 모니터링과 시스템 모니터링 1

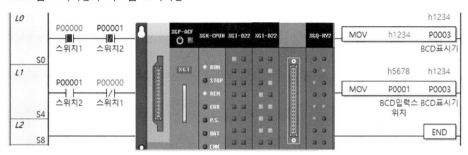

그림 9.2a

• 프로그램 모니터링과 시스템 모니터링 2

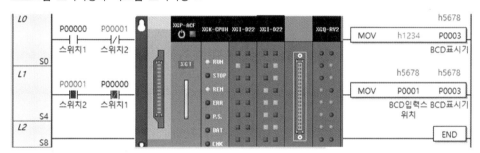

그림 9.2b

작동원리

프로그램은 지정된 상수가 16진수로서 스위치1을 ON하면 BCD표시기에 h1234가 전송된다. BCD입력스위치(P0001 워드 디바이스)의 입력 데이터는 스위치2를 ON시키면 BCD표시기에 그 값이 전송되어 복사된다.

예제 9.2

스위치가 **ON**되면 더블워드 데이터를 **P0001(16비트)**의 워드 디바이스와 **P0002(16비트)**의 워드 디바이스에 입력된 데이터가 **P0003(16비트)**과 **P0004(16비트)**의 출력 디바이스에 전송되는 프로그램을 설계하여라.

변수목록

	변수	타입 ▲	디바이스	사용 유무	설명문
1	스위치	BIT	P00000	☑	
2	입력데이터	WORD	P0001	☑	
3	출력데이터	WORD	P0003	☑	

(계속)

• 프로그램

그림 9.3

• 프로그램 모니터링

그림 9.3a

• 시스템 모니터링

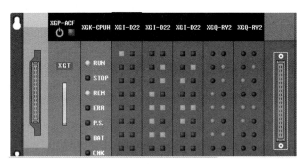

그림 9.3b

시스템 모니터링 결과에서 보듯이 더블워드 데이터는 지정한 워드 디바이스와 그 다음 워드 디바이스에 입력, 출력이 이루어짐을 볼 수 있다.

(2) MOV4, MOV8

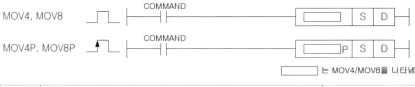

기호	설 명	데이터 타입
S	전송하고자 하는 데이터 또는 데이터가 들어있는 디바이스 번호의 비트위치	NIBBLE/BYTE
D	전송된 데이터를 저장할 디바이스 번호의 비트위치	NIBBLE/BYTE

그림 9.4 MOV4, MOV8

■기능

　MOV4 및 MOV8은 각각 4비트, 8비트 데이터 S를 D로 전송한다. 즉, MOV4 또는 MOV4P는 지정한 S의 상위 4비트 데이터를 D의 상위 4비트에 해당하는 영역으로 전송하고, MOV8, MOV8P는 지정한 S의 상위 8비트 데이터를 D의 상위 8비트에 해당하는 영역으로 전송한다. 정수를 전송하고자 할 경우 해당명령의 데이터 크기만큼만 전송되고, 나머지는 무시된다.

　비트 디바이스(P, M, L, K)와 워드 디바이스(D, R, U)에 따라 데이터 처리를 다르게 한다. 비트 디바이스의 경우 Source로 지정된 S가 명령 수행 시 워드 범위를 벗어날 경우 다음 워드에서 나머지 비트를 가져오며, Destination으로 지정된 D 역시 저장할 부분이 워드를 넘어가면 다음 워드에 나머지 비트가 저장된다.

　워드 디바이스의 경우 Source로 지정된 S가 명령 수행 시 워드 범위를 벗어날 경우, 벗어난 부분은 0으로 채운다. 그리고 Destination으로 지정된 D가 워드를 넘어가게 되면 넘어간 데이터에 대해서는 처리하지 않는다.

예제 9.3

스위치를 터치하면 P0001 워드 디바이스의 4번 비트부터 입력된 h35의 데이터를 P0003 워드 디바이스의 0번 비트부터 출력시키는 프로그램을 설계하여라.

변수목록

	변수	타입 ▲	디바이스	사용 유무	설명문
1	스위치	BIT	P00000	☑	
2	입력_워드	BIT	P00014	☑	
3	출력_워드	BIT	P00030	☑	

• 프로그램

그림 9.5

(계속)

• 프로그램 모니터링 및 시스템 모니터링

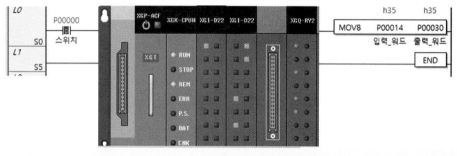

그림 9.5a

입력신호 P00000이 ON될 때 MOV8P명령에 의해 P00014부터 8비트의 데이터 h86이 P00039부터 전송되는 프로그램을 설계하여라.

변수목록

	변수	타입 ▲	디바이스	사용 유무	설명문
1	스위치	BIT	P00000	☑	
2	입력워드	BIT	P00014	☑	
3	출력워드	BIT	P00039	☑	

• 프로그램

그림 9.6

• 프로그램 모니터링 및 시스템 모니터링 결과

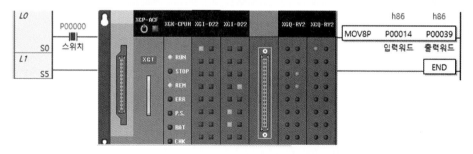

그림 9.6a

(계속)

h86이 P00039부터 저장되기 위해서는 그 다음 디바이스 P0004가 필요하여 비트 데이터가 P0003디바이스에서부터 P00040디바이스까지 넘어간 것을 확인할 수 있다.

(3) BMOV

기호	설 명	데이터 타입
S	데이터가 저장되어 있는 디바이스 번호	WORD
D	Destination 영역의 디바이스 번호	WORD
Z	BMOV(P)를 실행하는 포맷	WORD

그림 9.7 BMOV

■ 기능

S로 지정된 워드 크기의 상수 또는 워드 디바이스에서 Z로 지정된 형식에 따라 지정된 개수의 비트를 D로 지정되는 워드 디바이스로 전송한다.

Z의 형식은 1워드 크기의 상수 또는 워드 디바이스로 지정되며, 지정된 데이터를 16진수로 변환했을 때 1000(h)자리의 수가 S의 시작 비트 번호, 100(h)자리의 수가 D의 시작 비트 번호 10(h) 및 1(h)자리의 수가 이동할 비트의 수이다. 예를 들어, Z로 지정된 데이터가 h1408일 경우 1000(h)자리에 해당하는 1이 S의 시작 비트 번호, 100(h)자리에 해당하는 4가 D의 시작 비트 번호, 나머지 두 자리수 08이 이동할 비트의 개수를 의미한다. 즉, S의 1번 비트부터 08개의 비트를 D의 4번 비트부터 08개의 비트로 전송한다.

S를 상수로 지정할 경우 h0000~hFFFF까지 지정할 수 있으며, 십진수를 지정할 경우 부호 없는 십진수 범위(0~65,535)의 상수를 지정할 수 있다.

입력신호 P00000을 ON할 때마다 P0002 디바이스의 0번 비트부터 4개의 비트 데이터 h000F를
P0005 디바이스의 3번 비트부터 저장하는 프로그램을 설계하여라.

변수목록

	변수	타입 ▲	디바이스	사용 유무	설명문
1	스위치	BIT	P00000	☑	
2	입력워드	WORD	P0002	☑	
3	출력워드	WORD	P0005	☑	

• 프로그램

그림 9.8

• 프로그램 모니터링

그림 9.8a

• 시스템 모니터링 결과

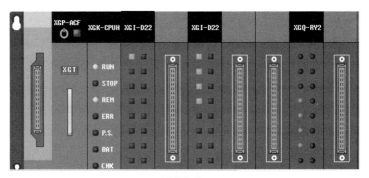

그림 9.8b

9.2 코드변환 명령어

(1) BCD(Binary Coded Decimal) 변환

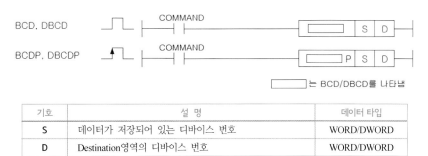

기호	설 명	데이터 타입
S	데이터가 저장되어 있는 디바이스 번호	WORD/DWORD
D	Destination영역의 디바이스 번호	WORD/DWORD

그림 9.9 BCD 변환

■기능

1) BCD(Binary Coded Decimal) 변환

S로 지정된 디바이스의 BIN(2진수) 데이터(16비트, 16진수로 표현 : h0~h270F, 10진수로 표현 : $2*16^3 + 7*16^2 + 0 + 15*16^0 = 9999$: 0~9999)를 BCD(16비트, h0~h9999) 데이터로 변환하여 D에 저장한다.

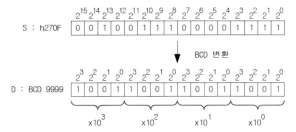

2) DBCD(Double Binary Coded Decimal) 변환

(S + 1, S)로 지정된 디바이스의 BIN 데이터(32비트, 10진수 표현 : 99999999, 16진수 표현 : h0~h05F5E0FF)를 BCD(0~99999999)로 변환하여 (D + 1, D)에 각각 저장한다.

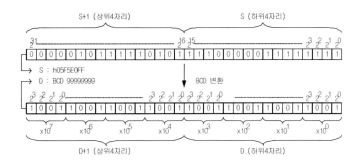

입력신호 P00000이 ON했을 때 D00001에 저장된 h1234의 데이터를 BCD 변환하여 P0002에
출력하는 프로그램을 설계하여라. 또 D00001에 10(h000A)의 데이터인 경우는?

변수목록

	변수	타입	디바이스	사용 유무	설명문
1	스위치	BIT	P00000	☑	

• 프로그램 : 입력 h1234의 경우(모니터 표시형식의 옵션을 16진수로 선택)

그림 9.10

• 시스템 모니터링 결과

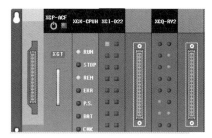

그림 9.10a

• 입력 10(h000A)의 경우(모니터 표시형식의 옵션을 16진수로 선택)

그림 9.10b

• 시스템 모니터링 결과

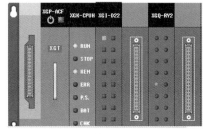

그림 9.10c

(2) BIN(Binary) 변환

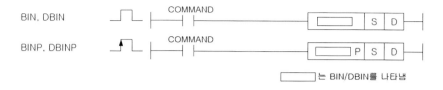

기호	설 명	데이터 타입
S	BCD 데이터가 저장되어진 영역번호 또는 BCD 데이터	WORD/DWORD
D	BIN으로 변환된 데이터를 저장하게 될 영역	WORD/DWORD

그림 9.11 BIN 변환

■ 기능

1) BIN(Binary)

S로 지정된 디바이스의 BCD 데이터(16비트, h0~h9999)를 BIN 데이터(16비트, h0~h270F, 10진수 표현 : 0~9999)로 변환하여 D에 저장한다.

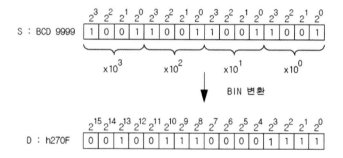

(9999/16=624 나머지 15, 624/16=39 나머지 0, 39/16=2 나머지 7, 2/16=0 나머지 2이므로 h270F임)

2) DBIN(Double Binary)

S+1, S로 지정된 디바이스의 BCD 데이터(32비트, h0~h99999999)를 BIN 데이터(32비트, h0~h05F5E0FF, 10진수 표현 : 99999999)로 변환하여 D+1, D에 저장한다.

입력신호 P00000을 ON했을 때 P0001의 데이터 h1234를 BIN 변환하여 D00002에 저장하는 프로그램을 설계하여라.

변수목록

	변수	타입	디바이스	사용 유무	설명문
1	스위치	BIT	P00000	☑	

• 프로그램

그림 9.12

• 디바이스 모니터링 결과

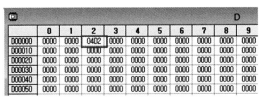

그림 9.12a

BCD값 h1234가 BIN으로 h04D2인 것은 $4 \times 16^2 + 13 \times 16^1 + 2 \times 1 = 1234$의 의미이다(1234/16=77 나머지 2, 77/16=4 나머지 13, 4/16=0 나머지 4, 0/16=0 나머지 0이므로 h04D2임).

9.3 실수변환 명령어

(1) I2R(Integer to Real), I2L(Integer to Long Real) : 실수변환(단장형, 배장형)

기호	설 명	데이터 타입
S	정수형 데이터가 저장되어진 영역번호 또는 정수형 데이터	INT
D	실수형 데이터 형태로 변환된 데이터를 저장할 디바이스 위치	REAL/LREAL

그림 9.13 I2R(Integer to Real)

■기능

1) I2R(Integer to Real)

S로 지정된 16비트 정수형 데이터를 단장형 실수(32비트)로 변환하여 (D+1, D)에 저장한다.

2) I2L(Integer to Long Real)

S로 지정된 16비트 정수형 데이터를 배장형 실수(64비트)로 변환하여 (D+3, D+2, D+1, D)에 저장한다.

예제 9.8

입력신호 P00000이 ON되면 1234의 정수형 데이터를 D1000에 실수형으로 저장하는 프로그램을 설계하여라.

변수목록

	변수	타입	디바이스	사용 유무	설명문
1	스위치	BIT	P00000	☑	

• 프로그램

그림 9.14

• 디바이스 모니터링 결과

	0	1	2	3	4	5	6	7	8	9
D00940	0000	0000	0000	0000	0000	0000	0000	0000	0000	0000
D00950	0000	0000	0000	0000	0000	0000	0000	0000	0000	0000
D00960	0000	0000	0000	0000	0000	0000	0000	0000	0000	0000
D00970	0000	0000	0000	0000	0000	0000	0000	0000	0000	0000
D00980	0000	0000	0000	0000	0000	0000	0000	0000	0000	0000
D00990	0000	0000	0000	0000	0000	0000	0000	0000	0000	0000
D01000	4000	449A	0000	0000	0000	0000	0000	0000	0000	0000
D01010	0000	0000	0000	0000	0000	0000	0000	0000	0000	0000
D01020	0000	0000	0000	0000	0000	0000	0000	0000	0000	0000
D01030	0000	0000	0000	0000	0000	0000	0000	0000	0000	0000
D01040	0000	0000	0000	0000	0000	0000	0000	0000	0000	0000

그림 9.14a

실수로 변환된 데이터는 D01000과 D01001의 두 개 워드에 저장되었음을 알 수 있다.

(2) R2I(Real to Integer), R2D(Real to Double Integer) : 정수변환

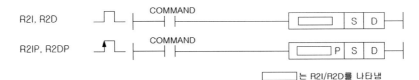

기호	설 명	데이터 타입
S	실수형 데이터가 저장되어진 영역번호 또는 실수형 데이터	REAL
D	정수형 데이터 형태로 변환된 데이터를 저장할 디바이스 위치	INT/DINT

그림 9.15 R2I(Real to Integer)

■ 기능

1) R2I(Real to Integer)

R2I는 S + 1, S로 지정된 단장형 실수(32비트)를 16비트 정수형 데이터로 변환하여 D에 저장하며, 단장형 실수의 값이 −32,768~32,767 범위를 벗어날 경우는 연산에러가 발생한다. 이때 결과값은 입력값이 32,767보다 클 경우는 32,767이 저장되고, 입력값이 −32,768보다 작을 경우 −32,768이 저장되며, 소수점 이하의 값은 반올림한 후에 버려진다.

2) R2D(Real to Double Integer)

R2D는 S + 1, S로 지정된 단장형 실수(32비트) 데이터를 배장형 정수(32비트)로 변환하여 D + 1, D에 저장하며, 단장형 실수의 값이 −2,147,483,648~2,147,483,647 범위를 벗어날 경우 연산에러가 발생한다. 이때 결과값은 단장형 실수의 값이 2,147,483,647보다 클 경우는 2,147,483,647이 저장되고, 단장형 실수의 값이 −2,147,483,648보다 작을 경우 −2,147,483,648이 저장되며, 소수점 이하의 값은 반올림한 후에 버려진다.

예제 9.9

입력신호 P00000이 ON되면 157.825인 실수를 정수형으로 변환하여 P0030에 정수형으로 저장하는 프로그램을 설계하여라.

변수목록

	변수	타입	디바이스	사용 유무	설명문
1	스위치	BIT	P00000	☑	

(계속)

- 프로그램

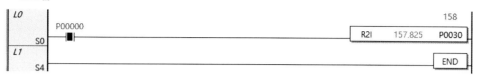

그림 9. 16

- 디바이스 모니터링 결과

	0	1	2	3	4	5	6	7	8	9
P0000	0001	0000	0000	0000	0000	0000	0000	0000	0000	0000
P0010	0000	0000	0000	0000	0000	0000	0000	0000	0000	0000
P0020	0000	0000	0000	0000	0000	0000	0000	0000	0000	0000
P0030	009E	0000	0000	0000	0000	0000	0000	0000	0000	0000
P0040	0000	0000	0000	0000	0000	0000	0000	0000	0000	0000
P0050	0000	0000	0000	0000	0000	0000	0000	0000	0000	0000
P0060	0000	0000	0000	0000	0000	0000	0000	0000	0000	0000
P0070	0000	0000	0000	0000	0000	0000	0000	0000	0000	0000

그림 9. 16a

실수 157.825는 반올림되어 158로 저장되었으며, 디바이스에서 009E는 $9 \times 16 + 14 = 158$임을 나타낸다.

9.4 비교 명령어

(1) 출력단 비교명령

1) CMP(Compare)

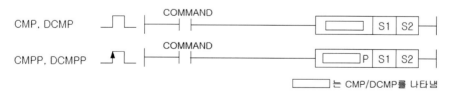

□는 CMP/DCMP를 나타냄

기호	설 명	데이터 타입
S1	S2와 비교하게 되는 데이터나 데이터 주소	WORD/DWORD
S2	S1과 비교하게 되는 데이터나 데이터 주소	WORD/DWORD

그림 9. 17 CMP

■ 기능

S1과 S2의 대소를 비교하여 그 결과를 표 9.4의 6개 특수 릴레이의 해당 플래그를 셋(Set)한다.

표 9.4 비교명령 플래그

플래그	F120(_LT)	F121(_LTE)	F122(_EQU)	F123(_GT)	F124(_GTE)	F125(_NEQ)
셋(Set)기준	<	≤	=	>	≥	≠
S1 > S2	0	0	0	1	1	1
S1 < S2	1	1	0	0	0	1
S1=S2	0	1	1	0	1	0

예제 9.10

D00010, D00020의 수치의 대소에 따라 입력신호 P00000이 ON되면 전자가 후자의 값보다 작으면 F00120, 크면 F00123, 같으면 F00122플래그가 셋되어 각각 램프1, 램프2, 램프3이 ON되는 프로그램을 설계하여라.

변수목록

	변수	타입 ▲	디바이스	사용 유무	설명문
1	스위치	BIT	P00000	☑	
2	램프1	BIT	P00020	☑	
3	램프2	BIT	P00021	☑	
4	램프3	BIT	P00022	☑	

• 프로그램

그림 9.18

(계속)

• 프로그램 모니터링

그림 9. 18a

D00010>D00020이므로 S1>S2의 경우로서 F00123플래그가 셋되어 그에 해당하는 램프2가 ON됨을 나타낸다.

(2) 입력단 비교명령

1) LOAD X, LOADD X

□□□□ 는 LOAD(D) X 를 나타냄

기호	설 명	데이터 타입
S1	S2와 비교하게 되는 데이터나 데이터 주소	INT/DINT
S2	S1과 비교하게 되는 데이터나 데이터 주소	INT/DINT

그림 9. 19 Load

■ 기능

① LOAD X(=, >, <, >=, <=, < >)

S1과 S2를 비교하여 X조건과 일치하면 현재의 연산결과를 ON하며(표 9.5 참조), 이외의 연산결과는 OFF된다. 이때 S1과 S2의 비교는 Signed연산으로 실행하며, h8000(−32,768)~hFFFF(−1) < 0~h7FFF(32,767)의 결과가 된다.

표 9.5 Load조건

X 조건	조 건	연산결과
=	S1=S2	ON
<=	S1≤S2	ON
>=	S1≥S2	ON
< >	S1≠S2	ON
<	S1<S2	ON
>	S1>S2	ON

② LOADD X(D=, D>, D<, D>=, D<=, D< >)

S1과 S2를 비교하여 X조건과 일치하면 현재의 연산결과를 ON하며, 이외의 연산결과는 OFF된다. S1과 S2의 비교는 Signed연산으로 실행하며, h80000000(−2,147,483,648)~hFFFFFFFF(−1) < 0~h7FFFFFFF(2,147,483,647)와 같은 결과가 된다.

예제 9.11

D00010, D00020의 데이터가 변하는 경우 비교입력신호가 ON되어 전자가 후자보다 작으면 램프1, 같은 값이면 램프2, 크면 램프3의 출력신호가 나오는 프로그램을 설계하여라.

변수목록

	변수	타입 ▲	디바이스	사용 유무	설명문
1	램프1	BIT	P00030	☑	
2	램프2	BIT	P00031	☑	
3	램프3	BIT	P00032	☑	
4	입력값1	WORD	P0001	☑	
5	입력값2	WORD	P0002	☑	

• 프로그램

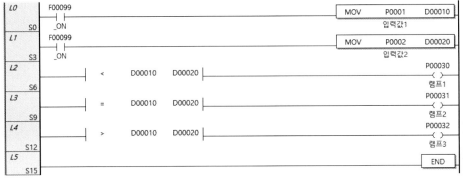

그림 9.20

(계속)

• 프로그램 모니터링

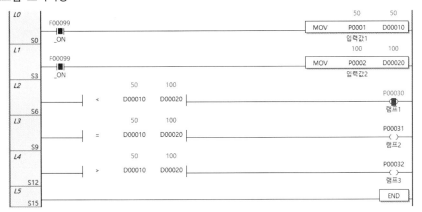

그림 9.20a

D00010=1000000, D00020=2000000의 데이터가 변하는 경우 비교입력신호가 ON되어 전자가 후
자보다 작으면 램프1, 같으면 램프2, 크면 램프3의 출력신호가 나오는 프로그램을 설계하여라.

변수목록

	변수	타입 ▲	디바이스	사용 유무	설명문
1	램프1	BIT	P00010	✔	
2	램프2	BIT	P00020	✔	
3	램프3	BIT	P00030	✔	

• 프로그램 및 모니터링

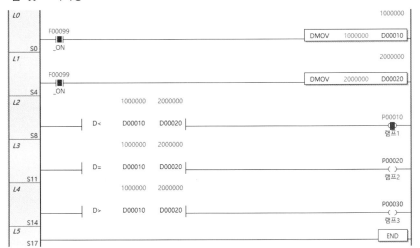

그림 9.21

2) LOAD3 X, LOADD3 X

LOAD(D)3 X

`[▭]`는 LOAD(D)3 X 를 나타냄

기호	설 명	데이터 타입
S1	비교할 데이터 혹은 비교할 데이터를 지정하는 디바이스 번호	INT
S2	비교할 데이터 혹은 비교할 데이터를 지정하는 디바이스 번호	INT
S3	비교할 데이터 혹은 비교할 데이터를 지정하는 디바이스 번호	INT

그림 9.22 **Load3**

■ 기능

① LOAD3 X(=3, >3, <3, >=3, <=3, <>3)

비교 데이터로 지정된 S1, S2, S3으로 지정된 3개의 워드 데이터를 X조건으로 비교하여 조건과 일치하면 ON, 불일치하면 OFF되어 새로운 연산결과로 취한다.

크기 비교를 하는 조건일 경우 S1, S2, S3 순서대로 조건을 만족할 때 연산결과를 ON하며, 조건 <>일 경우에는 S1, S2, S3 모두 다를 때 연산결과를 ON한다. 즉, S1≠S2, S2≠S3이고, S1=S3이면 연산 결과는 OFF이다.

S1과 S2의 비교는 Signed 연산으로 실행하므로 h8000(−32,768)~hFFFF(−1) < 0~h7FFF (32,767)와 같은 결과를 취하게 된다.

② LOADD3 X(D=3, D>3, D<3, D>=3, D<=3, D<>3)

- 비교 데이터로 지정된 (S1+1, S1), (S2+1, S2), (S3+1, S3)로 지정된 3개의 더블워드 데이터를 X조건으로 비교하여 조건과 일치하면 ON, 불일치하면 OFF되어 새로운 연산 결과로 취한다.

- 크기 비교를 하는 조건일 경우, (S1+1, S1), (S2+1, S2), (S3+1, S3) 순서대로 조건을 만족할 때 연산결과를 ON하며, 조건 <>일 경우 S1, S2, S3 모두 다를 경우 연산결과를 ON한다. 즉, (S1+1, S1)≠(S2+1, S2), (S2+1, S2)≠(S3+1, S3)이고, (S1+1, S1) =(S3 +1, S3)이면 연산결과는 OFF이다.

- S1과 S2의 비교는 Signed연산으로 실행하므로 h80000000(−2,147,483,648)~hFFFFFFFF (−1) < 0~h7FFFFFFF(2,147,483,647)와 같은 결과를 취하게 된다.

입력신호 P00000이 ON되고 D00010=100, D00020=100, D00030=100이 되어 3개의 워드 데이터가 모두 동일함으로써 비교입력신호가 ON되면 P0020에 7080을 저장하는 프로그램을 설계하여라.

변수목록

	변수	타입 ▲	디바이스	사용 유무	설명문
1	스위치	BIT	P00000	☑	
2	표시기	WORD	P0020	☑	

• 프로그램 및 모니터링

그림 9.23

9.5 증감 명령어

(1) INC(Increment) : 증가

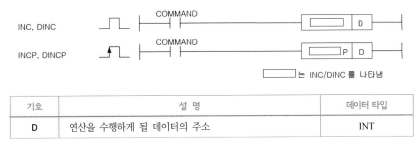

기호	설 명	데이터 타입
D	연산을 수행하게 될 데이터의 주소	INT

그림 9.24 INC(Increament)

■ 기능

1) INC(Increment)

D에 1을 더한 결과를 다시 D에 저장하며, Signed연산을 수행한다.

2) DINC(Double Increment)

D, D+1의 값에 1을 더한 결과를 다시 D, D+1에 저장한다.

입력신호 P00000를 터치하여 D00010에 1234를 저장한 후, 스위치 P00001을 누를 때마다 D00010에 1씩 증가되는 프로그램을 설계하여라.

변수목록

	변수	타입 ▲	디바이스	사용 유무	설명문
1	입력스위치	BIT	P00000	☑	
2	증가스위치	BIT	P00001	☑	

• 프로그램

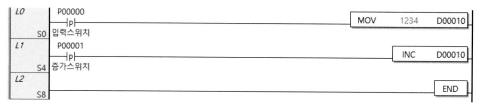

그림 9.25

• 프로그램 실행 모니터링

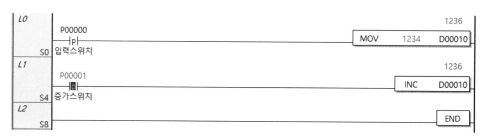

그림 9.25a

작동원리

P00000스위치를 터치하면 1234의 데이터가 D00010에 저장되고, 그 후 P00001스위치를 누를 때마다 D00010의 데이터는 1씩 증가한다.

(2) DEC(Decrement)

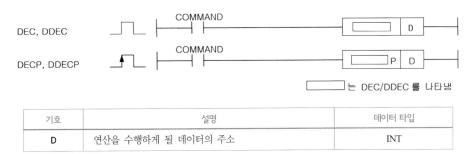

기호	설명	데이터 타입
D	연산을 수행하게 될 데이터의 주소	INT

그림 9.26 DEC(Decrement)

■ 기능

1) DEC(Decrement)

D에서 1을 뺀 결과를 다시 D에 저장하며, D는 Signed int의 값으로 처리된다.

2) DDEC(Double Decrement)

D+1, D에서 1을 뺀 결과를 다시 D+1, D에 저장한다.

예제 9.15

입력신호 P00000를 터치하여 D00010에 4325를 저장한 후, 스위치 P00001을 누를 때마다 D00010의 값이 1씩 감소하는 프로그램을 설계하여라.

변수목록

	변수	타입 ▲	디바이스	사용 유무	설명문
1	입력스위치	BIT	P00000	☑	
2	감소스위치	BIT	P00001	☑	

• 프로그램

그림 9.27

(계속)

• 프로그램 실행 모니터링

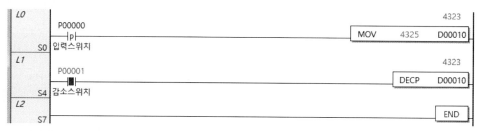

그림 9.27a

[작동원리]

   입력스위치를 터치하여 4325데이터를 D00010 워드에 저장한 후 감소스위치를 ON할 때마다 그 데이터는 1씩 감소한다.

9.6 회전 명령어

(1) ROL(Rotate Left)

기호	설명	데이터 타입
D	연산을 수행하게 될 데이터의 주소	WORD/DWORD
n	좌측으로 회전시킬 비트수	WORD

그림 9.28 ROL(Rotate Left)

■ 기능

1) ROL(Rotate Left)

   D의 16비트를 지정된 비트수(n) 만큼 좌측으로 비트 회전하며, 최상위 비트는 캐리플래그(F00112)와 최하위 비트로 회전한다(1워드 내에서 회전).

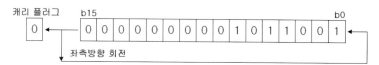

2) DROL(Double Rotate Left)

D와 D+1의 32비트 데이터를 좌측으로 캐리 플래그를 포함하지 않고, n 비트 회전한다.

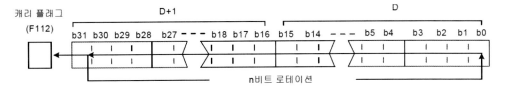

예제 9.16

P0001에 h5678을 저장시키고 입력신호 P00000이 ON하면 4비트 좌회전시키는 프로그램을 작성하여라.

• 프로그램

그림 9.29

• 프로그램 실행 모니터링

그림 9.29a

예제 9.16a

프로그램을 Run시키면 P0001의 0번 비트에 LED가 ON되며, 스위치 P00000을 ON하면 1초 간격으로 좌측으로 1비트씩 회전해가는 프로그램을 설계하여라.

(계속)

• 프로그램

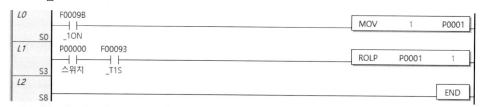

그림 9.30

• 프로그램 및 시스템 모니터링

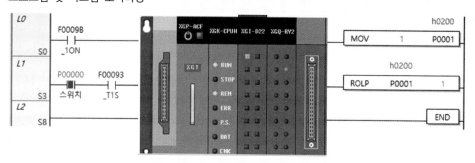

그림 9.30a

프로그램 모니터링 화면에서 P0001워드상에 LED가 현재 h0200에 위치하고 있다.

(2) ROR(Rotate Right)

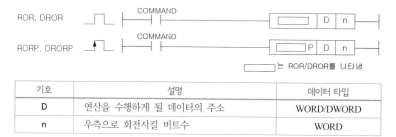

기호	설명	데이터 타입
D	연산을 수행하게 될 데이터의 주소	WORD/DWORD
n	우측으로 회전시킬 비트수	WORD

그림 9.31 ROR(Rotate Right)

■ 기능

1) ROR(Rotate Right)

D의 16개 비트를 지정된 n개의 비트수만큼 우측으로 비트 회전하며, 최하위 비트는 캐리 플래그(F00112)와 최상위 비트로 회전한다(1워드 내에서 회전).

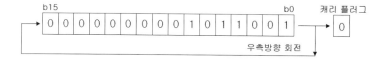

2) DROR(Double Rotate Right)

D와 D+1의 32bit 데이터를 우측으로 캐리 플래그를 포함하지 않고 n 비트 회전한다.

P00010=h5678의 경우 입력신호 P00000이 ON하면 4비트 우회전시키는 프로그램을 작성하여라.

• 프로그램

그림 9.32

• 프로그램 실행 모니터링

그림 9.32a

(3) RCL(Rotate Left with Carry)

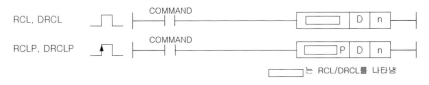

기호	설명	데이터 타입
D	연산을 수행하게 될 데이터의 주소	WORD/DWORD
n	좌측으로 회전시킬 비트 수	WORD

그림 9.33 RCL

■ 기능

1) RCL (Rotate Left with Carry)

워드 데이터 D의 각 비트를 n번씩 좌측으로 비트 회전시키며, 최상위 비트 데이터는 캐리 플래그(F00112)로 이동하고 원래의 캐리 플래그(F112)는 최하위 비트로 이동한다(1워드 내에서 회전).

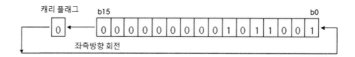

2) DRCL (Double Rotate Left with Carry)

D와 D+1의 32bit 데이터를 좌측으로 캐리 플래그를 포함하여 n 비트 회전한다.

n비트 로테이션

예제 9.18

P00010=hF000의 경우 P0002에 저장시키고 입력신호 P00000이 ON하면 RCL명령에 의하여 4
비트 좌회전시켜 P0002에 저장시키는 프로그램을 작성하여 작동하여라.

• 프로그램

그림 9.34

• 프로그램 실행 모니터링 및 시스템 모니터링

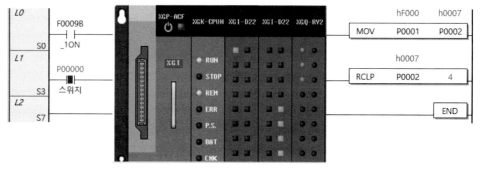

그림 9.34a

(계속)

첫 스캔에 P0002에 hF000에 해당하는 4개의 비트 LED가 ON되어 있는 상태에서, 스위치를 ON하면 4비트씩 좌회전하여 그중 최하위 비트는 캐리플래그로 이동하여 3개의 비트만 P0002에 데이터가 이동하였다.

(4) RCR(Rotate Right with Carry)

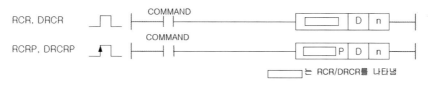

기호	설 명	데이터 타입
D	연산을 수행하게 될 데이터의 주소	WORD/DWORD
n	우측으로 회전시킬 비트수	WORD

그림 9.35 RCR

■ 기능

1) RCR(Rotate Right with Carry)

워드 데이터 D의 각 비트를 n번씩 우측으로 비트 회전시키며, 최하위 비트 데이터는 캐리 플래그(F112)로 이동하고, 원래의 캐리 플래그(F112)는 최상위 비트로 이동한다(1워드 내에서 회전).

2) DRCR(Double Rotate Right with Carry)

D와 D+1의 32bit 데이터를 우측으로 캐리플래그를 포함해서 n 비트 회전한다.

h000F를 P00010에 저장하고 입력신호 P00000이 ON하면 RCR명령에 의해 4비트 우회전시키는 프로그램을 작성하여 작동하여라.

(계속)

• 프로그램

그림 9.36

• 프로그램 실행 모니터링 및 시스템 모니터링

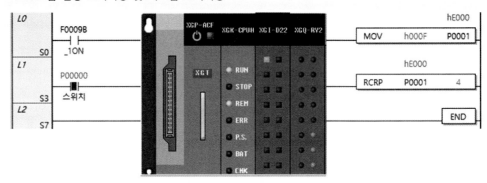

그림 9.36a

작동원리

첫 스캔에서 P0001에 h000F를 저장시키고 스위치를 ON하면 4비트씩 우측으로 회전하는데, 최하위 비트가 캐리 플래그로 이동하여 3개의 비트 LED가 P0001 워드에 표시된다.

9.7 이동 명령어

(1) BSFT(Bit Shift)

기호	설 명	데이터 타입
St	BSFT연산의 시작 비트	BIT
Ed	BSFT연산의 끝 비트	BIT

그림 9.37 BSFT

■ 기능

BSFT는 시작 비트(St)로부터 끝 비트(Ed) 방향으로 비트 데이터를 각각 1비트씩 이동하며, 이동방향은 St < Ed의 경우는 왼쪽, St > Ed의 경우는 오른쪽으로 이동한다.

예제 9.20

P0002에 h0008을 저장시키고 스위치 P00000을 누를 때마다 P0002F까지 좌측으로 비트가 이동하는 프로그램을 설계하여라.

• 프로그램 초기상태

그림 9.38

• 프로그램 실행 모니터링 및 시스템 모니터링

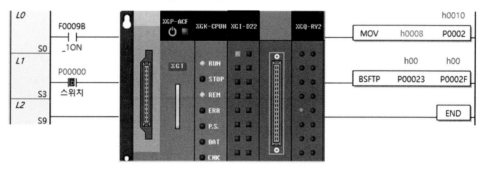

그림 9.38a

작동원리

프로그램을 작동시키면 h0008을 P0002에 저장시키므로 2번 모듈(P0002)의 3번 비트(P00023)에 LED가 ON상태이다. P0002F가 P00023보다 크므로 다음에 P00000스위치를 누를 때마다 LED는 3번 비트로부터 왼쪽으로 1비트씩 15번 비트까지 이동해 간다. 이때 최초에 P00023에 LED가 ON상태이므로 P00023에는 h01로 ON상태를 나타내지만 비트가 이동하면 P00024부터 P0002E까지는 h00을 나타내고, P0002F로 비트가 이동하여 LED가 ON상태일 때 h01로 표시된다. 그러나 P0002에는 h0008부터 h0010, h0020 … h8000까지 차례로 표시된다.

(2) BSFL(Bit Shift Left), BSFR(Bit Shift Right)

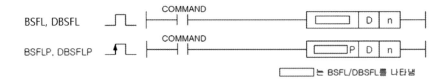

기호	설명	데이터 타입
D	비트 이동을 하고자 하는 디바이스 번호	WORD/DWORD
n	워드 데이터 D를 왼쪽으로 bit shift 할 회수	WORD

플래그 셋(Set)	플래그	내용	디바이스 번호
	캐리	마지막으로 버려진 비트에 따라 캐리 플래그를 On/Off한다.	F112

그림 9. 39 BSFL, BSFR

■ 기능

1) BSFL(Bit Shift Left)

D의 워드 데이터의 각 비트들을 왼쪽으로 n번 bit이동한다.

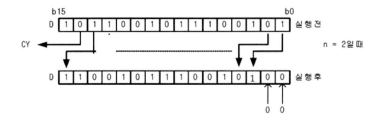

2) DBSFL (Double Bit Shift Left)

D+1, D의 더블워드 데이터의 각 비트들을 왼쪽으로 n번 bit이동한다.

3) BSFR(Bit Shift Right)

D의 워드 데이터의 각 비트들을 오른쪽으로 n번 bit이동한다(그림 9.39에 준함).

4) DBSFR(Double Bit Shift Right)

D+1, D의 더블워드 데이터의 각 비트들을 오른쪽으로 n번 bit이동한다(그림 9.39에 준함).

예제 9.21

P0001에 h000F를 저장시키고 입력신호 P00000이 ON하면 8비트 좌측으로 이동하는 프로그램을 작성하여라.

• 프로그램

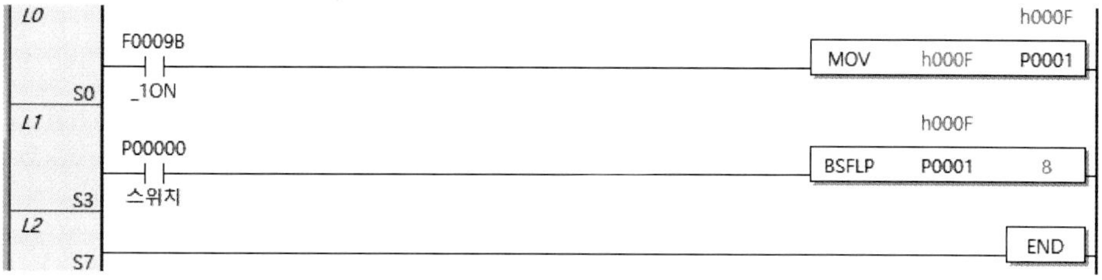

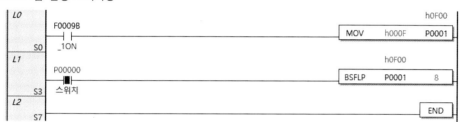

그림 9.40

• 프로그램 실행 모니터링

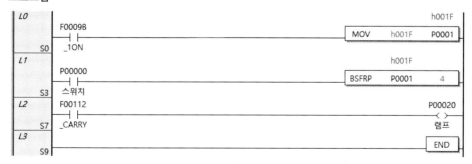

그림 9.40a

예제 9.22

P0001에 h001F를 저장시키고, 입력신호 P00000이 ON되면 우측으로 4회 비트이동 후 P0001에 h0001을 저장하고 캐리 플래그가 셋되는 프로그램을 설계하여라.

• 프로그램

그림 9.41

(계속)

• 시스템 초기상태 모니터링

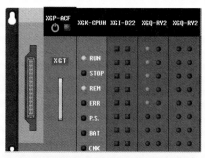

그림 9.41a

• 프로그램 실행 모니터링 및 시스템 모니터링

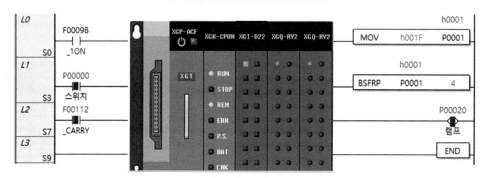

그림 9.41b

마지막으로 버려진 비트가 1이므로 캐리 플래그(F00112)가 셋되어 램프가 ON됨을 볼 수 있다.

(3) SR 이동명령

기호	설 명	데이터 타입
Db	비트 단위로 이동 할 영역의 시작비트	BIT
I	비트 단위로 이동 할 입력 데이터	BIT
D	비트 단위로 이동 할 이동방향	BIT
N	비트 이동 할 개수	WORD

그림 9.42 SR

■ 기능

SR 명령의 실행조건인 입력신호가 ON될 때마다 shift 시작비트 Db로부터 N개만큼의 데이터를 이동한다. 이때 D에 설정된 입력방향 설정비트가 ON이면 우측이동, OFF이면 좌측이동한다. 좌측이동의 경우는 시작비트로부터 좌측으로 데이터가 이동하면서 이동해온 N개의 비트 데이터가 ON상태를 유지한다. 우측이동의 경우는 Db로부터 N비트 수만큼 좌측으로 이동하고 나서 스위치를 ON/OFF시킴에 따라 우측으로(Db방향) N개의 비트 데이터가 이동하면서 이동해온 N개의 비트 데이터가 ON상태를 유지한다.

데이터 이동에 의해 비워진 비트는 I로 설정된 입력데이터 비트의 값으로 채워진다.

예제 9.23

다음의 비트이동 프로그램의 작동원리를 설명하여라.

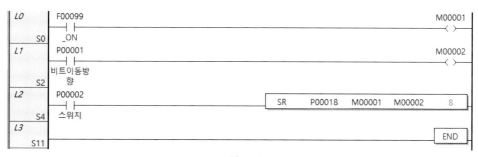

그림 9.43

• 프로그램 실행 모니터링

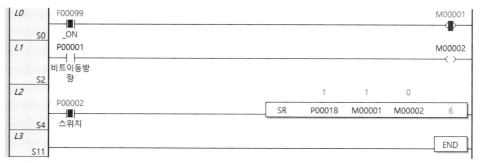

그림 9.43a

(계속)

• 시스템 모니터링

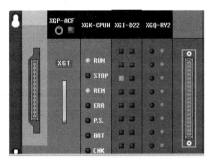

그림 9.43b

[작동원리]

　프로그램을 가동하면 M00001이 ON되어 스위치를 ON할 때마다 이동하는 비트는 1로 채워지는 의미이며, 처음에 스위치(P00002)를 ON하면 P00018(P0001워드의 8번 비트 위치)에 LED가 ON되고, 이동방향은 M00002가 OFF상태이므로 좌측방향이다. 8회에 걸쳐 스위치(P00002)를 ON/OFF하여 모두 비트가 채워지면 그 후 스위치를 ON해도 더 이상의 변화가 일어나지 않는다.

　만일 P00001을 ON시켜 M00002를 ON시키면 처음 P00018의 위치에서 스위치를 ON했을 때 P0001F위치(8개 bit만큼 좌측으로 이동한 위치)로 LED가 이동한 후 스위치(P00002)를 ON/OFF시킴에 따라 우측으로 비트가 P00018위치까지 이동하여 채워진다.

9.8 BIN 사칙연산 명령어

정수의 덧셈, 뺄셈, 곱셈, 나눗셈 계산을 한다.

(1) ADD(Signed Binary Addition) : 덧셈

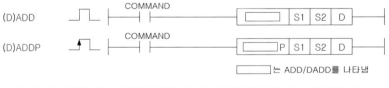

기호	설 명	데이터 타입
S1	S2와 덧셈연산을 실행할 데이터	INT/DINT
S2	S1과 덧셈연산을 실행할 데이터	INT/DINT
D	연산결과를 저장할 주소	INT/DINT

그림 9.44 ADD

■기능

1) ADD(Signed Binary Addition)

워드데이터 S1과 S2를 더한 후 결과를 D에 저장하며, 이때 Signed연산을 실행한다. 연산결과가 32,767(h7FFF)를 초과하거나 −32,768(h8000) 미만일 때 캐리 플래그는 셋(Set)되지 않는다.

2) DADD(Signed Binary Double Addition)

더블워드 데이터 (S1 + 1, S1)과 (S2 + 1, S2)를 더한 후 결과를 (D + 1, D)에 저장하며, 이때 Signed연산을 실행한다. 연산결과가 2,147,483,647(h7FFFFFFF)를 초과하거나 −2,147,483,648 (h80000000) 미만일 때 캐리플래그는 셋(Set)되지 않는다.

예제 9.24

D00010 디바이스와 D00030 디바이스에 임의의 정수를 저장하여 덧셈을 하는 프로그램을 작성하여라.

• 프로그램

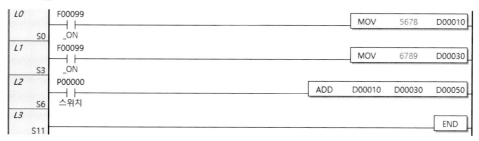

그림 9.45

• 프로그램 실행 모니터링

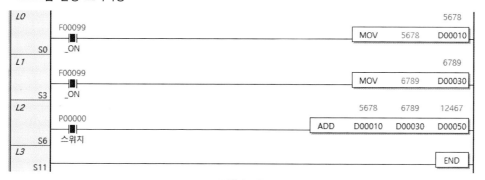

그림 9.45a

두 정수를 더하는 프로그램을 작성하여라.

• 프로그램

그림 9.46

• 프로그램 실행 모니터링

그림 9.46a

(2) SUB(Signed Binary Subtract) : 뺄셈

기호	설명	데이터 타입
S1	S2와 뺄셈연산을 실행할 데이터	INT/DINT
S2	S1과 뺄셈연산을 실행할 데이터	INT/DINT
D	연산결과를 저장할 주소	INT/DINT

그림 9.47 SUB

■ 기능

1) SUB(Signed Binary Subtract)

워드데이터 S1에서 S2를 감산 후 결과를 D(16bit)에 저장하며, 이때 Signed연산을 실행한다. 연산결과가 32,767(h7FFF)을 초과하거나 −32,768(h8000) 미만일 때 캐리 플래그는 셋(Set)되지 않는다.

2) DSUB(Signed Binary Double Subtract)

워드데이터 (S1 + 1, S1)에서 (S2 + 1, S2)를 감산 후 결과를 (D + 1, D)에 저장하며, 이때 Signed연산을 실행한다. 연산결과가 2,147,483,647(h7FFFFFFF)를 초과하거나 −2,147,483,648 (h80000000) 미만일 때 캐리 플래그는 셋(Set)되지 않는다.

예제 9.26

두 정수를 입력하여 뺄셈을 하는 프로그램을 작성하여라.

• 프로그램

그림 9.48

• 프로그램 실행 모니터링

그림 9.48a

(3) MUL(Signed Binary Multiply) : 곱셈

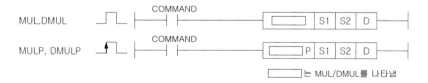

기호	설명	데이터 타입
S1	S2와 곱셈연산을 실행할 데이터	INT/DINT
S2	S1과 곱셈연산을 실행할 데이터	INT/DINT
D	연산결과를 저장할 주소	DINT/LDINT

그림 9.49 MUL

■ 기능

1) MUL(Signed Binary Multiply)

워드데이터 S1과 S2를 곱한 후 결과를 (D+1, D)(32bit)에 저장하며, 이때 Signed연산을 실행한다.

2) DMUL(Signed Binary Double Multiply)

더블 워드데이터 (S1+1, S1)과 (S2+1, S2)를 곱한 후 결과를 (D+3, D+2, D+1, D)(64bit)에 저장하며, 이때 Signed연산을 실행한다.

예제 9.27

두 정수를 곱하여 결과를 구하는 프로그램을 작성하여라.

• 프로그램

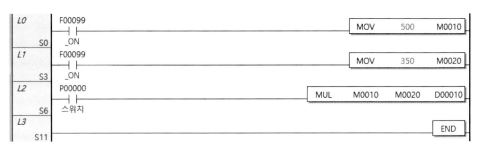

그림 9.50

• 프로그램 실행 모니터링

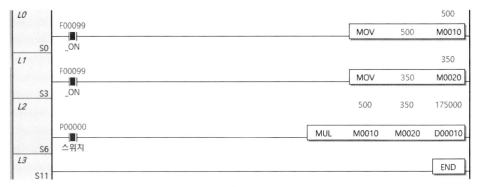

그림 9.50a

(4) DIV(Signed Bianry Divide) : 나눗셈

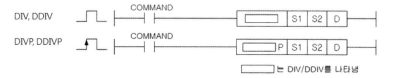

기호	설명	데이터 타입
S1	S2와 나눗셈 연산을 실행할 데이터	INT/DINT
S2	S1과 나눗셈 연산을 실행할 데이터	INT/DINT
D	연산결과를 저장할 주소	DINT/LDINT

그림 9.51 DIV

■ 기능

1) DIV(Signed Binary Divide)

워드데이터 S1을 S2로 나눈 후 몫을 D(16bit)에, 나머지를 D + 1에 저장한다. 이때 signed 연산을 실행한다.

2) DDIV(Signed Binary Double Divide)

(S1 + 1, S1)을 (S2 + 1, S2)로 나눈 후 몫을 (D + 1, D)에, 나머지를 (D + 3, D + 2)에 저장하며, 이때 Signed연산을 실행한다.

예제 9.28

P0001=507을 P0002=10으로 나누어 몫은 P0003에, 나머지는 P0004에 저장하는 프로그램을 작성하여라.

• 프로그램

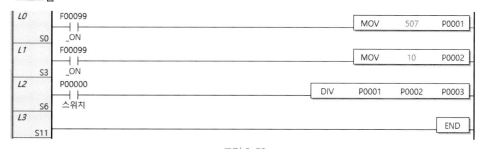

그림 9.52

(계속)

• 프로그램 실행 모니터링

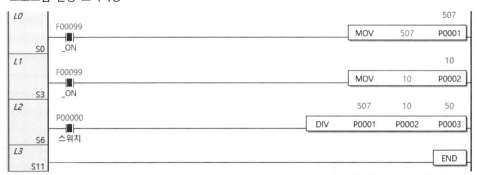

그림 9.52a

• 디바이스 모니터링

	0	1	2	3	4	5	6	7	8	9
P0000	0001	01FB	000A	0032	0007	0000	0000	0000	0000	0000
P0010	0000	0000	0000	0000	0000	0000	0000	0000	0000	0000
P0020	0000	0000	0000	0000	0000	0000	0000	0000	0000	0000
P0030	0000	0000	0000	0000	0000	0000	0000	0000	0000	0000

그림 9.52b

[작동원리]

그림 9.52b에서 몫이 P0003에 h32(0032)로서 50(3×16＋2)이고, 나머지는 P0004에 h7(0007)로서 7이 저장되어 있음을 볼 수 있다.

9.9 BCD 사칙연산 명령어

(1) ADDB(BCD ADD)

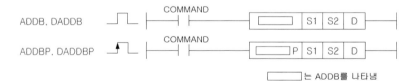

는 ADDB를 나타냄

기호	설명	데이터 타입
S1	S2와 BCD덧셈을 실행할 데이터	WORD/DWORD
S2	S1과 BCD덧셈을 실행할 데이터	WORD/DWORD
D	연산결과를 저장할 주소	WORD/DWORD

그림 9.53 ADDB

■ 기능

1) ADDB(BCD ADD)

BCD 데이터 S1, S2를 서로 더하여 그 결과를 D에 저장한다. 여기서 연산결과에 따라 에러(F00110 : S1과 S2의 데이터가 BCD형식이 아닌 경우), 제로(F00111 : 연산결과가 0인 경우), 캐리(F00112 : 연산결과가 오버플로우인 경우) 플래그를 셋(Set)한다.

2) DADDB(BCD Double ADD)

BCD 데이터 (S1 + 1, S1), (S2 + 1, S2)를 서로 더하여 그 결과를 (D + 1, D)에 저장한다. S1과 S2에 0~99,999,999(BCD 8자리)를 지정할 수 있으며, 99,999,999를 초과한 경우 자리올림은 무시되고 캐리 플래그는 셋(Set)된다.

예제 9.29

BCD 데이터 P0001=h14, P0002=h28일 때 스위치를 ON하면 P0003에 결과가 저장되는 프로그램을 작성하여라.

• 프로그램

그림 9.54

• 프로그램 실행 모니터링

그림 9.54a

(계속)

• 시스템 모니터링

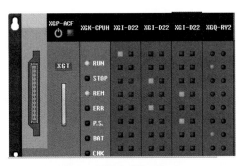

그림 9.54b

모니터 표시형식의 옵션을 16진수로 선택하여 BCD 데이터를 입력하고, 결과도 BCD 데이터로 출력하는 것이 편리하다. 만일 에러가 발생하면 F00110이 ON되어 M00000이 ON된다.

(2) SUBB(BCD SUBTRACT)

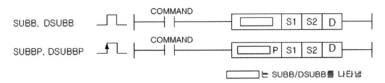

기호	설명	데이터 타입
S1	S2와 BCD뺄셈을 실행할 데이터	WORD/DWORD
S2	S1과 BCD뺄셈을 실행할 데이터	WORD/DWORD
D	연산결과를 저장할 주소	WORD/DWORD

그림 9.55 SSUB

■ 기능

1) SUBB(BCD Subtract)

BCD 데이터 S1에서 S2를 뺀 결과를 D에 저장한다. 연산결과에 따라 에러(F00110), 제로(F00111), 캐리(F00112) 플래그를 셋(Set)하며, 감산결과에서 언더플로우가 발생할 경우 캐리플래그가 셋(Set)된다.

2) DSUBB(BCD Double Subtract)

BCD 데이터 (S1 + 1, S1), (S2 + 1, S2)를 서로 빼서 그 결과를 (D + 1, D)에 저장한다. S1과 S2에 0~99,999,999(BCD 8자리)를 지정할 수 있으며, 감산결과에서 언더플로우가 발생할 경우 캐리플래그가 셋(Set)된다.

BCD 데이터 P0001=h200, P0002=h100일 때 스위치를 ON하면 P0003에 결과가 저장되는 프로그램을 작성하여라.

• 프로그램

그림 9.56

• 프로그램 모니터링

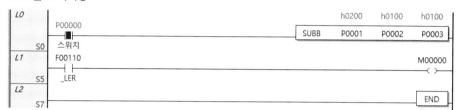

그림 9.56a

• 시스템 모니터링

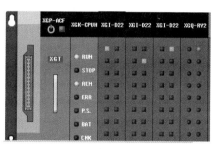

그림 9.56b

(3) MULB(BCD Multiply)

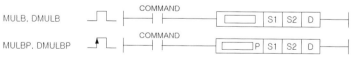

기호	설명	데이터 타입
S1	S2와 BCD곱셈을 실행할 데이터	WORD/DWORD
S2	S1과 BCD곱셈을 실행할 데이터	WORD/DWORD
D	연산결과를 저장할 주소	DWORD/LWORD

그림 9.57 MULB

271 │ 9.9 BCD 사칙연산 명령어

■ 기능

1) MULB(BCD Multiply)

BCD 데이터 S1과 S2를 곱한 결과를 (D + 1, D)에 저장한다. 연산결과에 따라 에러(F00110), 제로(F00111) 플래그를 셋(Set)한다.

2) DMULB(BCD Double Multiply)

BCD 데이터 (S1 + 1, S1)과 (S2 + 1, S2)를 곱한 결과를 (D + 3, D + 2, D + 1, D)에 저장하며, 연산결과에 따라 에러(F00110), 제로(F00111) 플래그를 셋(Set)한다.

예제 9.31

BCD 데이터 P0001=h100과 P0002=h250를 곱하여 스위치를 ON하면 P0003에 결과가 저장되는 프로그램을 작성하여라.

• 프로그램

그림 9.58

• 프로그램 모니터링

그림 9.58a

(계속)

• 시스템 모니터링

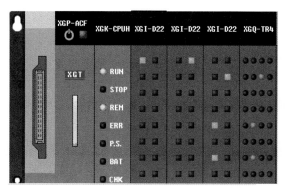

그림 9.58b

(4) DIVB(BCD Divide)

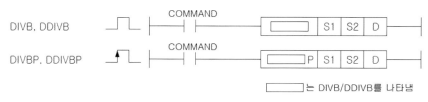

□□ 는 DIVB/DDIVB를 나타냄

기호	설명	데이터 타입
S1	S2와 BCD나눗셈을 실행할 데이터	WORD/DWORD
S2	S1과 BCD나눗셈을 실행할 데이터	WORD/DWORD
D	연산결과를 저장할 주소	WORD/DWORD

그림 9.59 DIVB

■ 기능

1) DIVB(BCD Divide)

BCD 데이터 S1을 S2로 나눈 몫을 D에 저장하며, 나머지는 D + 1 워드에 저장한다. 연산 결과에 따라 에러(F00110), 제로(F00111) 플래그를 셋(Set)한다.

2) DDIVB(BCD Double Divide)

BCD 데이터 (S1 + 1, S1)을 (S2 + 1, S2)로 나눈 몫을 (D + 1, D)에 저장하고, 나머지는 (D + 3, D + 2)에 저장한다. 연산결과에 따라 에러(F00110), 제로(F00111) 플래그를 셋(SET)한다.

BCD 데이터 P0001=h105를 P0002=h10으로 나누어 스위치를 ON하면 몫은 P0003에, 나머지는
P0004에 저장하는 프로그램을 작성하여라.

• 프로그램

그림 9.60

• 프로그램 모니터링

그림 9.60a

• 시스템 모니터링

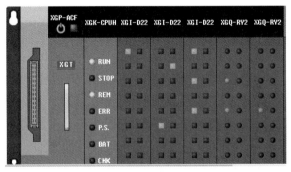

그림 9.60b

프로그램 모니터링 화면(그림 9.60a)에서 몫은 나타나지만 나머지를 확인할 수 없다. 그것은
시스템 모니터링 화면(그림 9.60b)에서 P0004 워드에 10으로 나타남을 볼 수 있다.

9.10 논리연산 명령어

논리연산명령에는 논리곱(AND), 논리합(OR), 배타적 논리합(XOR), 부정 배타적 논리합(XNR) 등이 있다. 그 내용 및 연산식과 예를 표 9.6에 요약하였다.

표 9.6 논리 연산의 종류

분류	처리 내용	연산식	예		
			A	B	Y
논리곱 (AND)	입력 A, B가 모두 1일 때에만 1로 되고, 그 이외는 0이 된다.	$Y = A \cdot B$	0	0	0
			0	1	0
			1	0	0
			1	1	1
논리합 (OR)	입력 A, B가 모두 0일 때에만 0으로 되고, 그 이외는 1이 된다.	$Y = A + B$	0	0	0
			0	1	1
			1	0	1
			1	1	1
배타적 논리합 (XOR)	입력 A와 B가 같을 때 0으로 되며, 다를 때는 1이 된다.	$Y = \overline{A} \cdot B + A \cdot \overline{B}$	0	0	0
			0	1	1
			1	0	1
			1	1	0
부정 배타적 논리합 (XNR)	입력 A와 B가 같을 때 1로 되며, 다를 때는 0이 된다.	$Y = (\overline{A} + B)(A + \overline{B})$	0	0	1
			0	1	0
			1	0	0
			1	1	1

각 명령어의 기본 형식은 다음과 같다.

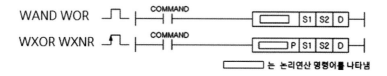

기호	설명	데이터 타입
S1	S2와 논리연산을 하게 되는 데이터	WORD/DWORD
S2	S1과 논리연산을 하게 되는 데이터	WORD/DWORD
D	논리연산의 결과를 저장할 주소	WORD/DWORD

그림 9.61 논리연산

■기능

(1) WAND(Word AND)

워드 데이터(16비트) S1과 S2의 각 비트를 서로 논리곱(AND)하여 결과를 D에 저장한다.

(2) WOR(Word OR)

워드 데이터 S1과 S2의 각 비트를 서로 논리합(OR)하여 그 결과를 D에 저장한다.

(3) WXOR(Word Exclusive OR)

워드 데이터 S1과 S2의 각 비트를 배타적 논리합(XOR)하여 그 결과를 D에 저장한다.

(4) WXNR(Word Exclusive NOR)

워드 데이터 S1과 S2의 각 비트를 부정 배타적 논리합(WXNR)하여 그 결과를 D에 저장한다.

예제 9.33

P0001 = h3333, P0002 = h5555의 경우 논리곱과 논리합의 결과를 각각 P0003과 P0004에 저장되는 프로그램을 작성하여라.

• 프로그램

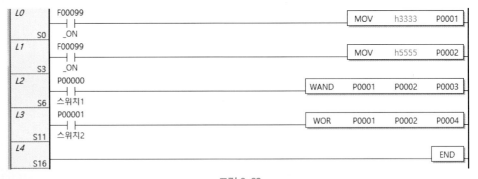

그림 9.62

(계속)

• 프로그램 실행 모니터링

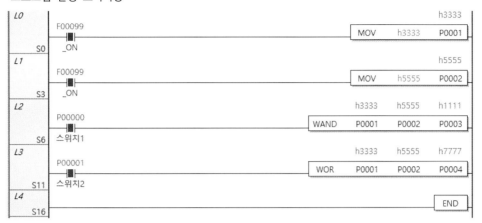

그림 9.62a

• 시스템 모니터링

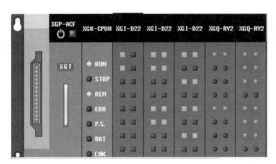

그림 9.62b

P0001 = h3333, P0002 = h5555의 경우 배타적 논리합과 부정 배타적 논리합의 결과를 각각 P0003과 P0004에 저장되는 프로그램을 작성하여라.

• 프로그램

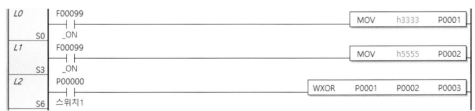

(계속)

(계속)

그림 9.63

• 프로그램 실행 모니터링

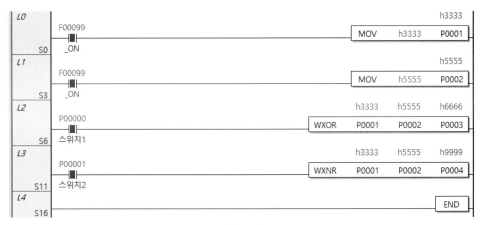

그림 9.63a

• 시스템 모니터링

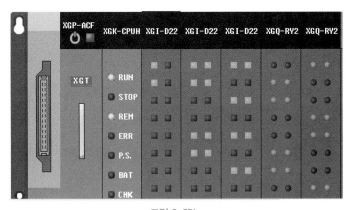

그림 9.63b

9.11 표시 명령어

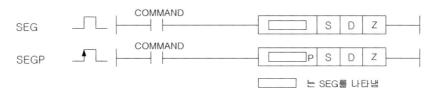

기호	설명	데이터 타입
S	7세그먼트로 디코드할 데이터가 저장되어 있는 주소	BIN 32
D	Decode한 데이터를 저장할 주소	BIN 32
Z	표시할 포맷	BIN 16

그림 9.64 SEG

■ 기능

(1) SEG(7 Segment)

Z에 설정된 포맷에 의해 S로부터 n개 숫자를 7세그먼트(표 9.7 참조)로 Decode하여 D에 저장한다. 여기서 n은 변환될 숫자의 개수를 의미하며, 4비트 단위이다. n이 0이면 변환하지 않는다.

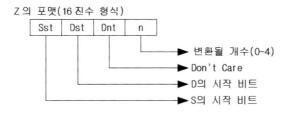

표 9.7 Segment의 구성

S1 16진수	S1 비트	7 Segment의 구성	b7	b6	b5	b4	b3	b2	b1	b0	표시 데이터
0	0000		0	0	1	1	1	1	1	1	0
1	0001		0	0	0	0	0	1	1	0	1
2	0010		0	1	0	1	1	0	1	1	2
3	0011		0	1	0	0	1	1	1	1	3
4	0100		0	1	1	0	0	1	1	0	4
5	0101		0	1	1	0	1	1	0	1	5
6	0110		0	1	1	1	1	1	0	1	6
7	0111		0	0	1	0	0	1	1	1	7

(계속)

S1		7 Segment의 구성	b7	b6	b5	b4	b3	b2	b1	b0	표시데이터
16진수	비트										
8	1000		0	1	1	1	1	1	1	1	8
9	1001		0	1	1	0	1	1	1	1	9
A	1010		0	1	1	1	0	1	1	1	A
B	1011		0	1	1	1	1	1	0	0	B
C	1100		0	0	1	1	1	0	0	1	C
D	1101		0	1	0	1	1	1	1	0	D
E	1110		0	1	1	1	1	0	0	1	E
F	1111		0	1	1	1	0	0	0	1	F

0 : h3F, 1 : h06, 2 : h5B, 3 : h4F, 4 : h66, 5 : h6D, 6 : h7D, 7 : h27,
8 : h7F, 9 : h6F, A : h77, B : h7C, C : h39, D : h5D, E : h79, F : h71

만일 4567을 D에 저장하려면 다음과 같이 되므로 D에서 읽혀지는 숫자는 h7D27이며, D + 1에서는 h666D이다.

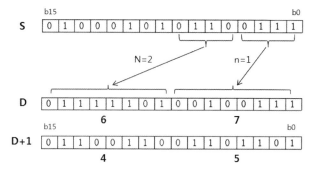

예제 9.35

7 segment 변환형식인 h0004에 의해 P0001의 0번 비트부터 4개의 숫자 h4567을 입력하여 P0002∼P0003까지 2워드 영역에 저장하여 4자리 숫자가 표시되는 프로그램을 작성하여라.

• 프로그램

그림 9.65

(계속)

• 프로그램 모니터링

그림 9.65a

• 시스템 모니터링

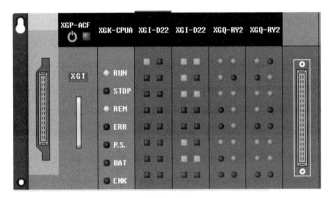

그림 9.65b

작동원리

P0002에는 67(h7D27)에 해당하는 출력이며, P0003에는 45(h666D)에 해당하는 출력이다.

9.12 데이터 처리 명령어

(1) ENCO(Encode)

기호	설명	데이터 타입
S	ENCO연산을 실행할 데이터 또는 주소	WORD
D	연산 결과를 저장할 주소	WORD
N	ENCO할 비트의 승수로 1~8까지 지정 가능	WORD

그림 9.66 ENCO

■ 기능

- S의 디바이스에 저장된 데이터의 유효 비트 2^N개(N = 4의 경우 16개) 중에서 최상위에 있는 1의 위치를 수치화(예: 12 : 1이 있는 최상위 비트가 13번째 비트인 경우임)하여 D로 지정한 디바이스에 16진수(12의 경우 : h000C)로 저장한다.
- S가 상수로 입력되면 N의 값이 4(검색 비트수 16)를 넘어가도 입력된 변수값 영역에서 인코딩되며, N = 0일 때에는 D의 내용은 변화하지 않는다.

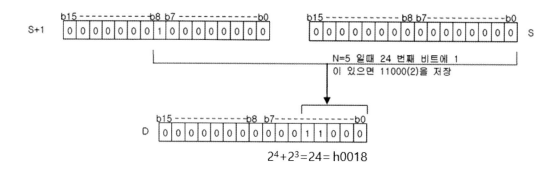

예제 9.36

ENCO 데이터 주소 P0001=h2345이며, ENCO할 비트의 승수는 4일 때 ENCO연산결과를 P0002에 저장하는 프로그램을 작성하여라.

- 프로그램

그림 9.67

- 프로그램 모니터링

그림 9.67a

(계속)

• 시스템 모니터링

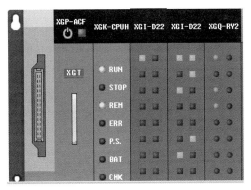

그림 9.67b

작동원리

h2345의 1이 있는 최상위 비트는 13번 비트이므로 h000D로서 나타나고 있다.

(2) DECO(Decode)

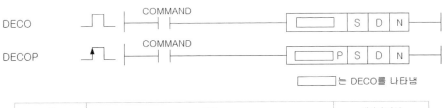

는 DECO를 나타냄

기호	설명	데이터 타입
S	DECO연산을 실행할 데이터 또는 주소	WORD
D	연산 결과를 저장할 주소	WORD
N	DECO할 비트의 승수	WORD

그림 9.68 DECO

■ 기능

• S로 지정된 디바이스에 저장된 데이터 중에서 하위 N개의 비트를 디코드하여 그 결과를 D로 지정한 디바이스부터 2^N개의 비트영역 내에 저장하고, 나머지 비트는 0으로 지운다(8비트를 256비트로 디코드).

• N은 1~8까지 지정 가능하며, N = 0일 때 기존 D의 내용은 변화하지 않는다.

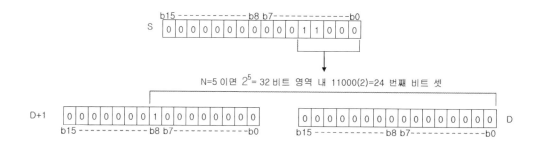

N=5 이면 2^5= 32 비트 영역 내 11000(2)=24 번째 비트 셋

예제 9.37

P0001=h1234, DECO할 비트승수는 h0005일 때 스위치를 누르면 P0002와 P0003에 저장되는 값을 구하는 프로그램을 작성하여라.

• 프로그램

그림 9.69

• 프로그램 모니터링

그림 9.69a

• 시스템 모니터링

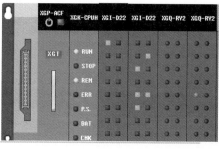

그림 9.69b

(계속)

P0001 = h1234의 하위 5개 비트는 10100이므로 h0014 = 20이다. 2^5 = 32비트에서 20번 비트는 P0002가 아닌 P0003에 위치하므로 P0002 = h0000, P0003 = h0010이 된다. 프로그램상(그림 9.69a)에는 P0002 = h0000만 나타나므로 시스템 모니터(그림 9.69b)에서 P0003 = h0010을 확인할 수 있다(즉, h00100000임).

(3) MAX(Maximum)

기호	설명	데이터 타입
S	MAX 연산을 시작할 데이터의 주소	INT/DINT
D	연산결과를 저장할 주소	INT/DINT
N	S로부터 MAX 연산을 실행할 워드 개수	WORD

그림 9.70 MAX(Maximum)

■ 기능

- 워드 데이터 S로부터 N개까지의 범위 내에서 최대값을 찾아 D에 저장한다.
- 대소비교는 Signed연산으로 하며, 연산결과가 0이면 제로 플래그(F00111)를 셋(Set)한다. N이 0인 경우 명령어는 실행하지 않는다.

(4) MIN(Minimum)

기호	설명	데이터 타입
S	MIN연산을 시작할 데이터의 주소	INT/DINT
D	연산결과를 저장할 주소	INT/DINT
N	S로부터 MIN연산을 실행할 워드 개수	WORD

그림 9.71 MIN(Minimum)

■ 기능
- 워드 데이터 S로부터 N개까지의 범위 내에서 최소값을 찾아 D에 저장한다.
- 대소비교는 Signed연산으로 하며, 연산결과가 0이면 제로 플래그(F00111)를 셋(Set)한다. N이 0인 경우 명령어는 실행하지 않는다.

예제 9.38

여러 개의 정수 데이터 중에서 최대값과 최소값을 검색하는 프로그램을 작성하여라.

• 프로그램

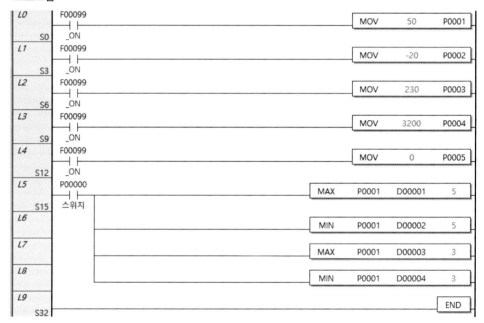

그림 9.72

• 프로그램 실행 모니터링

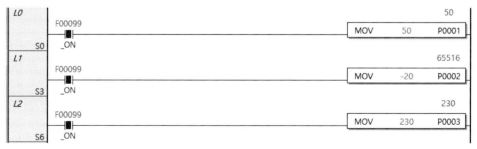

(계속)

(계속)

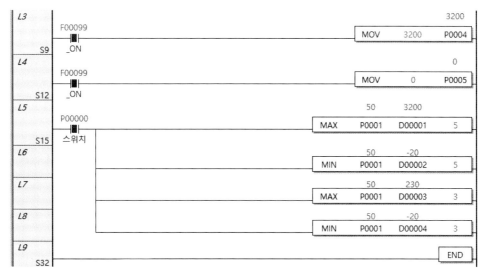

그림 9.72a

(5) SUM(WORD Summary)

는 (D)SUM을 나타냄

기호	설명	데이터 타입
S	SUM연산을 시작할 데이터의 주소	INT/DINT
D	연산결과를 저장할 주소	INT/DINT
N	S로부터 SUM연산을 실행할 워드 개수	WORD

그림 9.73 SUM

■ 기능

- 워드 데이터 S로부터 N개까지의 범위 내에서 데이터 합을 D에 저장한다. 덧셈 연산은 Signed연산으로 하며, 연산결과가 0이면 제로 플래그(F00111)를 셋(Set)한다.
- 연산도중 오버플로우가 발생하면 캐리 플래그(F00112)와 에러 플래그(F00110)를 셋(Set)한다. 그러나 오버플로우가 발생되어도 오버플로우를 무시하고 계산한 값을 결과에 저장한다. 따라서 원하지 않는 값이 결과에 저장될 수 있으므로 캐리 플래그를 반드시 확인해야 한다.
- N이 0이면 연산을 하지 않는다.

(6) AVE(WORD Average)

기호	설명	데이터 타입
S	AVE연산을 시작할 데이터의 주소	INT/DINT
D	AVE연산 결과를 저장할 주소	INT/DINT
N	S로부터 AVE연산을 실행할 워드 개수	INT/DINT

그림 9.74 AVE

■ 기능

• S로부터 N개의 워드 데이터를 모두 더한 후 N으로 나눈 결과값(평균)을 D에 저장하며,
워드 데이터 D에 저장되는 값은 INT형이다.

• 연산결과가 0이면 제로 플래그(F00111)를 셋(Set)한다.

• N개의 데이터 합이 N으로 나누어 떨어지지 않을 때 소수점 이하는 무시한다.

예제 9.39

여러 개의 정수 데이터를 합산과 평균을 내는 프로그램을 작성하여라.

• 프로그램

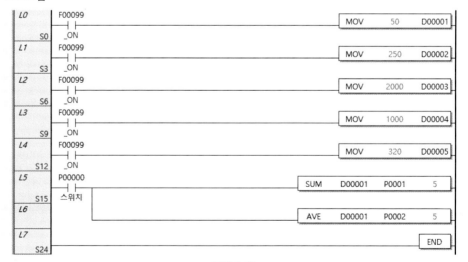

그림 9.75

(계속)

- 프로그램 실행 모니터링

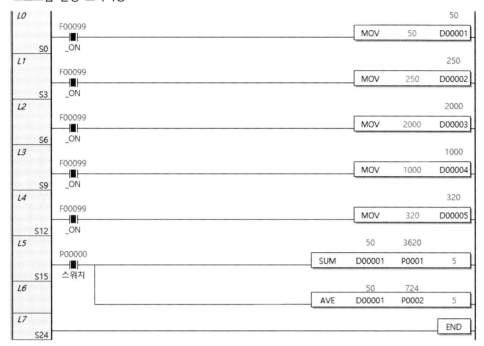

그림 9.75a

(7) MUX

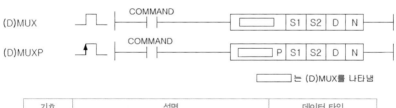

□□□□ 는 (D)MUX를 나타냄

기호	설명	데이터 타입
S1	선택할 위치(0 ~ N - 1)	WORD
S2	선택할 데이터의 선두 위치	WORD/DWORD
D	선택된 값이 저장될 영역	WORD/DWORD
N	선택할 데이터 범위	WORD

그림 9.76 MUX

■ 기능

S2부터 N개의 WORD 데이터 중에서 S1에 해당하는 데이터를 D에 전송한다.

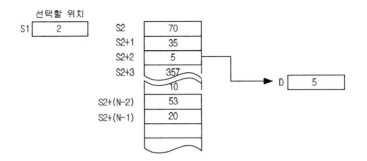

5개(D00000~D00004)의 데이터 중에서 P0001에 주어진 위치의 데이터를 D00010에 저장시키는 프로그램을 작성하여라.

• 프로그램

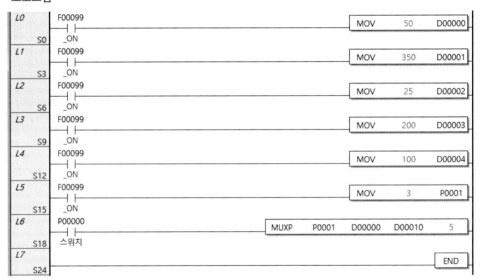

그림 9.77

• 프로그램 실행 모니터링

(계속)

(계속)

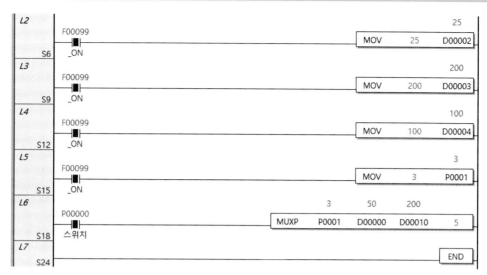

그림 9.77a

선택할 위치가 3이므로 D00000의 0번부터 3은 D00003이므로 D00003의 데이터 200을 D00010에 전송하는 결과이다.

(8) SORT

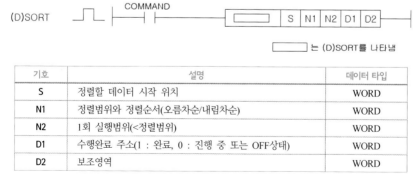

기호	설명	데이터 타입
S	정렬할 데이터 시작 위치	WORD
N1	정렬범위와 정렬순서(오름차순/내림차순)	WORD
N2	1회 실행범위(<정렬범위)	WORD
D1	수행완료 주소(1 : 완료, 0 : 진행 중 또는 OFF상태)	WORD
D2	보조영역	WORD

그림 9.78 SORT

■ 기능

• S부터 N1개의 BIN 16비트 데이터를 N1 + 1의 값에 따라 오름차순(0)/내림차순(1)으로 소트(정렬)한다.

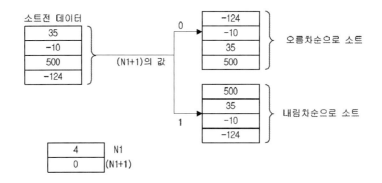

- SORT명령에 의한 소트는 몇 스캔이 필요하다. 실행완료까지의 스캔횟수는 소트 실행 완료까지의 최대 실행횟수를 N2로 지정된 1회의 실행에서 비교하는 데이터수로 나눈 값이 된다(소수점 이하는 내림이 된다). N2의 값을 크게 하면 소트 완료까지의 스캔횟수는 적어지지만, 스캔타임은 연장된다.
- N2가 0이면 명령을 실행하지 않는다.
- D1로 지정된 디바이스(완료 디바이스)는 SORT명령 실행을 완료하면 1을 저장한다. 소트 완료 후 입력접점(지령)을 OFF하면 D1로 지정된 디바이스의 값은 0으로 된다.

예제 9.41

P0010 = 2000, P0011 = 3000, P0012 = 1000, P0020 = 3(3개), P0021 = 1(내림차순), P0030 = 1(실행 횟수)인 경우 입력신호인 P00000이 Off → On 되면 정렬이 시작되고 정렬이 완료되면 수행 완료 주소인 P0040 = 1이 되고, P0010 = 3000, P0011 = 2000, P0012 = 1000과 같이 내림차순으로 저장되는 프로그램을 작성하여라.

- 프로그램

	0	1	2	3	4	5	6	7	8	9
P0000	0000	0000	0000	0000	0000	0000	0000	0000	0000	0000
P0010	2000	3000	1000	0000	0000	0000	0000	0000	0000	0000
P0020	0003	0001	0000	0000	0000	0000	0000	0000	0000	0000
P0030	0001	0000	0000	0000	0000	0000	0000	0000	0000	0000
P0040	0000	0000	0000	0000	0000	0000	0000	0000	0000	0000
P0050	0000	0000	0000	0000	0000	0000	0000	0000	0000	0000

그림 9.79

(계속)

• 프로그램 실행 모니터링

그림 9.79a

그림 9.79에는 프로그램에 각 데이터를 디바이스에서 입력하는 과정을 표시하였다. 프로그램을 실행하여 그 결과가 내림차순으로 변화된 것을 디바이스 모니터링 화면(그림 9.79a)에서 볼 수 있다.

9.13 특수함수 명령어

기호	설명	데이터 타입
S	Sine 연산의 각도 입력값(Radian)	LREAL
D	연산결과를 저장할 디바이스 번호	LREAL

그림 9.80 SIN

(1) SIN(Sine)

S로 지정된 영역의 데이터값을 Sine연산을 해서 D에 저장한다. 이때 S와 D의 데이터 타입은 배장형 실수이고, 내부연산은 배장형 실수로 변환해서 처리하며, 입력값은 라디안값이다.

(2) COS(Cosine)

S로 지정된 영역의 데이터값을 Cosine연산을 해서 D에 저장한다. 이때 S와 D의 데이터 타입은 배장형 실수이며, 입력값은 라디안값이다(그림 9.80에 준함).

(3) TAN(Tangent)

S로 지정된 영역의 데이터값을 Tangent연산을 해서 D에 저장한다. 이때 S와 D의 데이터 타입은 배장형 실수이며, 입력값은 라디안값이다(그림 9.80에 준함).

(4) RAD(Radian)

기호	설명	데이터 타입
S	각도 데이터	LREAL
D	Radian값으로 변환된 결과를 저장할 디바이스 번호	LREAL

그림 9.81 RAD

■ 기능

- S로 지정된 영역의 데이터인 각도(Degree)값을 라디안(Radian)값으로 변환하여 D에 저장한다. 이때 S와 D의 데이터 타입은 배장형 실수이다.
- 도 단위에서 라디안 단위로의 변환은 다음과 같다.

$$라디안 = 도\ 단위 \times \pi/180$$

(5) DEG(Degree)

기호	설명	데이터 타입
S	라디안 값	LREAL
D	연산결과를 저장할 디바이스 번호	LREAL

그림 9.82 DEG

■ 기능

- S로 지정된 영역의 데이터인 라디안값을 각도(Degree)로 변환해서 D에 저장한다. 이때 S와 D의 데이터 타입은 배장형 실수이다.
- 라디안 단위에서 각도 단위로의 변환은 다음과 같다.

$$각도 \ 단위 = 라디안 \times 180/\pi$$

예제 9.42

라디안값을 각도값으로 변환하고, 반대로 각도값을 라디안값으로 변환하는 프로그램을 작성하여라.

- 프로그램

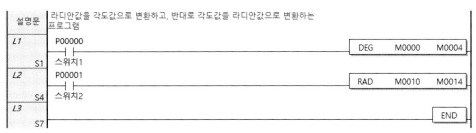

그림 9.83

- 프로그램 실행 모니터링

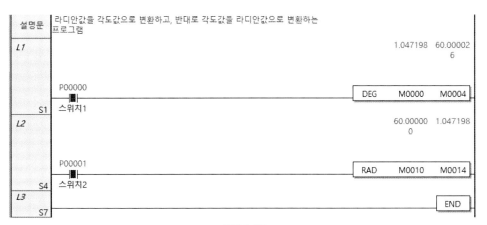

그림 9.84

60°의 Sine, Cosine, Tangent의 값을 구하는 프로그램을 작성하여라.

• 프로그램

그림 9.85

• 프로그램 실행 모니터링

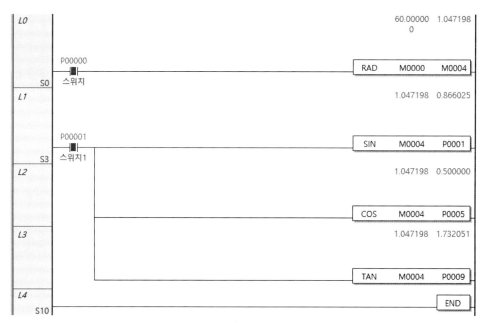

그림 9.85a

9.14 분기 명령어

(1) JMP, LABLE

기호	설명	데이터 타입
n	점프할 위치의 레이블(영문 : 16자, 한글 : 8자 사용가능)	STRING

그림 9.86 JMP

■ 기능

• JMP 명령의 입력접점이 ON되면 지정 레이블(LABEL) 이후로 Jump하며, JMP와 레이블 사이의 모든 명령은 처리되지 않는다.

• 레이블은 중복되게 사용할 수 없다. JMP는 중복 사용이 가능하다.

예제 9.44

다음 프로그램(그림 9.87)에서 점프명령을 실행한 경우와 실행하지 않은 경우의 차이를 설명하여라.

변수목록

	변수	타입 ▲	디바이스	사용 유무	설명문
1	스위치1	BIT	P00000	☑	
2	스위치2	BIT	P00002	☑	
3	스위치3	BIT	P00003	☑	
4	램프1	BIT	P00010	☑	
5	램프2	BIT	P00011	☑	

• 프로그램

그림 9.87

(계속)

• JMP를 실행하지 않은 경우 모니터링

그림 9.87a

• JMP를 실행한 경우 모니터링

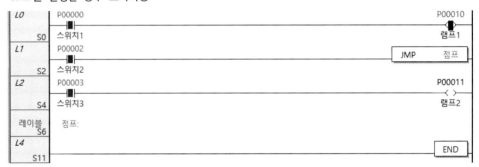

그림 9.87b

작동원리

　　점프명령을 실행하지 않으면(그림 9.87a) JMP~레이블 사이의 내용을 실행하므로 램프2가
ON상태가 되지만, 점프명령을 실행하는 경우(그림 9.87b)에는 JMP~레이블 사이의 내용이 실
행되지 않으므로 램프2가 ON되지 않는다.

(2) CALL, SBRT, RET

기호	설명	데이터 타입
n	호출할 함수의 레이블(영문 : 16자, 한글 : 8자 사용가능)	STRING

그림 9.88 CALL, SBRT

■ 기능

- 프로그램 수행 중 입력조건이 성립하면 CALL n 명령에 따라 SBRT n~RET 명령 사이의 프로그램을 수행한다.
- CALL No.는 중첩되어 사용 가능하며 반드시 SBRT n~RET 명령 사이의 프로그램은 END 명령 뒤에 있어야 한다. SBRT 내에서 다른 SBRT를 Call하는 것이 가능하며, 16회까지 가능하다. SBRT 내에서 CALL문은 END 다음에 위치할 수 있다.
- 에러 처리가 되는 조건
  - 전체 SBRT의 개수가 XGK는 512개를 넘을 경우
  - CALL n이 있고 SBRT n이 없는 경우에 에러처리된다.

예제 9.45

다음 프로그램에서 CALL ADD_1을 사용하는 경우와 CALL ADD_2를 사용하는 경우의 합산 값이 다름을 확인하여라.

변수목록

	변수	타입 ▲	디바이스	사용 유무	설명문
1	스위치1	BIT	P00000	☑	
2	스위치2	BIT	P00001	☑	

• 프로그램

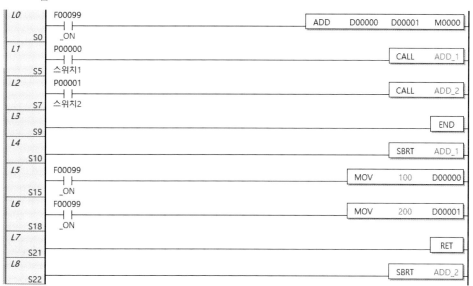

(계속)

그림 9.89

• CALL ADD_1을 사용하는 경우

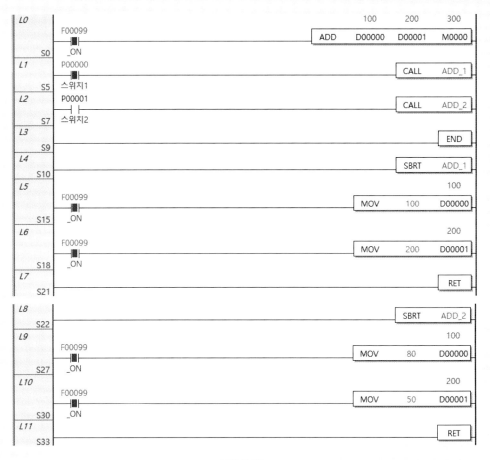

그림 9.89a

(계속)

• 프로그램 실행 모니터링 : CALL ADD_2를 사용하는 경우

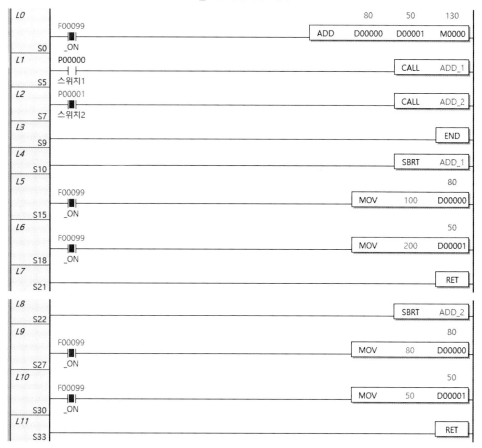

그림 9.89b

9.15 루프(반복문) 명령어

(1) FOR~NEXT

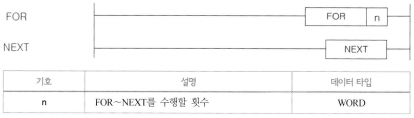

기호	설명	데이터 타입
n	FOR~NEXT를 수행할 횟수	WORD

그림 9.90 FOR~NEXT

■ 기능

• PLC가 RUN모드에서 FOR를 만나면 FOR~NEXT 명령간의 처리를 n회 실행한 후 NEXT 명령의 다음 스텝을 실행하며, 수행횟수 n은 0~65535까지 지정할 수 있다.

• FOR~NEXT의 가능한 NESTING개수는 16개까지이며, FOR~NEXT 루프를 빠져나오는 방법은 BREAK명령을 사용한다.

예제 9.46

2를 10승하는 프로그램을 작성하여라.

• 프로그램

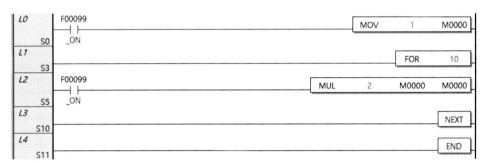

그림 9.91

• 프로그램 실행 모니터링

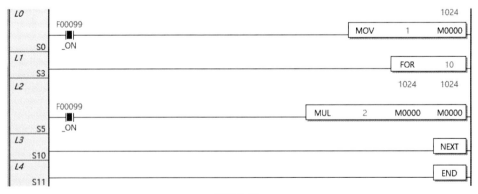

그림 9.91a

초기에 M0000에 1을 저장한 상태에서 2를 10회 곱하므로 결과는 1024의 값이 되었다.

(2) BREAK

그림 9.92 BREAK

■ 기능

FOR~NEXT 구문 내에서 빠져나오는 기능을 가지며, BREAK명령은 단독으로 사용될 수 없고, 반드시 FOR~NEXT 사이에서만 사용할 수 있다.

예제 9.47

예제 9.46에서 BREAK명령을 이용하여 반복실행을 하지 못하게 하는 프로그램을 작성하여라.

• 프로그램

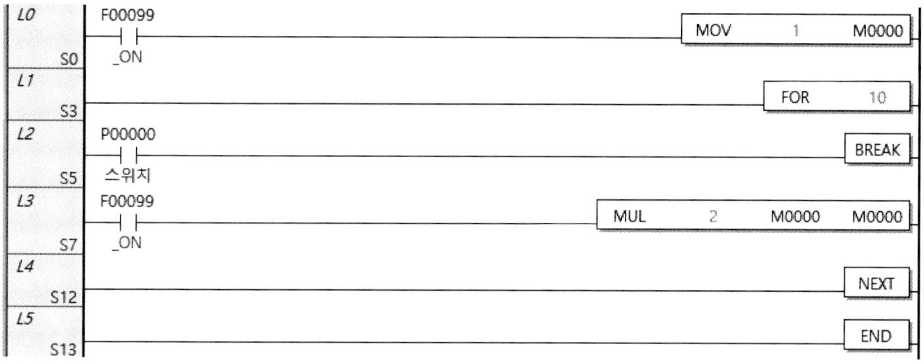

그림 9.93

• 프로그램 실행 모니터링 : 스위치가 OFF인 경우

그림 9.93a

(계속)

• 프로그램 실행 모니터링 : 스위치가 ON시킨 경우

그림 9.93b

P00000를 ON하면 FOR~NEXT문의 실행을 하지 않으므로 M0000에는 1을 전송한 값으로 결과가 나타났다.

9.16 부호반전 명령어

(1) NEG(Negative)

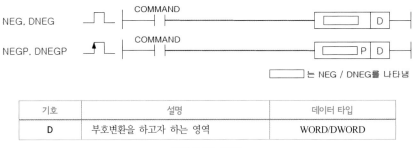

기호	설명	데이터 타입
D	부호변환을 하고자 하는 영역	WORD/DWORD

그림 9.94 NEG

■ 기능

D로 지정된 영역의 내용을 부호 변환하여 D 영역에 저장하며, 모니터링 보기옵션을 Sign 으로 볼 때 모니터링 가능하다. 음수로 변환된 값은 Sign연산에서만 유용하다.

(2) ABS(Absolute Value)

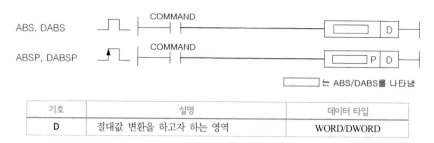

기호	설명	데이터 타입
D	절대값 변환을 하고자 하는 영역	WORD/DWORD

그림 9.95 ABS

■ 기능

1) ABS

D로 지정된 영역의 값을 절대값 변환을 취해 다시 D 영역에 저장한다.

2) DABS

D, D+1로 지정된 영역의 값을 절대값 변환을 취해 다시 D, D+1 영역에 저장한다.

예제 9.48

D00001 = - 30을 부호 변환하여 2를 곱한 값을 D00002에 저장하고, 절대값은 D00005에 저장하는 프로그램을 작성하여라.

변수목록

	변수	타입 ▲	디바이스	사용 유무	설명문
1	스위치1	BIT	P00000	☑	
2	스위치2	BIT	P00001	☑	

• 프로그램

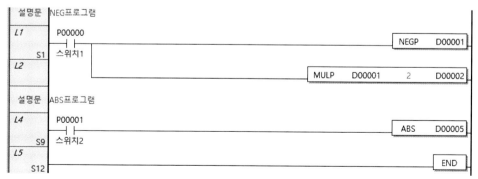

그림 9.96

(계속)

• 프로그램 실행 모니터링
  – 디바이스에 수치를 입력한 경우

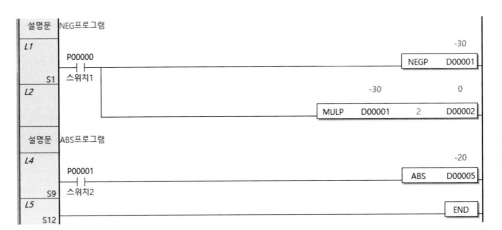

그림 9.96a

  – 입력접점 스위치1, 2를 ON시킨 경우

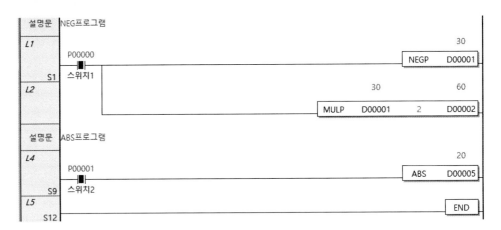

그림 9.96b

9.17 교환 명령어

(1) XCHG(Exchange), DXCHG(Double Exchange)

기호	설 명	데이터 타입
D1	교환하고자 하는 데이터의 디바이스 번호	WORD/DWORD
D2	교환하고자 하는 데이터의 디바이스 번호	WORD/DWORD

그림 9.97 XCHG

■ 기능

1) XCHG(Exchange)

D1로 지정된 워드 데이터와 D2로 지정된 워드 데이터를 서로 교환한다.

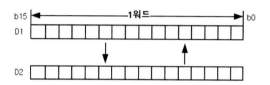

2) DXCHG(Double Exchange)

(D1 + 1, D1)으로 지정된 더블 워드데이터와 (D2 + 1, D2)로 지정된 더블 워드데이터를 서로 교환한다.

예제 9.49

P0010 = h1234, P0020 = h5678이 저장되어 있는 경우 입력신호인 P00000이 Off → On되면 P0010에는 h5678이 저장되고, P0020에는 h1234가 각각 저장되는 프로그램을 작성하여라.

• 프로그램

그림 9.98

(계속)

• 프로그램 실행 모니터링

그림 9.98a

(2) SWAP, SWAPP

기호	설명	데이터 타입
D	상하위 바이트 교환을 하게 되는 데이터의 워드주소	WORD

그림 9.99 SWAP

■ 기능

1) SWAP

한 워드 안에서 상하위 바이트를 서로 교환한다.

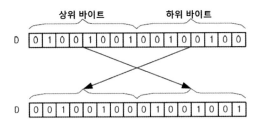

입력신호인 P00000이 Off → On되면 D00010에 저장된 1 워드 데이터의 상위 바이트와 하위
바이트가 교환되어 D00010에 다시 저장되는 프로그램을 작성하여라.

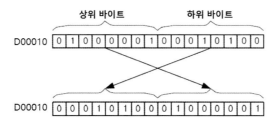

• 프로그램

그림 9.100

• 프로그램 실행 모니터링

그림 9.100a

PLC 프로그램

10.1 기초 프로그램

기초 1 램프의 설정시간 점등

(1) 제어조건

버튼스위치를 터치하면 램프가 ON되고 3초 후에 바로 OFF된다(TMON 이용).

(2) 변수목록

	변수	타입 ▲	디바이스	사용 유무	설명문
1	버튼스위치	BIT	P00000	☑	
2	램프	BIT	P00020	☑	

(3) 프로그램

기초 2 누적시간 후 출력 ON 프로그램

(1) 제어조건

입력버튼을 ON하면 램프1이 ON되며, 30초간 누적되면(TMR 이용) 램프2가 200 ms 주기로 점멸(100 ms ON, 100 ms OFF반복)한다. 리셋버튼을 터치하면 누적시간이 초기화된다.

(2) 변수목록

	변수	타입 ▲	디바이스	사용 유무	설명문
1	입력버튼	BIT	P00000	☑	
2	리셋버튼	BIT	P00001	☑	
3	램프1	BIT	P00020	☑	
4	램프2	BIT	P00021	☑	

(3) 프로그램

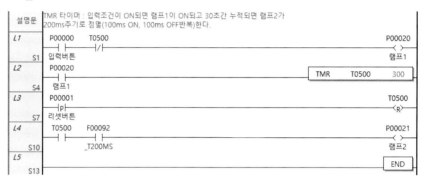

기초 3 편솔_실린더의 연속왕복운동

(1) 제어조건

Start스위치를 터치하면 편 솔레노이드 밸브가 장착된 실린더가 연속적으로 왕복운동한다. 단 실린더의 전후진단에는 리밋스위치 S2, S1이 각각 장착되어 있다.

(2) 시스템도

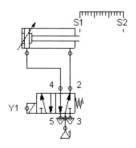

Chapter 10 PLC 프로그램 | **312**

(3) 변수목록

	변수	타입 ▲	디바이스	사용 유무	설명문
1	start	BIT	P00000	☑	
2	S1	BIT	P00001	☑	후진단 리밋
3	S2	BIT	P00002	☑	전진단 리밋
4	stop	BIT	P00007	☑	
5	Y1	BIT	P00020	☑	편 슬레노이드

(4) 프로그램

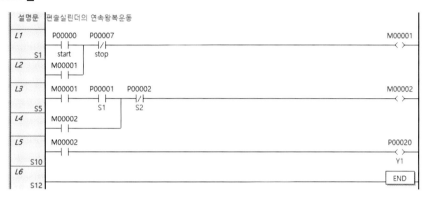

기초 4 편솔_실린더의 단속 및 연속사이클

(1) 제어조건

- 단속스위치를 터치하면 실린더가 1회 왕복운동한다.
- 연속스위치를 터치하면 실린더가 연속왕복운동한다.
- Stop스위치를 누르면 초기위치로 복귀한다.

(2) 시스템도

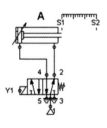

(3) 변수목록

	변수	타입 ▲	디바이스	사용 유무	설명문
1	단속스위치	BIT	P00000	☑	
2	S1	BIT	P00001	☑	후진단 리밋
3	s2	BIT	P00002	☑	전진단 리밋
4	연속스위치	BIT	P00003	☑	
5	stop	BIT	P00004	☑	
6	Y1	BIT	P00020	☑	편 슬레노이드

(4) 프로그램

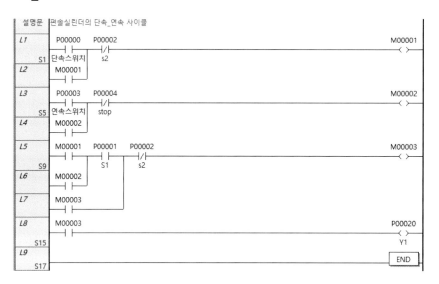

기초 5 편솔_실린더 : A+B+B-A-시퀀스 제어

(1) 제어조건

Start스위치를 터치하면 편 솔레노이드 밸브가 장착된 실린더가 A+B+B-A-의 시퀀스로 동작하고, stop스위치를 누르면 그 사이클이 종료된 후 초기위치로 복귀한다.

(2) 시스템도

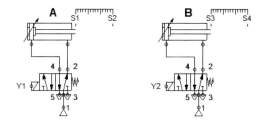

(3) 변수목록

	변수	타입 ▲	디바이스	사용 유무	설명문
1	start	BIT	P00000	☑	
2	S1	BIT	P00001	☑	A실린더_후진단리밋
3	S2	BIT	P00002	☑	A실린더_전진단리밋
4	S3	BIT	P00003	☑	B실린더_후진단리밋
5	S4	BIT	P00004	☑	B실린더_전진단리밋
6	stop	BIT	P00007	☑	
7	Y1	BIT	P00020	☑	A실린더_솔레노이드
8	Y2	BIT	P00021	☑	B실린더_솔레노이드

(4) 프로그램

설명문 | 편솔실린더 : A+B+B-A-, stop스위치 ON하면 그 사이클 종료후 초기위치.

| L1 | P00000 start | P00007 stop | | | M00000 |
| S1 |
| L2 | M00000 |
| L3 | M00000 | P00001 S1 | P00003 S3 | M00004 | M00001 |
| S5 |
| L4 | M00001 |
| L5 | P00002 S2 | M00001 | | | M00002 |
| S11 |
| L6 | M00002 |
| L7 | P00004 S4 | M00002 | | | M00003 |
| S15 |
| L8 | M00003 |
| L9 | P00003 S3 | M00003 | | | M00004 |
| S19 |
| L10 | M00004 |

| L11 | M00001 | | | | P00020 Y1 |
| S23 |
| L12 | M00002 | M00003 | | | P00021 Y2 |
| S25 |
| L13 | | | | | END |
| S28 |

기초 6 편솔_실린더 전진-5초 후 후진(TON)

(1) 제어조건

Start버튼을 터치하면 편솔레노이드 밸브를 장착한 실린더가 전진하고, 5초간 정지한 후 후진한다.

(2) 시스템도

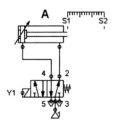

(2) 변수목록

	변수	타입 ▲	디바이스	사용 유무	설명문
1	start	BIT	P00000	☑	
2	S1	BIT	P00001	☑	실린더후진단 리밋
3	S2	BIT	P00002	☑	실린더전진단 리밋
4	Y1	BIT	P00020	☑	솔레노이드

(3) 프로그램

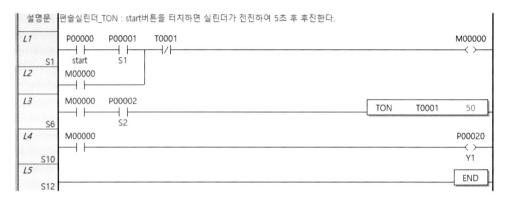

기초 7 편솔_실린더_Counter : A+B+A-B-, 3회

(1) 제어조건

Start스위치를 터치하면 편솔레노이드 밸브를 장착한 실린더가 A＋B＋A－B－의 시퀀스로 3회 동작하며, stop스위치를 ON하면 그 사이클이 종료된 후 초기위치로 복귀한다. 비상스위치를 터치하면 바로 초기위치로 복귀한다.

(2) 시스템도

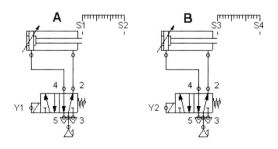

(3) 변수목록

	변수	타입 ▲	디바이스	사용 유무	설명문
1	start	BIT	P00000	☑	
2	S1	BIT	P00001	☑	A실린더_후진단리밋
3	S2	BIT	P00002	☑	A실린더_전진단 리밋
4	S3	BIT	P00003	☑	B실린더_후진단리밋
5	S4	BIT	P00004	☑	B실린더_전진단리밋
6	stop	BIT	P00006	☑	
7	비상	BIT	P00007	☑	
8	reset	BIT	P00008	☑	
9	Y1	BIT	P00020	☑	A실린더_솔레노이드
10	Y2	BIT	P00021	☑	B실린더_솔레노이드

(4) 프로그램

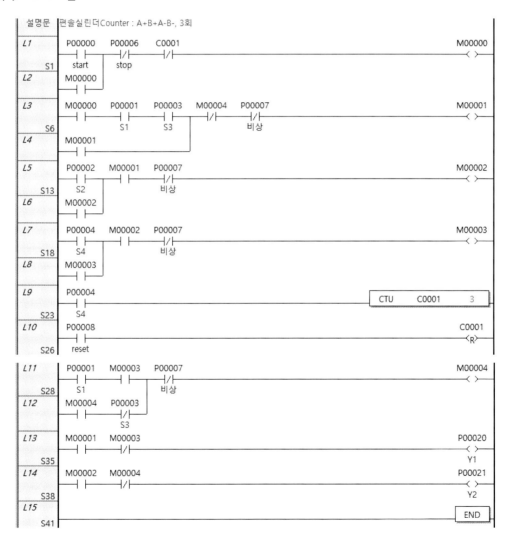

편솔_실린더_분기 : A + B + B-A-, 분기버튼 ON 시 A만 전 후진 동작

(1) 제어조건

Start버튼을 터치하면 편 솔레노이드 밸브를 장착한 실린더가 A + B + B - A - 의 시퀀스로 동작하고, 분기버튼을 ON시킨 상태에서 start버튼을 터치하면 실린더 A만 전 후진 동작을 반복한다. 이때 stop버튼을 ON하면 그 사이클이 종료 후 모든 실린더는 초기상태로 복귀한다.

(2) 시스템도

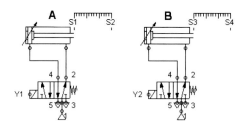

(3) 변수목록

	변수	타입 ▲	디바이스	사용 유무	설명문
1	start	BIT	P00000	☑	
2	S1	BIT	P00001	☑	A실린더_후진단리밋
3	S2	BIT	P00002	☑	A실린더_전진단리밋
4	S3	BIT	P00003	☑	B실린더_후진단리밋
5	S4	BIT	P00004	☑	B실린더_전진단리밋
6	stop	BIT	P00007	☑	
7	분기	BIT	P00008	☑	
8	Y1	BIT	P00020	☑	A실린더_솔레노이드
9	Y2	BIT	P00021	☑	B실린더_솔레노이드

(4) 프로그램

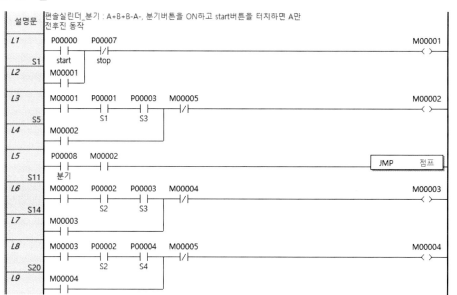

(계속)

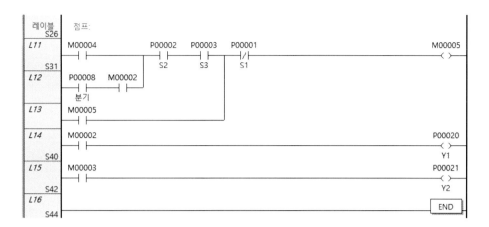

기초 9 양솔_실린더의 연속왕복운동

(1) 제어조건

Start스위치를 터치하면 양솔레노이드 밸브를 장착한 실린더가 연속 왕복운동한다. stop스위치를 ON하면 실린더는 초기위치로 돌아간다. 실린더의 전후진단에는 리밋스위치가 장착되어 있다.

(2) 시스템도

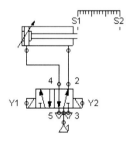

(3) 변수목록

	변수	타입 ▲	디바이스	사용 유무	설명문
1	start	BIT	P00000	☑	
2	S1	BIT	P00001	☑	실린더의 후진단리밋
3	S2	BIT	P00002	☑	실린더의 전진단리밋
4	stop	BIT	P00008	☑	
5	Y1	BIT	P00020	☑	솔레노이드1
6	Y2	BIT	P00021	☑	솔레노이드2

(4) 프로그램

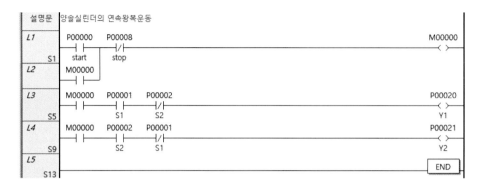

기초 10 양솔_실린더의 단속 및 연속 사이클

(1) 제어조건

양솔레노이드 밸브를 장착한 실린더가 단속스위치를 터치하면 1회 왕복운동을 하며, 연속스위치를 터치하면 실린더가 연속 왕복운동한다. stop스위치를 ON하면 그 사이클 종료 후 초기위치로 돌아간다.

(2) 시스템도

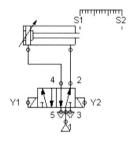

(3) 변수목록

	변수	타입 ▲	디바이스	사용 유무	설명문
1	S1	BIT	P00001	☑	후진단 리밋
2	S2	BIT	P00002	☑	전진단 리밋
3	단속스위치	BIT	P00005	☑	
4	연속스위치	BIT	P00006	☑	
5	stop	BIT	P00007	☑	
6	Y1	BIT	P00020	☑	솔레노이드1
7	Y2	BIT	P00021	☑	솔레노이드2

(4) 프로그램

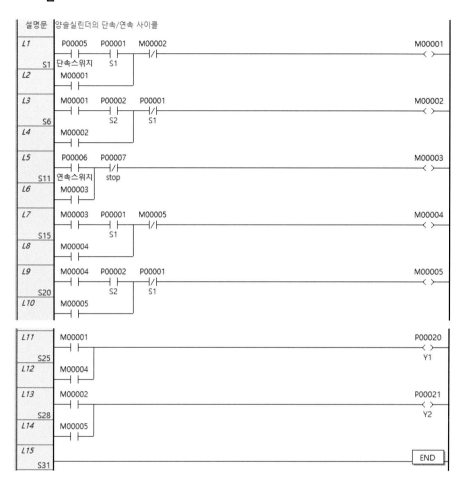

기초 11 양솔_실린더 A + B + B-A-의 시퀀스제어

(1) 제어조건

Start스위치를 터치하면 양솔레노이드 밸브를 사용하는 실린더가 A + B + B - A - 의 시퀀스로 동작하고, stop스위치를 ON하면 그 사이클이 종료된 후 초기상태로 복귀한다.

(2) 시스템도

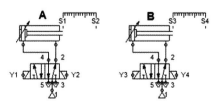

(3) 변수목록

	변수	타입 ▲	디바이스	사용 유무	설명문
1	start	BIT	P00000	☑	
2	S1	BIT	P00001	☑	A실린더 후진단 리밋스위치
3	S2	BIT	P00002	☑	A실린더 전진단 리밋스위치
4	S3	BIT	P00003	☑	B실린더 후진단 리밋스위치
5	S4	BIT	P00004	☑	B실린더 전진단 리밋스위치
6	stop	BIT	P00006	☑	
7	Y1	BIT	P00020	☑	A실린더_솔레노이드1
8	Y2	BIT	P00021	☑	A실린더_솔레노이드2
9	Y3	BIT	P00022	☑	B실린더_솔레노이드1
10	Y4	BIT	P00023	☑	B실린더_솔레노이드2

(4) 프로그램

설명문 | 양솔실린더 A+B+B-A-, stop스위치 ON하면 그 사이클 종료후 초기위치.

L1
S1
```
    P00000   P00006                                          M00000
─────┤├───────┤/├──────────────────────────────────────────( )──
     start     stop
```

L2
```
    M00000
─────┤├──
```

L3
S5
```
    M00000   P00001   P00003   K00004                        M00001
─────┤├───────┤├───────┤├───────┤/├────────────────────────( )──
              S1        S3
```

L4
```
    M00001
─────┤├──────────────────────────
```

L5
S11
```
    P00002   M00001                                          M00002
─────┤├───────┤├───────────────────────────────────────────( )──
     S2
```

L6
```
    M00002
─────┤├──
```

L7
S15
```
    P00004   M00002                                          M00003
─────┤├───────┤├───────────────────────────────────────────( )──
     S4
```

L8
```
    M00003
─────┤├──
```

L9
S19
```
    P00003   M00003                                          M00004
─────┤├───────┤├───────────────────────────────────────────( )──
     S3
```

L10
```
    M00004   P00001
─────┤├───────┤/├───
              S1
```

L11
S25
```
    M00001   M00004                                          P00020
─────┤├───────┤/├───────────────────────────────────────────( )──
                                                             Y1
```

L12
S28
```
    M00002   M00003                                          P00022
─────┤├───────┤/├───────────────────────────────────────────( )──
                                                             Y3
```

L13
S31
```
    M00003                                                   P00023
─────┤├──────────────────────────────────────────────────────( )──
                                                             Y4
```

L14
S33
```
    M00004                                                   P00021
─────┤├──────────────────────────────────────────────────────( )──
                                                             Y2
```

L15
S35
```
                                                           ┌─────┐
───────────────────────────────────────────────────────────┤ END │
                                                           └─────┘
```

(1) 제어조건

- 기동스위치(P00000)를 터치하면 모터1이 작동하고, 기동스위치를 두 번째 터치하면 모터2가 작동한다. 기동스위치를 세 번째 터치하면 모터3이 작동하며, 이때 또 기동스위치를 터치하면 모든 모터가 정지한다.
- 모터가 작동하고 있을 때 stop스위치를 터치하면 작동 중인 모든 모터가 정지한다.

(2) 변수목록

	변수	타입 ▲	디바이스	사용 유무	설명문
1	펄스	BIT	M00000	☑	
2	정지	BIT	M00001	☑	
3	기동스위치	BIT	P00000	☑	
4	stop스위치	BIT	P00001	☑	
5	모터1	BIT	P00011	☑	
6	모터2	BIT	P00012	☑	
7	모터3	BIT	P00013	☑	

(3) 프로그램

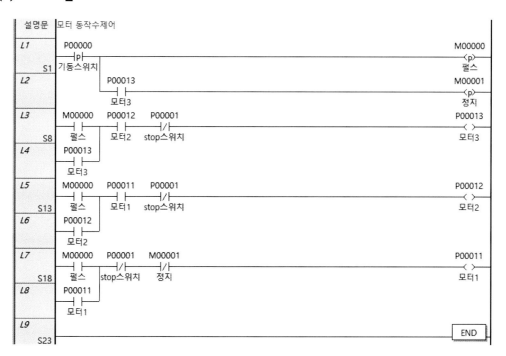

플립플롭 회로

(1) 제어조건

버튼을 한번 ON/OFF하면 램프가 ON, 다시 ON/OFF하면 램프가 OFF되는 동작이 반복된다.

(2) 변수목록

	변수	타입 ▲	디바이스	사용 유무	설명문
1	버튼	BIT	P00000	☑	
2	램프	BIT	P00020	☑	

(3) 프로그램

기초 14 정전대책 (K : keep relay이용)

(1) 제어조건

Start버튼을 터치하면 램프1과 K00000가 ON되어 램프2가 ON된다. stop버튼을 터치하면 램프1과 K00000가 OFF되어 램프2도 OFF된다. 램프1과 램프2 및 K00000가 모두 ON상태일 때 정전이 발생하면 K00000는 ON상태를 유지해야 한다(램프1과 램프2는 OFF). 그리고 다시 복전하면 K00000가 ON상태에 있으므로 램프2가 ON된다.

(2) 변수목록

	변수	타입 ▲	디바이스	사용 유무	설명문
1	start	BIT	P00000	☑	
2	stop	BIT	P00001	☑	
3	램프1	BIT	P00020	☑	
4	램프2	BIT	P00021	☑	

(3) 프로그램

기초 15 3상 모터 정역제어

(1) 제어조건

- 정방향 버튼에 의해 모터가 정회전하고 정방향 표시등이 점등된다.
- 역방향 버튼에 의해 모터가 역회전하고 역방향 표시등이 점등된다.
- 정지버튼에 의해 모터가 정지되며, 이때는 정지 표시등이 점등된다.

정회전으로부터 역회전으로 또는 역회전으로부터 정회전으로 변경하려면 정지버튼을 작동 후 해당 버튼을 눌러야 한다(인터록 회로).

(2) 변수목록

NewProgram [로컬변수]

	변수 종류	변수	타입	디바이스	래치	사용 유무	설명문
1	VAR	정방향버튼	BIT	P00001		☐	
2	VAR	역방향버튼	BIT	P00002		☐	
3	VAR	정지버튼	BIT	P00003		☐	
4	VAR	MC1	BIT	P00020		☑	모터_정방향
5	VAR	MC2	BIT	P00021		☑	모터_역방향
6	VAR	정지표시등	BIT	P00022		☐	
7	VAR	정방향표시등	BIT	P00023		☐	
8	VAR	역방향표시등	BIT	P00024		☐	

(3) 프로그램

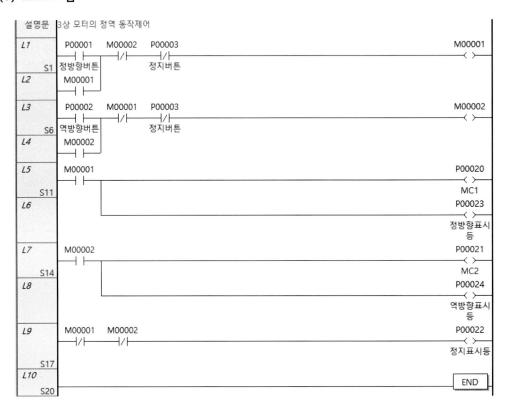

기초 16 램프의 순차 ON/OFF 제어

(1) 제어조건

Start버튼을 터치하면 램프1부터 램프3까지 순차적으로 1초 간격으로 ON/OFF를 계속 반복한다. Stop버튼을 터치하면 모든 램프가 OFF된다.

(2) 변수목록

	변수	타입 ▲	디바이스	사용 유무	설명문
1	stop	BIT	P00000	☑	
2	start	BIT	P00001	☑	
3	램프1	BIT	P00020	☐	
4	램프2	BIT	P00021	☐	
5	램프3	BIT	P00022	☐	

(3) 프로그램

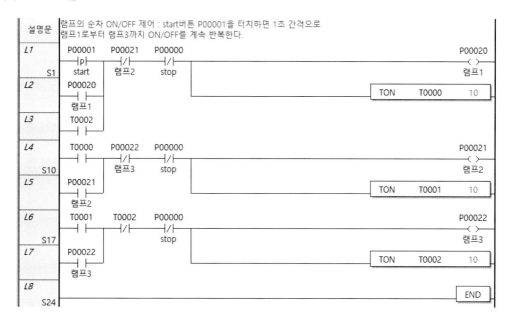

| 설명문 | 램프의 순차 ON/OFF 제어 : start버튼 P00001을 터치하면 1초 간격으로
램프1로부터 램프3까지 ON/OFF를 계속 반복한다. |

창고 재고영역 표시

(1) 제어조건

창고에서 입고센서 P00000에 의해 재고가 1개씩 증가, 출고센서 P00001에 의해서 재고가 1개씩 감소, 리셋버튼 P00002에 의해서 재고가 0으로 초기화된다. 재고가 10개 이하일 때 램프1이 2초 주기로 점멸, 20개 초과 시 램프2가 2초 주기로 점멸한다.

(2) 변수목록

	변수	타입 ▲	디바이스	사용 유무	설명문
1	입고센서	BIT	P00000	☑	
2	출고센서	BIT	P00001	☑	
3	리셋버튼	BIT	P00002	☑	
4	램프1	BIT	P00020	☑	
5	램프2	BIT	P00021	☑	

(3) 프로그램

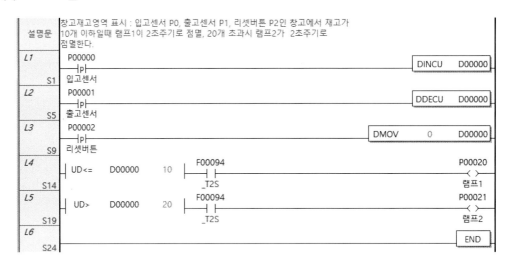

| 설명문 | 창고재고영역 표시 : 입고센서 P0, 출고센서 P1, 리셋버튼 P2인 창고에서 재고가 10개 이하일때 램프1이 2초주기로 점멸, 20개 초과시 램프2가 2초주기로 점멸한다. |

■ DINCU(Double Increment)

• D, D+1의 값에 1을 더한 결과를 다시 D, D+1에 저장한다.

• Unsigned 연산을 수행한다.

기초 18 MOV8

(1) 제어조건

스위치를 ON하면 P0001의 4번 비트부터 입력된 데이터(예 h35: 8개 비트분)를 P0003의 0번 비트부터 8개 비트분으로 표시한다.

(2) 변수목록

	변수	타입	디바이스	사용 유무	설명문
1	스위치	BIT	P00000	☑	

(3) 프로그램

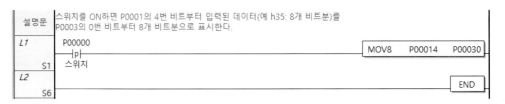

| 설명문 | 스위치를 ON하면 P0001의 4번 비트부터 입력된 데이터(예 h35: 8개 비트분)를 P0003의 0번 비트부터 8개 비트분으로 표시한다. |

(4) 시뮬레이션

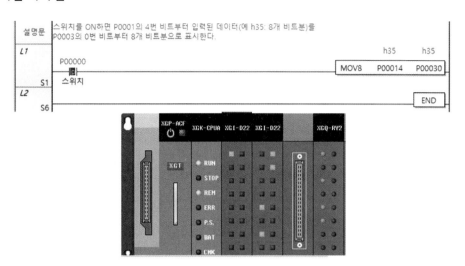

기초 19 BMOV (Bit MOVE)

(1) 제어조건

스위치를 터치할 때마다 P0001의 0번 비트부터 8개 비트의 데이터를 P0003의 8번 비트부터 저장하고, 또 P0004에는 4번 비트부터 저장한다.

(2) 변수목록

	변수	타입 ▲	디바이스	사용 유무	설명문
1	스위치	BIT	P00000	☑	
2	디지털입력스위치	WORD	P0001	☑	
3	워드출력1	WORD	P0003	☑	
4	워드출력2	WORD	P0004	☑	

(3) 프로그램

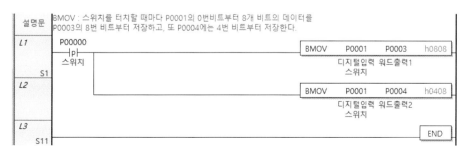

(4) 시뮬레이션

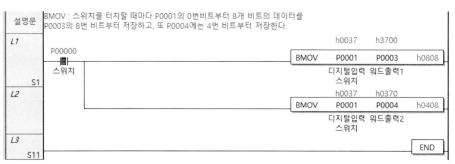

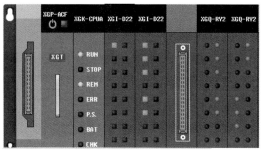

▪ BMOV

Z에 설정된 포맷에 의해 워드데이터 S로부터 지정된 개수의 비트를 D로 전송한다.

[Z의 포맷]

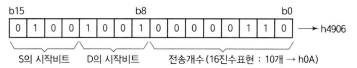

기초 20 실수형 데이터의 저장

(1) 제어조건

스위치가 ON되면 3.141592를 32비트 실수형으로 D00000에 저장한다.

(2) 변수목록

	변수	타입	디바이스	사용 유무	설명문
1	스위치	BIT	P00000	☑	

(3) 프로그램

설명문	스위치가 ON되면 3.141592를 32비트 실수형으로 D00000에 저장한다.

```
L1    P00000                                              RMOV   3.141592   D00000
      ─┤├─
  S1   스위치
L2                                                                           END
  S5
```

기초 21 광고 문자판 제어

(1) 제어조건

- Start버튼을 터치하면 문자1로부터 문자7까지 1초 간격으로 점등 후 소등된다.
- Stop버튼을 누르면 바로 동작이 정지된다.

(2) 변수목록

	변수	타입 ▲	디바이스	사용 유무	설명문
1	stop	BIT	P00000	☑	
2	start	BIT	P00001	☑	
3	문자_1	BIT	P00020	☑	
4	문자_2	BIT	P00021	☑	
5	문자_3	BIT	P00022	☑	
6	문자_4	BIT	P00023	☑	
7	문자_5	BIT	P00024	☑	
8	문자_6	BIT	P00025	☑	
9	문자_7	BIT	P00026	☑	

(3) 프로그램

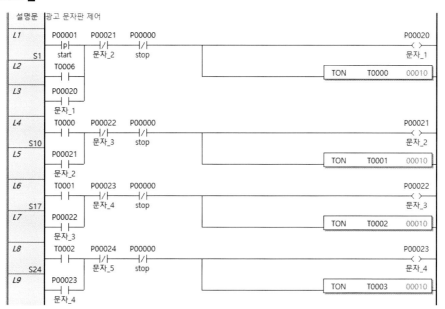

(계속)

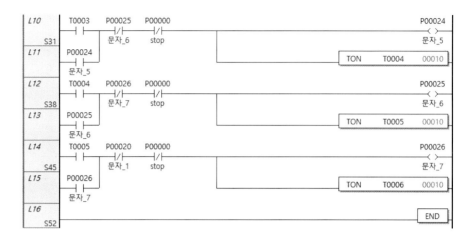

기초 22 전자 타이머

(1) 제어조건

Start버튼을 터치하면 타이머가 작동하여 1초씩 증가하며, 그 시간이 P0020(TIME)에 출력된다. Stop버튼을 터치하면 타이머가 현재시간으로 정지한다.

(2) 변수목록

	변수	타입 ▲	디바이스	사용 유무	설명문
1	start	BIT	P00000	☑	
2	stop	BIT	P00001	☑	
3	TIME	WORD	P0020	☑	시간(초)표시기

(3) 프로그램

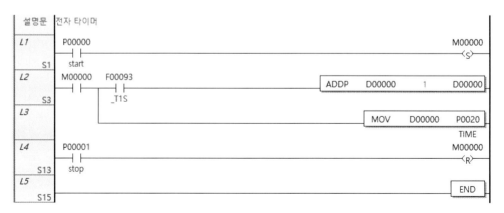

기초 23 컨베이어_밸브 제어

(1) 제어조건

기동버튼을 터치하면 A, B, C 3대의 컨베이어를 순서에 따라 5초 간격으로 기동(A - B - C), 정지버튼을 터치하면 바로 5초 간격으로 컨베이어가 역순으로 정지(C - B - A)한다. 이 때 C가 기동과 정지 시는 밸브가 동시에 기동, 정지된다.

(2) 변수목록

	변수	타입 ▲	디바이스	사용 유무	설명문
1	기동	BIT	P00001	☑	
2	정지	BIT	P00002	☑	
3	밸브	BIT	P00020	☑	
4	A_컨베이어	BIT	P00021	☑	
5	B_컨베이어	BIT	P00022	☑	
6	C_컨베이어	BIT	P00023	☑	

(3) 프로그램

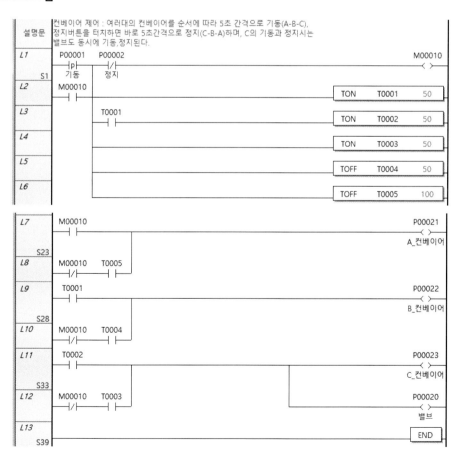

기초 24 비교제어

BCD입력값과 설정치를 비교하여 대소에 따라 해당 램프를 ON시킨다.

(1) 제어조건

설정치 h2000과 BCD 입력값(P0000에 입력)을 비교하여 푸시버튼 P00010을 눌렀을 때 입력값이 더 크면 램프1, 작으면 램프2, 이상이면 램프3, 이하이면 램프4, 같으면 램프5, 같지 않으면 램프6이 ON된다. 푸시버튼 P00010을 OFF하면 모든 램프가 OFF된다.

(2) 변수목록

	변수	타입 ▲	디바이스	사용 유무	설명문
1	푸시버튼	BIT	P00010	☑	
2	램프1	BIT	P00020	☐	
3	램프2	BIT	P00021	☐	
4	램프3	BIT	P00022	☐	
5	램프4	BIT	P00023	☐	
6	램프5	BIT	P00024	☐	
7	램프6	BIT	P00025	☐	
8	BCD입력기	WORD	P0000	☑	

(3) 프로그램

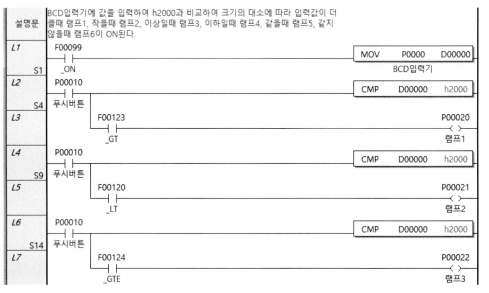

(계속)

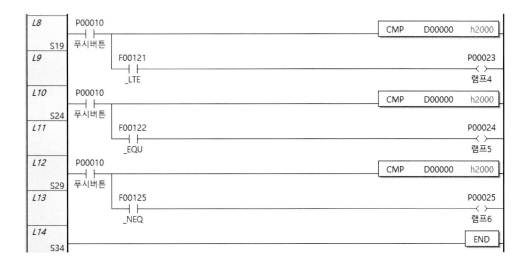

기초 25 분기(jump)명령 프로그램

(1) 제어조건

분기버튼을 ON하면 버튼2에 의해 램프2가 ON되며, 버튼1에 의해 램프1은 ON되지 못한다. 분기버튼을 ON하지 않은 상태에서는 버튼1에 의해 램프1이 ON되지만, 버튼2에 의해 램프2가 ON되지 못한다. 점프명령이 없는 상태에서 버튼1에 의해 램프1이 ON상태인 경우, 점프명령을 동작시킨 후에 버튼1을 OFF시켜도 램프1은 ON상태를 유지한다. 이때 분기버튼을 OFF시켜 분기명령을 해제하면 램프1이 OFF된다.

(2) 변수목록

	변수	타입 ▲	디바이스	사용 유무	설명문
1	분기버튼	BIT	P00000	☑	
2	버튼1	BIT	P00001	☑	
3	버튼2	BIT	P00002	☑	
4	램프1	BIT	P00020	☑	
5	램프2	BIT	P00021	☑	

(3) 프로그램

부호있는 십진 4칙연산

(1) 제어조건

D00020과 D00021의 수치를 입력하여 덧셈결과(D00022), 뺄셈결과(D00023)에 1워드씩의
영역, 곱셈결과는 2워드의 영역에 저장되므로 D00024와 D00025가 필요하며, 나눗셈 결과
도 D00026과 D00027의 2워드에 걸쳐 몫과 나머지가 한 워드씩에 저장된다.

(2) 변수목록

	변수	타입	디바이스	사용 유무	설명문
1	버튼	BIT	P00000	☑	

(3) 프로그램

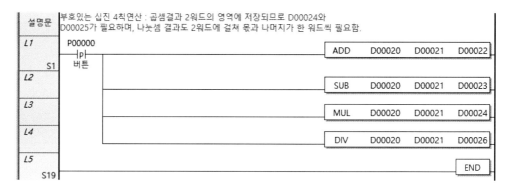

| 설명문 | 부호있는 십진 4칙연산 : 곱셈결과 2워드의 영역에 저장되므로 D00024와 D00025가 필요하며, 나눗셈 결과도 2워드에 걸쳐 몫과 나머지가 한 워드씩 필요함. |

L1 P00000
     ─┤P├─────────────────────────────── ADD D00020 D00021 D00022
  S1   버튼
L2 ───────────────────────────────────── SUB D00020 D00021 D00023
L3 ───────────────────────────────────── MUL D00020 D00021 D00024
L4 ───────────────────────────────────── DIV D00020 D00021 D00026
L5 ─── END
  S19

물체검출_카운터

(1) 제어조건

물체를 검출하는 센서가 물체를 5회 감지하면 편 솔레노이드를 장착한 실린더가 전진하
여 3초간 정지한 후 복귀해야 한다.

(2) 변수목록

	변수	타입	디바이스	사용 유무	설명문
1	센서	BIT	P00000	☑	
2	솔레노이드	BIT	P00020	☑	

(3) 프로그램

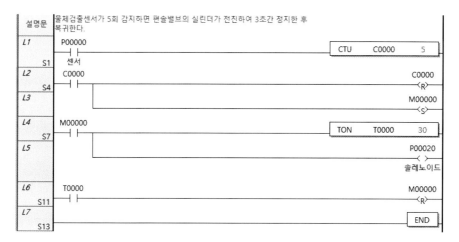

주사위 프로그램

(1) 제어조건

Start스위치를 ON하여 전자 주사위가 작동하고 있을 때(1초 간격으로 변화) 변화하는 숫자는 표시기(BCD)에 디스플레이되며, 어느 시각에서 stop스위치를 누르면 그 시각에서의 숫자가 표시기에 저장된다. 주사위의 숫자는 표시기에 디스플레이되며, 숫자가 6이 되면 다시 1로 돌아가서 1~6까지 순환하면서 변화한다.

(2) 변수목록

	변수	타입 ▲	디바이스	사용 유무	설명문
1	start	BIT	P00000	☑	
2	stop	BIT	P00001	☑	
3	표시기	WORD	P0002	☑	

(3) 프로그램

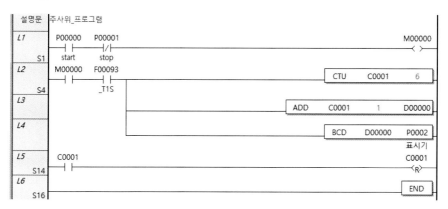

10.2 응용 프로그램

응용 1 플리커 회로

(1) 제어조건

Start버튼을 터치하면 램프1이 5초간 ON하고(이때 램프2는 OFF), 다음 2초간 램프2가 ON(이때 램프1은 OFF)하는 동작을 반복한다. 이 경우 stop버튼을 터치하면 모든 출력은 OFF된다.

(2) 변수목록

	변수	타입 ▲	디바이스	사용 유무	설명문
1	start	BIT	P00000	✔	
2	stop	BIT	P00001	✔	
3	램프1	BIT	P00020	✔	
4	램프2	BIT	P00021	✔	

(3) 프로그램

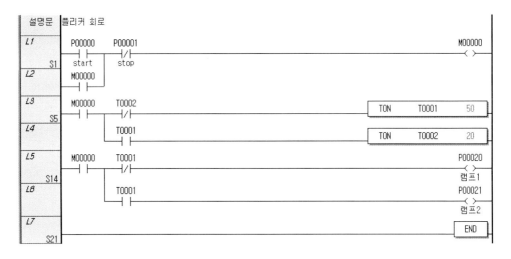

응용 2 한쪽 자동문

(1) 제어조건

사람이 자동문의 감지영역에 들어오면(센서1 또는 센서2에 의함) 문이 열리고, 문열림리 밋이 터치되면 5초 후에 문이 닫힌다. 만일 5초 내에 또 다시 센서가 작동하면 시간은 초기화되며, 닫히는 도중(모터 역회전)에 센서가 작동하면 바로 모터가 정회전하여 문이 다시 열린다.

(2) 변수목록

	변수	타입 ▲	디바이스	사용 유무	설명문
1	센서1	BIT	P00001	☑	
2	센서2	BIT	P00002	☑	
3	열림리밋	BIT	P00003	☑	
4	닫힘리밋	BIT	P00004	☑	
5	모터정회전	BIT	P00020	☑	문열림
6	모터역회전	BIT	P00021	☑	문닫힘

(3) 프로그램

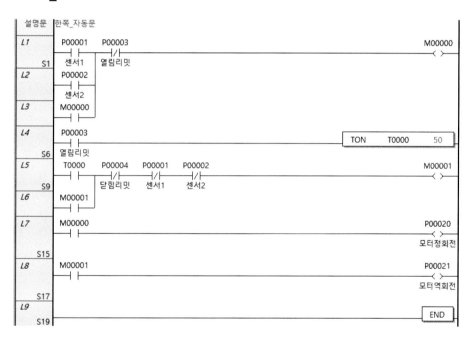

응용 3 퀴즈 프로그램

(1) 제어조건

- 사회자가 램프점검버튼을 ON하면 퀴즈 참가자의 모든 버튼 및 램프가 작동될 수 있다.
- 사회자가 퀴즈종료버튼을 ON하면 모든 램프가 소등된다.
- 사회자용 퀴즈시작버튼을 ON한 상태에서는 퀴즈시작램프가 ON상태로 되며, 퀴즈참가자 A가 자신의 버튼을 ON하면 A램프만 켜지고 다른 사람의 램프는 켜지지 않는다. 즉,

최초로 버튼을 누른 참가자의 램프만 ON되며, 그 외의 램프는 작동되지 않는다. 최초 참가자가 퀴즈를 맞히지 못하면 사회자가 그의 제외버튼을 눌러 그를 제외시키고 계속 진행할 수 있다.

(2) 변수목록

	변수 종류	변수	타입	디바이스	래치	사용 유무	설명문
1	VAR	A램프	BIT	P00020		☑	A램프
2	VAR	A버튼	BIT	P00000		☑	A버튼
3	VAR	B램프	BIT	P00021		☑	B램프
4	VAR	B버튼	BIT	P00001		☑	B버튼
5	VAR	C램프	BIT	P00022		☑	C램프
6	VAR	C버튼	BIT	P00002		☑	C버튼
7	VAR	D램프	BIT	P00023		☑	D램프
8	VAR	D버튼	BIT	P00003		☑	D버튼
9	VAR	E램프	BIT	P00024		☑	E램프
10	VAR	E버튼	BIT	P00004		☑	E버튼
11	VAR	램프점검버튼	BIT	P00007		☑	램프점검버튼
12	VAR	퀴즈시작램프	BIT	P00025		☑	퀴즈시작램프
13	VAR	퀴즈시작버튼	BIT	P00005		☑	퀴즈시작버튼
14	VAR	퀴즈종료버튼	BIT	P00006		☑	퀴즈종료버튼
15	VAR	A제외버튼	BIT	P0000A		☐	
16	VAR	B제외버튼	BIT	P0000B		☐	
17	VAR	C제외버튼	BIT	P0000C		☐	
18	VAR	D제외버튼	BIT	P0000D		☐	
19	VAR	E제외버튼	BIT	P0000E		☐	

(3) 프로그램

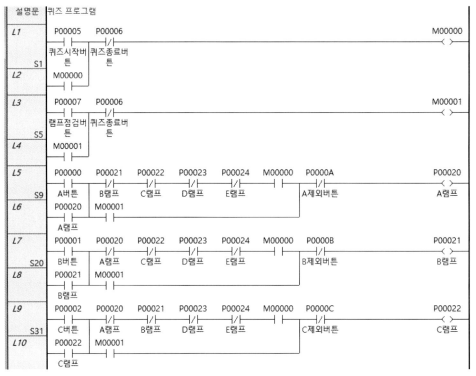

(계속)

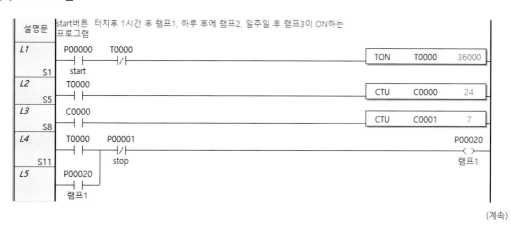

L11	P00003	P00020	P00021	P00022	P00024	M00000	P0000D		P00023
	D버튼	A램프	B램프	C램프	E램프		D제외버튼		D램프
S42									
L12	P00023	M00001							
	D램프								
L13	P00004	P00020	P00021	P00022	P00023	M00000	P0000E		P00024
	E버튼	A램프	B램프	C램프	D램프		E제외버튼		E램프
S53									
L14	P00024	M00001							
	E램프								
L15	M00000								P00025
S64									퀴즈시작램프
L16									END
S66									

응용 4 | TON_CTU

(1) 제어조건

Start버튼을 ON상태로 하면 1시간 후 램프1이 ON하고, 1일 후 램프2가 ON되고, 일주일 후 램프3이 ON된다. stop버튼을 ON하면 모든 램프가 OFF된다.

(2) 변수목록

	변수	타입 ▲	디바이스	사용 유무	설명문
1	start	BIT	P00000	☑	
2	stop	BIT	P00001	☑	
3	램프1	BIT	P00020	☑	
4	램프2	BIT	P00021	☑	
5	램프3	BIT	P00023	☑	

(3) 프로그램

설명문	start버튼 터치후 1시간 후 램프1, 하루 후에 램프2, 일주일 후 램프3이 ON하는 프로그램				
L1	P00000	T0000			
S1	start		TON	T0000	36000
L2	T0000				
S5			CTU	C0000	24
L3	C0000				
S8			CTU	C0001	7
L4	T0000	P00001			P00020
S11		stop			램프1
L5	P00020				
	램프1				

(계속)

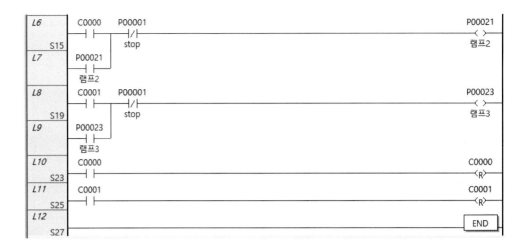

응용 5 편솔_실린더 : A＋B＋B－C＋B＋B－동시(C－A－)

(1) 제어조건

　　Start스위치를 터치하면 편솔레노이드 밸브를 사용하는 3개의 실린더 A, B, C가 A＋B＋B－C＋B＋B－동시(C－A－)의 시퀀스로 동작하고, stop스위치를 ON하면 모든 실린더는 초기위치로 복귀한다.

(2) 시스템도

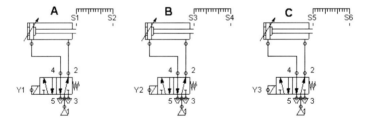

(2) 변수목록

	변수	타입 ▲	디바이스	사용 유무	설명문
1	start	BIT	P00000	☑	
2	S1	BIT	P00001	☑	A실린더_후진단리밋
3	S2	BIT	P00002	☑	A실린더_전진단리밋
4	S3	BIT	P00003	☑	B실린더_후진단리밋
5	S4	BIT	P00004	☑	B실린더_전진단리밋
6	S5	BIT	P00005	☑	C실린더_후진단리밋
7	S6	BIT	P00006	☑	C실린더_전진단리밋
8	stop	BIT	P00007	☑	
9	Y1	BIT	P00020	☑	A실린더_솔레노이드
10	Y2	BIT	P00021	☑	B실린더_솔레노이드
11	Y3	BIT	P00022	☑	C실린더_솔레노이드

(3) 프로그램

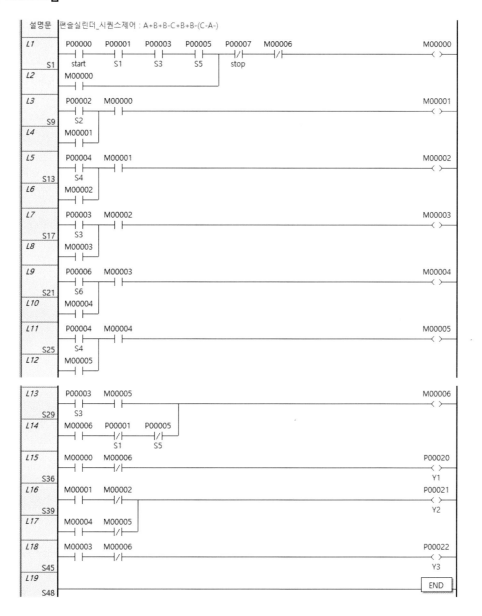

설명문 편솔실린더_시퀀스제어 : A+B+B-C+B+B-(C-A-)

L1	P00000 P00001 P00003 P00005 P00007 M00006	M00000
S1	start S1 S3 S5 stop	
L2	M00000	
L3	P00002 M00000	M00001
S9	S2	
L4	M00001	
L5	P00004 M00001	M00002
S13	S4	
L6	M00002	
L7	P00003 M00002	M00003
S17	S3	
L8	M00003	
L9	P00006 M00003	M00004
S21	S6	
L10	M00004	
L11	P00004 M00004	M00005
S25	S4	
L12	M00005	
L13	P00003 M00005	M00006
S29	S3	
L14	M00006 P00001 P00005	
	S1 S5	
L15	M00000 M00006	P00020 Y1
S36		
L16	M00001 M00002	P00021 Y2
S39		
L17	M00004 M00005	
L18	M00003 M00006	P00022 Y3
S45		
L19		END
S48		

응용 6 편솔_실린더 : A + B + 5초A − 3초B −

(1) 제어조건

Start스위치를 터치하면 편솔레노이드 밸브를 사용하는 2개의 실린더 A, B가 A + B + 5초 A − 3초B − 의 시퀀스로 동작하고, stop스위치를 ON하면 그 사이클이 종료된 후 초기위치로 복귀한다.

(2) 시스템도

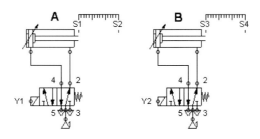

(3) 변수목록

	변수	타입 ▲	디바이스	사용 유무	설명문
1	start	BIT	P00000	☑	
2	S1	BIT	P00001	☑	A실린더_후진단리밋
3	S2	BIT	P00002	☑	A실린더_전진단리밋
4	S3	BIT	P00003	☑	B실린더_후진단리밋
5	S4	BIT	P00004	☑	B실린더_전진단리밋
6	stop	BIT	P00007	☑	
7	Y1	BIT	P00020	☑	A실린더_솔레노이드
8	Y2	BIT	P00021	☑	B실린더_솔레노이드

(4) 프로그램

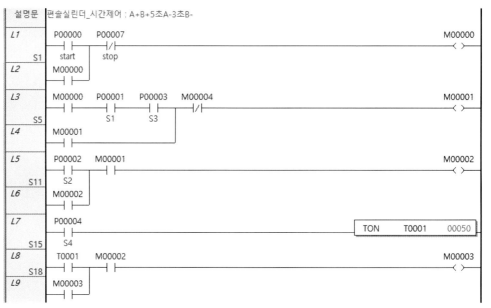

(계속)

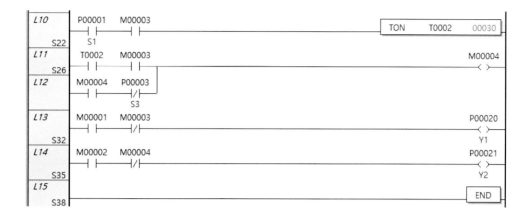

L10	P00001 ┤├ S1	M00003 ┤├			TON	T0002	00030
L11	T0002 ┤├	M00003 ┤├					M00004 < >
L12	M00004 ┤├	P00003 ┤/├ S3					
L13	M00001 ┤├	M00003 ┤/├					P00020 < > Y1
L14	M00002 ┤├	M00004 ┤/├					P00021 < > Y2
L15							END

편솔_실린더, A + B + C + 동시(A−D +)동시(B−D−)C−, 2회

(1) 제어조건

- 연속스위치를 터치하면 편솔레노이드 밸브를 사용하는 4개의 실린더 A, B, C, D가 A + B + C + 동시(A − D +)동시(B − D −)C − 의 시퀀스로 2회 동작한 후 초기위치로 복귀하며, 단속스위치를 터치하면 1회 동작하고 초기위치로 복귀한다.
- 도중에 stop스위치를 터치하면 즉시 모든 실린더는 초기위치로 복귀한다.

(2) 시스템도

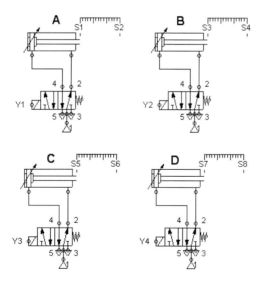

	변수	타입 ▲	디바이스	사용 유무	설명문
1	S1	BIT	P00001	☑	A실린더_후진단리밋
2	S2	BIT	P00002	☑	A실린더_전진단리밋
3	S3	BIT	P00003	☑	B실린더_후진단리밋
4	S4	BIT	P00004	☑	B실린더_전진단리밋
5	S5	BIT	P00005	☑	C실린더_후진단리밋
6	S6	BIT	P00006	☑	C실린더_전진단리밋
7	S7	BIT	P00007	☑	D실린더_후진단리밋
8	S8	BIT	P00008	☑	D실린더_전진단리밋
9	start	BIT	P00010	☐	
10	stop	BIT	P00011	☑	
11	단속	BIT	P00012	☑	
12	연속	BIT	P00013	☑	
13	Y1	BIT	P00020	☑	A실린더_솔레노이드
14	Y2	BIT	P00021	☑	B실린더_솔레노이드
15	Y3	BIT	P00022	☑	C실린더_솔레노이드
16	Y4	BIT	P00023	☑	D실린더_솔레노이드

(4) 프로그램

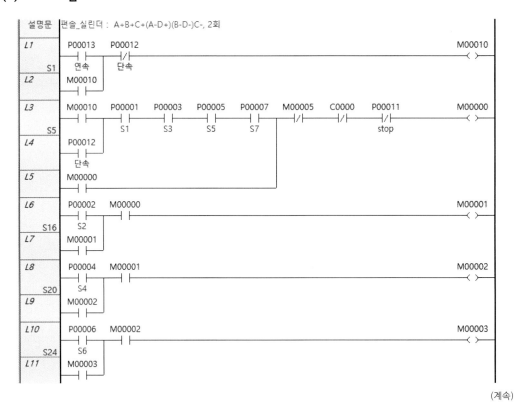

(계속)

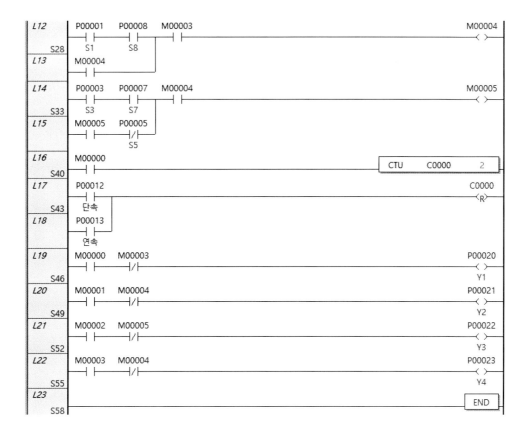

응용 8 편솔_실린더 TON_CTU, A+B+C+3초A-동시(B-C-), 2회

(1) 제어조건

Start스위치를 터치하면 편솔레노이드 밸브를 사용하는 3개의 실린더 A, B, C가 A+B+C +3초A-동시(B-, C-)의 시퀀스로 2회 동작하고, stop스위치를 ON하면 그 사이클이 종료된 후 초기위치로 복귀한다. 비상스위치를 ON하면 그 상태에서 바로 초기위치로 복귀한다.

(2) 시스템도

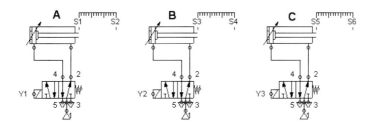

(3) 변수목록

	변수	타입 ▲	디바이스	사용 유무	설명문
1	start	BIT	P00000	☑	
2	stop	BIT	P00001	☑	
3	reset	BIT	P00002	☑	
4	비상	BIT	P00003	☑	
5	S1	BIT	P00011	☑	A실린더_후진단리밋
6	S2	BIT	P00012	☑	A실린더_전진단리밋
7	S3	BIT	P00013	☑	B실린더_후진단리밋
8	S4	BIT	P00014	☑	B실린더_전진단리밋
9	S5	BIT	P00015	☑	C실린더_후진단리밋
10	S6	BIT	P00016	☑	C실린더_전진단리밋
11	Y1	BIT	P00020	☑	A실린더_솔레노이드
12	Y2	BIT	P00021	☑	B실린더_솔레노이드
13	Y3	BIT	P00022	☑	C실린더_솔레노이드

(4) 프로그램

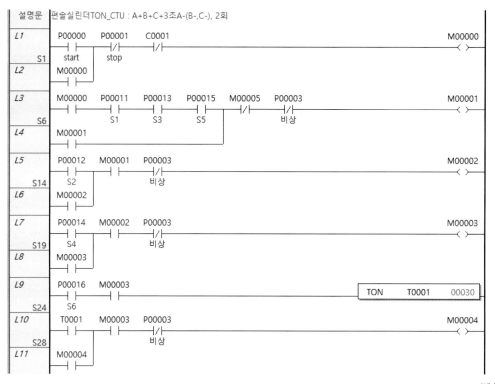

(계속)

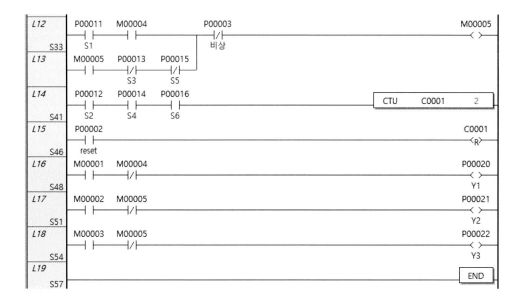

응용 9 양솔_실린더 TON_CTU, A+B+C+3초 동시(B-C-)A-, 2회

(1) 제어조건

- Start스위치를 터치하면 양 솔레노이드 밸브를 장착한 실린더 A, B, C가 A+B+C+3초 동시(B-C-)A-의 시퀀스로 2회 동작하고, stop스위치를 ON하면 그 사이클이 종료된 후 초기상태로 복귀한다.
- 비상스위치를 ON하면 즉시 모든 실린더는 초기상태로 돌아간다.

(2) 시스템도

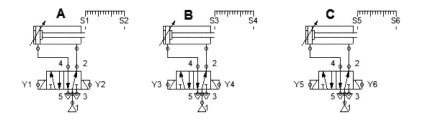

(3) 변수목록

	변수	타입 ▲	디바이스	사용 유무	설명문
1	start	BIT	P00000	☑	
2	stop	BIT	P00001	☑	
3	reset	BIT	P00002	☑	
4	비상	BIT	P00003	☑	
5	S1	BIT	P00011	☑	A실린더_후진단리밋
6	S2	BIT	P00012	☑	A실린더_전진단리밋
7	S3	BIT	P00013	☑	B실린더_후진단리밋
8	S4	BIT	P00014	☑	B실린더_전진단리밋
9	S5	BIT	P00015	☑	C실린더_후진단리밋
10	S6	BIT	P00016	☑	C실린더_전진단리밋
11	Y1	BIT	P00021	☑	A실린더_좌솔레노이드
12	Y2	BIT	P00022	☑	A실린더_우솔레노이드
13	Y3	BIT	P00023	☑	B실린더_좌솔레노이드
14	Y4	BIT	P00024	☑	B실린더_우솔레노이드
15	Y5	BIT	P00025	☑	C실린더_좌솔레노이드
16	Y6	BIT	P00026	☑	C실린더_우솔레노이드

(4) 프로그램

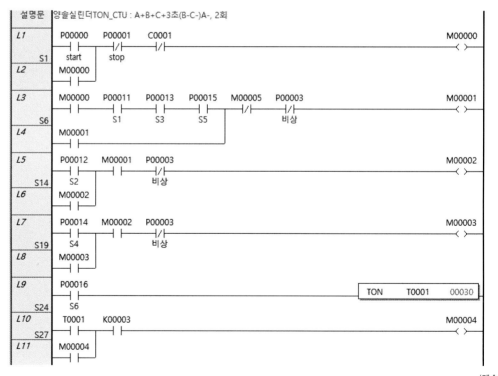

(계속)

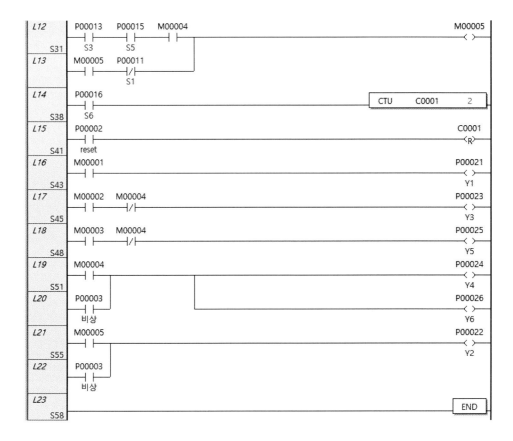

응용 10 Step control(순차제어)

(1) 제어조건

입력요소를 ON하면 해당 step control출력 S000.XX의 번호 순서대로만 동작한다. 입력요소를 ON하면 해당 출력은 set되어 입력요소를 OFF시켜도 자기유지된다. 그리고 전번 번호의 출력은 OFF된다. S000.00이 동작하는 경우는 다른 출력이 OFF된다.

(2) 프로그램

Step_control(후입우선제어)

(1) 제어조건

출력요소 S000.01~S000.04가 입력요소 P00001~P00004에 연결되어 있을 때 어느 입력요소에 의해 출력요소가 ON상태이면 그 입력요소를 OFF시켜도 그 출력요소는 자기유지된다. 이때 다른 입력요소를 ON시키면 그에 상당하는 출력이 ON되며, S000.00을 ON시키면 모든 출력이 OFF된다.

(2) 프로그램

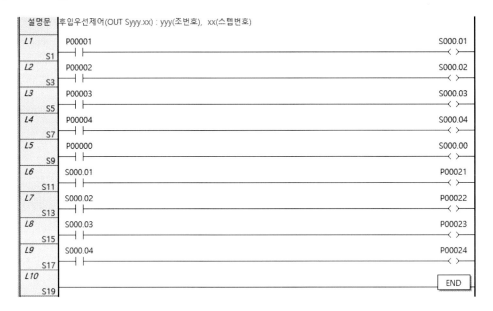

응용 12 창고 입출고제어(재고표시)

(1) 제어조건

- 30개의 부품을 보관할 수 있는 창고의 입출고 및 재고표시를 한다.
- 입고 시 입고센서가 작동하면 재고가 1개 증가하고, 출고 시 출고센서가 작동하면 재고가 1개 감소한다. 리셋버튼을 ON하면 재고가 0으로 초기화된다.
- 재고가 10개 미만이면 표시램프가 ON된다.
- 재고가 30개에 이르면 입고 컨베이어는 멈추고, 재고가 있는 경우에만 출고 컨베이어가 작동한다.
- 재고숫자는 BCD재고표시기에 표시된다.

(2) 시스템도

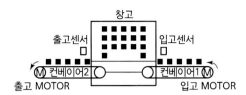

(3) 변수목록

	변수	타입 ▲	디바이스	사용 유무	설명문
1	start	BIT	P00000	☑	
2	리셋버튼	BIT	P00001	☑	
3	PH1	BIT	P00002	☑	입고센서
4	PH2	BIT	P00003	☑	출고센서
5	stop	BIT	P00007	☑	
6	MC1	BIT	P00020	☑	입고컨베어모터
7	MC2	BIT	P00021	☑	출고컨베어모터
8	램프	BIT	P00022	☑	10개미만_표시램프
9	재고표시기	WORD	P0003	☑	BCD재고표시기

(4) 프로그램

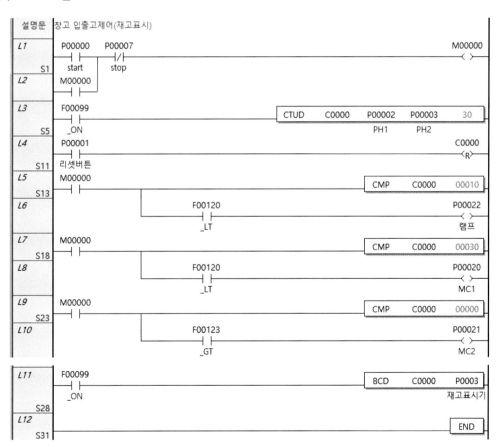

3상 유도전동기의 정역회전 반복 프로그램

(1) 제어조건

- Start스위치 P00001에 의해 정회전 전자개폐기가 동작하여 유도전동기가 정회전한다.
- 정회전 설정시간(10초) 후 정회전 전자개폐기는 정지하고, 역회전 전자개폐기가 동작하여 유도전동기가 역회전한다.
- 역회전 설정시간(5초) 후에는 역회전 개폐기는 정지하고, 정회전 전자개폐기가 동작한다.
- 반복 정역운전이 stop스위치 P00000에 의해 정지된다.

(2) 변수목록

	변수	타입 ▲	디바이스	사용 유무	설명문
1	stop	BIT	P00000	☑	
2	start	BIT	P00001	☑	
3	FMC	BIT	P00020	☑	모터정회전
4	RMC	BIT	P00021	☑	모터역회전

(3) 시스템도

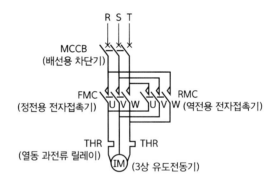

(4) 프로그램

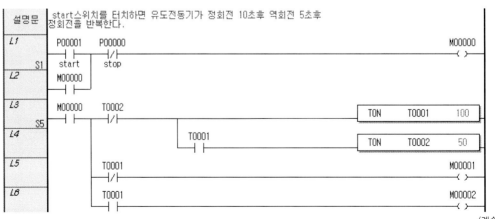

(계속)

| | | | L7 | M00001 | | P00020 정회전 |
| S19 | | | | | | |

(ladder diagram)

```
L7          M00001                                                    P00020
    S19       ─┤ ├─                                                    ─( )─
                                                                       정회전
L8          M00002                                                    P00021
    S21       ─┤ ├─                                                    ─( )─
                                                                       역회전
L9                                                                    ┌─────┐
    S23                                                               │ END │
                                                                      └─────┘
```

응용 13-2 3상 유도전동기의 $Y-\triangle$ 시동

(1) 제어조건

- Start스위치를 ON하면 3상 유도전동기가 주 개폐기(main MC)와 Y결선 상태로 기동하여 30초간 운전한다.
- 30초 후 Y결선 운전상태는 해제된다.
- 0.3초(Y와 $\triangle$ 간의 Arc Interlock시간) 후 $\triangle$ 결선으로 전환되어 전동기가 운전을 계속한다.
- Stop스위치를 누르면 전동기가 정지한다.

(2) 변수목록

	변수	타입 ▲	디바이스	사용 유무	설명문
1	stop	BIT	P00000	✓	
2	start	BIT	P00001	✓	
3	main_MC	BIT	P00020	✓	
4	전원표시등	BIT	P00021	✓	
5	Y_MC	BIT	P00022	✓	
6	Y운전표시등	BIT	P00023	✓	
7	delta_MC	BIT	P00024	✓	
8	델타운전표시등	BIT	P00025	✓	

(3) 시스템도

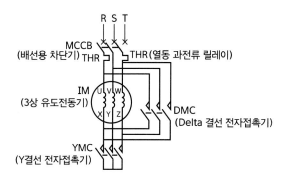

(4) 프로그램

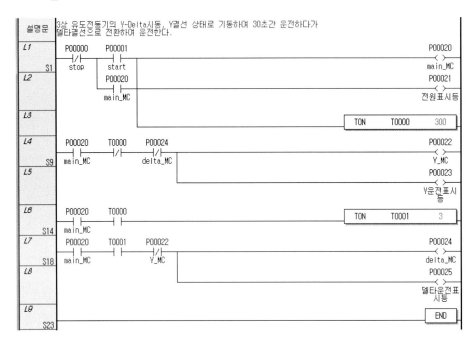

응용 14 보행자 신호등 체계

(1) 제어조건

- 버튼을 터치하면 차도에는 청색등, 횡단보도에는 적색등이 30초간 점등한 후 차도에는 1초간 황색등이 점등하고, 횡단보도에는 그대로 1초간 적색등이 점등된다.
- 그후 차도에는 적색등이 20초간 점등되며, 동시에 횡단보도에는 청색등이 10초간 점등한 후 1초 간격으로 10초간 점멸하여 한 사이클이 종료된다.

(2) 변수목록

	변수	타입 ▲	디바이스	사용 유무	설명문
1	버튼	BIT	P00000	☑	
2	차도_청색등	BIT	P00020	☑	
3	차도_황색등	BIT	P00021	☑	
4	차도_적색등	BIT	P00022	☑	
5	횡단_청색등	BIT	P00023	☑	
6	횡단_적색등	BIT	P00024	☑	

(3) 프로그램

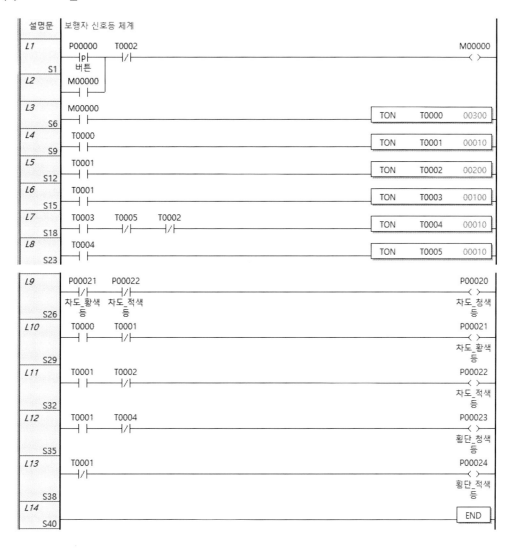

응용 15 **램프의 시프트회전 점등**

(1) 제어조건

Start버튼을 터치하면 LED표시기 P0002의 0번 비트에 LED램프가 ON하고, 1초 간격으로 15번 비트까지 ON/OFF를 하며 다시, 0번 비트로 회전하여 1비트씩 시프트하면서 LED램프가 ON/OFF를 반복한다. Stop버튼을 터치하면 LED는 모두 OFF되는 상태로 초기화된다.

(2) 변수목록

	변수	타입 ▲	디바이스	사용 유무	설명문
1	start	BIT	P00000	☑	
2	stop	BIT	P00001	☑	
3	LED표시기	WORD	P0002	☐	

(3) 프로그램

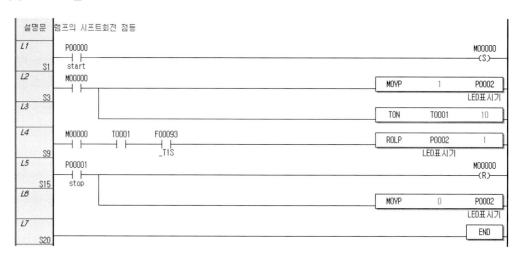

응용 16 | 드릴 공구수명 경보

(1) 제어조건

- 센서1(드릴하강 검출센서)가 작동하여 드릴작업이 이루어지고, 그 작업시간인 100초가 지나면 공구수명경보가 울리며, 드릴공구작업이 정지된다.
- 드릴교환버튼을 ON하면 공구수명경보가 정지하며, 작업시간도 리셋된다.
- 다시 검출센서가 작동하면 새로운 공구의 수명시간에 걸쳐 작업을 할 수 있다.

(2) 변수목록

	변수	타입 ▲	디바이스	사용 유무	설명문
1	센서1	BIT	P00000	☑	드릴하강검출센서
2	드릴교환버튼	BIT	P00001	☑	드릴교환완료 스위치
3	공구수명경보	BIT	P00020	☑	
4	공구작업	BIT	P00021	☑	

(3) 프로그램

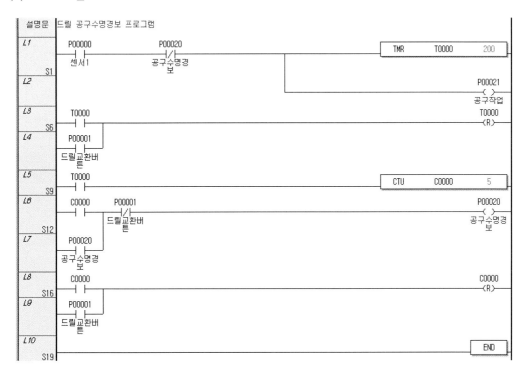

응용 17 Call_Subroutine

(1) 제어조건

- 스위치1을 ON하면 램프1이 ON되고, 스위치3을 ON하면 램프2가 ON된다. 스위치2를 ON하면 램프2가 OFF된다.
- 스위치4를 ON하면 서브루틴 inc_dco를 불러 1초마다 D00000에 1씩 숫자를 증가시키며, 스위치5를 ON시키면 그 값을 표시기 P0003에 표시한다.

(2) 변수목록

	변수	타입 ▲	디바이스	사용 유무	설명문
1	스위치1	BIT	P00000	☑	
2	스위치2	BIT	P00001	☑	
3	스위치3	BIT	P00002	☑	
4	스위치4	BIT	P00008	☑	
5	스위치5	BIT	P0000F	☑	
6	램프1	BIT	P00020	☑	
7	램프2	BIT	P00021	☑	
8	표시기	WORD	P0003	☑	

(3) 프로그램

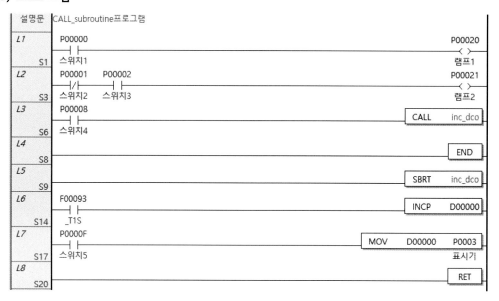

설명문	CALL_subroutine프로그램				
L1 / S1	P00000 스위치1				P00020 ( ) 램프1
L2 / S3	P00001 스위치2	P00002 스위치3			P00021 ( ) 램프2
L3 / S6	P00008 스위치4			CALL	inc_dco
L4 / S8				END	
L5 / S9				SBRT	inc_dco
L6 / S14	F00093 _T1S			INCP	D00000
L7 / S17	P0000F 스위치5		MOV	D00000	P0003 표시기
L8 / S20				RET	

응용 18 For~Next/Break

(1) 제어조건

FOR~NEXT문 내의 모든 입출력은 BREAK가 동작하면 작동하지 못하며, 그 영역을 벗어난 영역에서는 입출력이 정상적으로 동작한다.

(2) 변수목록

	변수	타입 ▲	디바이스	사용 유무	설명문
1	스위치0	BIT	P00000	☑	
2	스위치1	BIT	P00001	☑	
3	스위치2	BIT	P00002	☑	
4	스위치3	BIT	P00003	☑	
5	스위치4	BIT	P00004	☑	
6	브레이크_버튼	BIT	P00008	☑	
7	램프0	BIT	P00020	☑	
8	램프2	BIT	P00022	☑	
9	램프3	BIT	P00023	☑	
10	램프4	BIT	P00024	☑	
11	램프1	BIT	P00031	☑	

(3) 프로그램

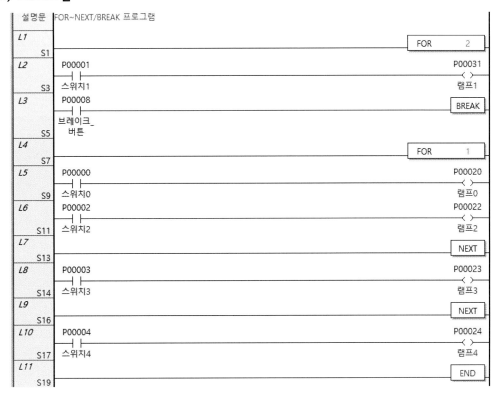

설명문	FOR~NEXT/BREAK 프로그램

여기서는 램프1과 램프4의 작동은 BREAK의 영향을 받지 않는다. 나머지 FOR~NEXT 내의 모든 입출력은 BREAK가 ON상태에서는 동작하지 않는다.

응용 19 3회 카운트 후 순차 Shift

(1) 제어조건

Start버튼에 의해 3회 카운트하면 램프1부터 1초 간격으로 램프2, 램프3이 차례로 ON/OFF 되는 과정이 반복된다. Stop버튼을 터치하면 즉시 초기화되어 모든 램프가 소등된다.

(2) 변수목록

	변수	타입 ▲	디바이스	사용 유무	설명문
1	stop	BIT	P00000	✔	
2	start	BIT	P00001	✔	
3	램프1	BIT	P00020	✔	
4	램프2	BIT	P00021	✔	
5	램프3	BIT	P00022	✔	

(3) 프로그램

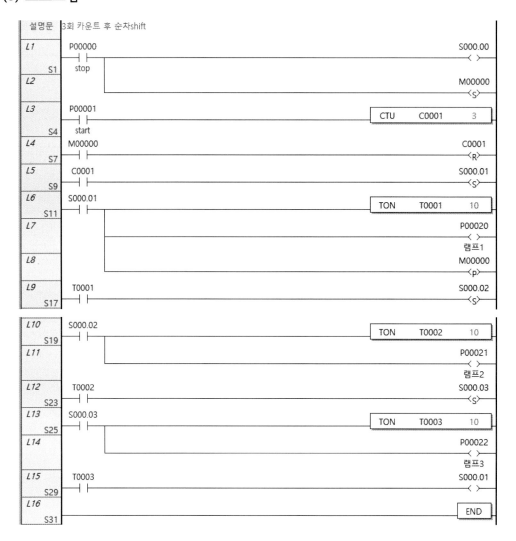

설명문	3회 카운트 후 순자shift		
L1	P00000 stop		S000.00 ‹ ›
L2 S1			M00000 ‹S›
L3	P00001 start	CTU C0001 3	
L4 S4	M00000		C0001 ‹R›
L5 S7	C0001		S000.01 ‹S›
L6 S9	S000.01	TON T0001 10	
L7 S11			P00020 ‹ › 램프1
L8			M00000 ‹P›
L9 S17	T0001		S000.02 ‹S›
L10 S19	S000.02	TON T0002 10	
L11			P00021 ‹ › 램프2
L12 S23	T0002		S000.03 ‹S›
L13 S25	S000.03	TON T0003 10	
L14			P00022 ‹ › 램프3
L15 S29	T0003		S000.01 ‹ ›
L16 S31			END

응용 20 MCS_MCSCLR의 프로그램

(1) 제어조건

- MCS 0이 ON된 상태에서는 입력 P00001의 입력에 의해 P00020의 출력과 P00002의 입력에 의해 P00021의 출력이 ON된다.
- MCS 0과 MCS 1이 ON된 상태에서는 (1)의 출력과 입력 P00004의 입력에 의해 P00022의 출력과 P00005의 입력에 의해 P00023의 출력이 ON된다.
- MCS 1만 ON상태에서는 아무 출력도 ON되지 않는다.

(2) 프로그램

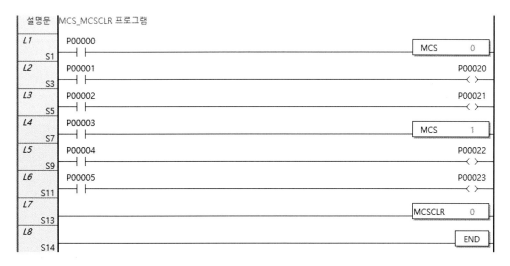

응용 21 타이머_입력제어

(1) 제어조건

디지털 입력스위치(P0001)를 이용하여 설정치를 정하고, Start스위치를 터치하여 현재값과 설정값이 같지 않으면 1초 간격으로 D00000에 1씩 증가시키고, 그 값을 현재값(P0002)에 저장한다. 현재값과 설정값이 같아지면 1씩 증가를 멈추며, 램프가 ON된다.

Stop스위치를 ON하면 D00000이 0이 되며 현재값은 유지되지만, 그 상태에서 reset스위치를 ON하면 현재값이 초기화된다.

(2) 변수목록

	변수	타입 ▲	디바이스	사용 유무	설명문
1	start	BIT	P00000	☑	
2	stop	BIT	P00001	☑	
3	reset	BIT	P00002	☑	
4	램프	BIT	P00030	☑	
5	설정값	WORD	P0001	☑	
6	현재값	WORD	P0002	☑	

(3) 프로그램

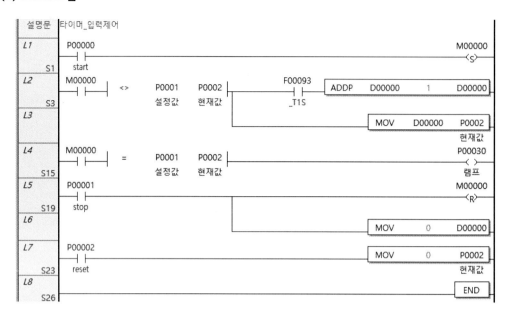

응용 22 주차설비 시스템

(1) 제어조건

- 차량이 입고전_센서(PH1)에 감지되면 셔터1이 상승하고, 입고후_센서(PH2)에 감지되면 셔터1이 하강하며, 이때 주차카운트는 1이 증가한다.
- 차량이 출고전_센서(PH3)에 감지되면 셔터2가 상승하고, 출고후_센서(PH4)에 감지되면 셔터2가 하강하며, 이때 주차카운트는 1이 감소한다.
- 주차대수가 10대 이상이 되면 만차램프가 켜진다.
- 주차장 내의 차량 주차수는 BCD표시기에 표시된다.

(2) 시스템도

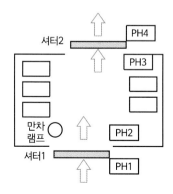

(3) 변수목록

	변수	타입 ▲	디바이스	사용 유무	설명문
1	주차수초기화	BIT	P00000	☑	
2	PH1	BIT	P00001	☑	차량입고전_센서
3	PH2	BIT	P00002	☑	차량입고후_센서
4	PH3	BIT	P00003	☑	차량출고전_센서
5	PH4	BIT	P00004	☑	차량출고후_센서
6	H_1	BIT	P00020	☑	만차램프
7	MC1_1	BIT	P00021	☑	셔터1_상승
8	MC1_2	BIT	P00022	☑	셔터1_하강
9	MC2_1	BIT	P00023	☑	셔터2_상승
10	MC2_2	BIT	P00024	☑	셔터2_하강
11	주차대수표시	WORD	P0003	☑	BCD주차대수_표시기

(4) 프로그램

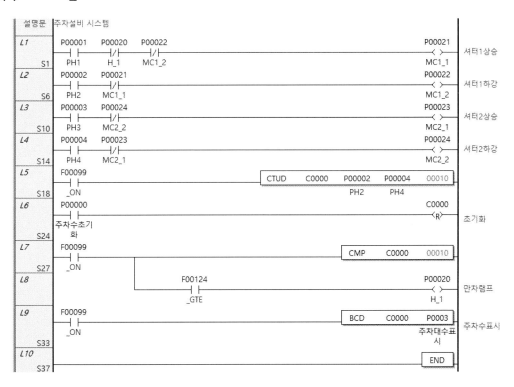

응용 23 대차 순차기동 제어

(1) 제어조건

Start버튼을 ON시키면 대차는 D구간까지 이동하고 D에 도달 후 B위치로, 다시 C위치로 그리고 A위치로 복귀하는 동작을 반복하며, stop버튼을 ON하면 대차가 A점으로 복귀한 후 정지한다. 대차가 우측으로 움직이는 방향이 모터의 정회전 방향이다.

(2) 시스템도

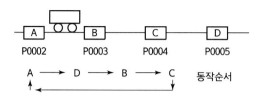

(3) 변수목록

	변수	타입 ▲	디바이스	사용 유무	설명문
1	start버튼	BIT	P00000	☑	
2	stop버튼	BIT	P00001	☑	
3	A지점_센서	BIT	P00002	☑	
4	B지점_센서	BIT	P00003	☑	
5	C지점_센서	BIT	P00004	☑	
6	D지점_센서	BIT	P00005	☑	
7	모터_정회전	BIT	P00020	☑	전진
8	모터_역회전	BIT	P00021	☑	후진

(4) 프로그램

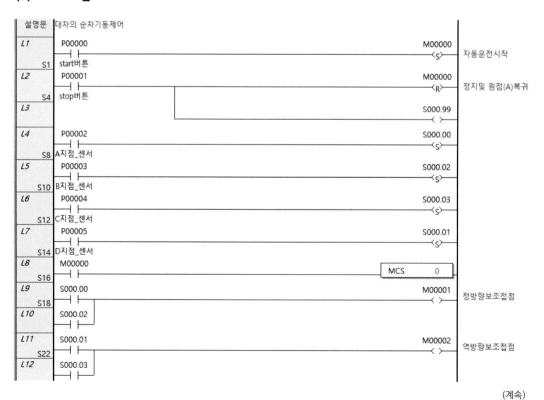

(계속)

응용 24 제품세척 제어

(1) 제어조건

제품이 컨베이어 벨트를 타고 이동하면서 불량제품이 검출되면 불량품을 퇴출시키고, 정상제품은 통과시키는데 세척기 앞에 제품이 도착하면 세척한다. 이때 불량검출은 2칸 앞에서 검출되므로 캠스위치가 2번 ON하면 불량퇴출이 이루어지고, 제품유무검출은 세척기의 3칸 앞에서 검출되므로 캠스위치가 3번 ON하면 세척이 이루어진다.

- 운전버튼을 ON한다.
- 캠스위치가 ON하고 불량검출이 되지 않으면 정상이므로 다음 칸으로 이동한다. 그러나 불량검출센서가 감지되면 2칸 이동 후 불량퇴출SOL이 작동하여 퇴출시키고 캠스위치가 OFF되면 불량퇴출SOL이 OFF된다.
- 캠스위치가 ON하고 제품유무센서가 감지되지 않으면 제품이 없으므로 다음 칸으로 이동한다. 그러나 제품유무센서가 감지되면 3칸 이동 후 세척기SOL이 작동하여 제품을 세척하고 캠스위치가 OFF되면 세척기SOL이 OFF된다.
- 정지버튼을 ON하면 컨베이어 모터가 정지한다.

(2) 시스템도

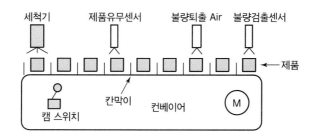

(3) 변수 목록

	변수	타입 ▲	디바이스	사용 유무	설명문
1	정지버튼	BIT	P00000	✔	
2	운전버튼	BIT	P00001	✔	
3	캠스위치	BIT	P00002	✔	
4	불량검출센서	BIT	P00003	✔	
5	제품유무센서	BIT	P00004	✔	
6	불량퇴출sol	BIT	P00020	✔	
7	세척기sol	BIT	P00021	✔	
8	전동기	BIT	P00022	✔	

(4) 프로그램

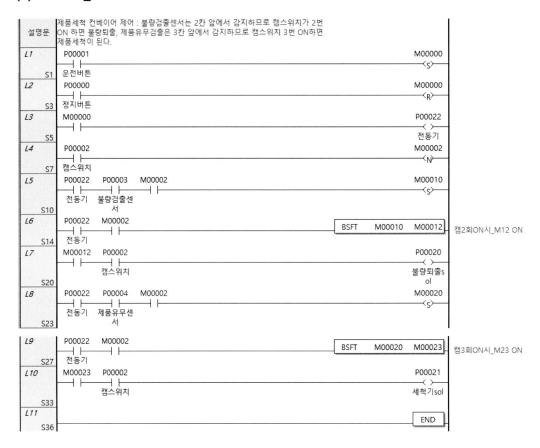

■ BSFT(Bit Shift)

- 시작 비트(St)로부터 끝 비트(Ed) 방향으로 비트 데이터를 각각 1비트씩 shift한다.
- 비트 shift 방향
    - St < Ed : left shift   - St > Ed : right shift

(1) 제어조건

Start버튼을 터치하면 컨베이어상의 제품이 이송된다. 이때 제품이 요구르트라면 뚜껑 (알루미늄 금박)이 없는 것은 불량품이므로 제품감지센서가 작동하여 불량품(제품감지센 서는 작동하지만 금속감지센서가 작동하지 않음)은 0.5초 후 편솔 실린더의 전진으로 퇴 출시키고, 실린더전진센서가 감지되면 실린더가 복귀한다. 그러나 정품인 경우에는 그냥 통과한다.

(2) 변수목록

	변수	타입 ▲	디바이스	사용 유무	설명문
1	start	BIT	P00000	☑	
2	stop	BIT	P00001	☑	
3	금속검출센서	BIT	P00002	☑	
4	제품검출센서	BIT	P00003	☑	
5	실린더전진검출센서	BIT	P00004	☑	
6	컨베이어	BIT	P00020	☑	
7	실린더편솔_솔레노이드	BIT	P00021	☑	

(3) 프로그램

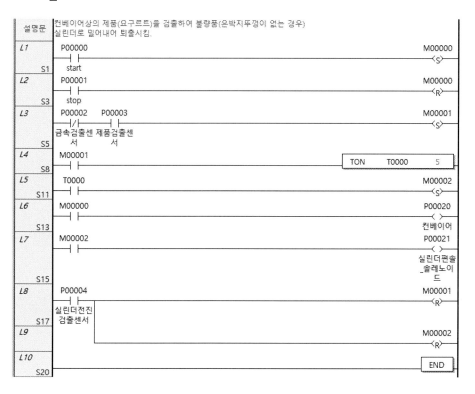

(4) 시뮬레이션

1) 정품인 경우

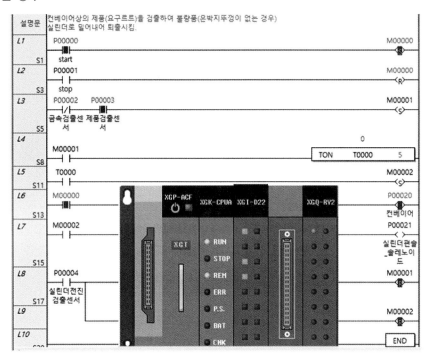

2) 불량품인 경우

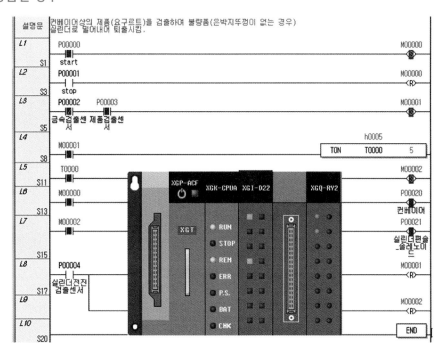

광고 문자판 제어 (TRTG 이용)

(1) 제어조건

- Start버튼을 터치하면 7개의 광고 문자판을 1초 간격으로 차례로 점등시킨다.
- Stop버튼을 터치하면 그 사이클이 종료 후 정지한다.

(2) 변수목록

	변수	타입 ▲	디바이스	사용 유무	설명문
1	stop	BIT	P00000	☑	
2	start	BIT	P00001	☑	
3	문자_1	BIT	P00020	☑	
4	문자_2	BIT	P00021	☑	
5	문자_3	BIT	P00022	☑	
6	문자_4	BIT	P00023	☑	
7	문자_5	BIT	P00024	☑	
8	문자_6	BIT	P00025	☑	
9	문자_7	BIT	P00026	☑	

(3) 프로그램

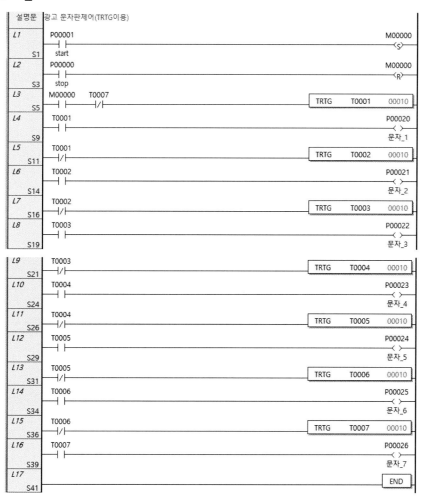

■ TRTG(리트리거블 타이머)

입력조건이 성립되면 타이머 출력이 On되고 타이머의 현재치가 설정치로부터 감소하기 시작하여 0이 되면 타이머 출력은 Off된다. 타이머의 현재치가 0이 되기 전에 또 다시 입력 조건이 Off → On하면 타이머 현재치는 설정치로 재설정된다.

응용 27 세척동 제어

(1) 제어조건

- Start버튼을 터치하면 세척동은 자동으로 세 번을 담갔다가 나오며, 잠기는 시간은 각각 3초이다.
- 작업이 완료되어 행거가 상부검출 리밋을 ON시키면 작업완료 표시램프가 켜지고 작업 행거가 멈춘다.
- Start버튼을 다시 터치하면 작업이 다시 시작된다.

(2) 시스템도

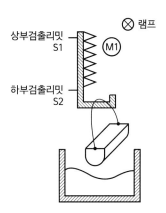

(3) 변수목록

	변수	타입 ▲	디바이스	사용 유무	설명문
1	초기조건	BIT	M00000	☑	
2	start	BIT	P00000	☑	
3	S1	BIT	P00001	☑	상부 검출리밋
4	S2	BIT	P00002	☑	하부 검출리밋
5	MC1	BIT	P00021	☑	모터정회전_하강
6	MC2	BIT	P00022	☑	모터역회전_상승
7	램프	BIT	P00023	☑	작업완료표시램프

(4) 프로그램

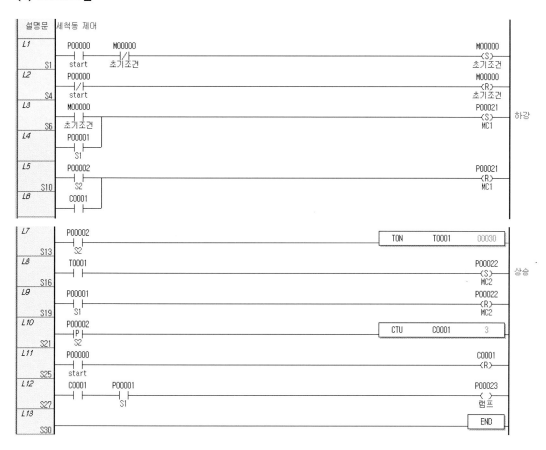

설명문	세척동 제어

L1 / S1: P00000 start — M00000 초기조건 → M00000 <S> 초기조건

L2 / S4: P00000 start — M00000 <R> 초기조건

L3 / S6: M00000 초기조건 → P00021 <S> MC1 하강

L4: P00001 S1

L5 / S10: P00002 S2 → P00021 <R> MC1

L8: C0001

L7 / S13: P00002 S2 → TON T0001 00030

L8 / S16: T0001 → P00022 <S> MC2 상승

L9 / S19: P00001 S1 → P00022 <R> MC2

L10 / S21: P00002 |P| S2 → CTU C0001 3

L11 / S25: P00000 start → C0001 <R>

L12 / S27: C0001 P00001 S1 → P00023 < > 램프

L13 / S30: END

응용 28 자동창고 시스템

(1) 제어조건

- 자동창고에서 입고컨베이어 버튼 및 출고컨베이어 버튼을 ON시키면 그 컨베이어들이 작동한다.
- 입고센서가 작동하면 창고의 재고는 증가하고, 출고센서가 작동하면 재고가 감소한다. 리셋버튼에 의해 재고를 초기화할 수 있다.
- 재고는 BCD표시기에 표시된다.
- 재고가 10개 이상이면 입고컨베이어가 작동하지 않고, 재고가 0 이하이면 출고컨베이어가 움직이지 않는다.
- Stop버튼에 의해 시스템은 정지한다.
- * 16진수로 표시함이 편리함

(2) 시스템도

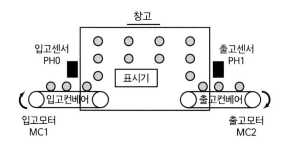

(3) 변수목록

	변수	타입 ▲	디바이스	사용 유무	설명문
1	PB1	BIT	P00000	☑	입고컨베이어버튼
2	PB2	BIT	P00001	☑	출고컨베이어버튼
3	리셋버튼	BIT	P00002	☑	
4	PH0	BIT	P00008	☑	입고센서
5	PH1	BIT	P00009	☑	출고센서
6	stop	BIT	P0000A	☑	시스템정지버튼
7	MC1	BIT	P00020	☑	입고컨베이어모터
8	MC2	BIT	P00021	☑	출고컨베이어모터
9	BCD표시기	WORD	P0003	☑	재고숫자표시기

(4) 프로그램

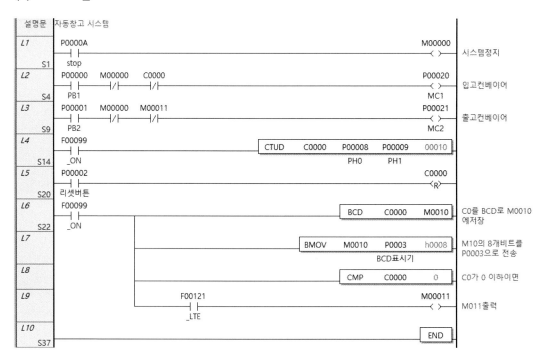

(1) 제어조건

- Start버튼은 자동운전 준비버튼이고, stop버튼은 정지버튼이다.
- 한번에 한 개의 컨테이너만을 채운다. 둘 다 비어있는 경우는 1번을 먼저 채운다.
- 갈수신호 S3 또는 S5가 ON하면 해당되는 밸브 Y1 또는 Y2가 열리고, 메인밸브 Y0는 10초 후에 열린다. 밸브 Y1이 작동 중에는 밸브 Y2가 작동할 수 없고, Y2가 작동 중에는 Y1이 작동할 수 없는 인터록 상태이다.
- 만수신호 S2 또는 S4가 ON하면 메인밸브 Y0가 닫히고, 5초 후에 해당밸브 Y1 또는 Y2가 닫힌다. Stop버튼이 ON되면 모든 밸브는 닫힌다.

(2) 시스템도

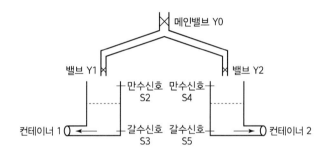

(3) 변수목록

	변수	타입 ▲	디바이스	사용 유무	설명문
1	stop	BIT	P00000	☑	s0
2	start	BIT	P00001	☑	s1
3	s2	BIT	P00002	☑	1번 만수 플로트 스위치
4	s3	BIT	P00003	☑	1번 갈수 플로트 스위치
5	s4	BIT	P00004	☑	2번 만수 플로트 스위치
6	s5	BIT	P00005	☑	2번 갈수 플로트 스위치
7	Y0	BIT	P00020	☑	메인밸브
8	Y1	BIT	P00021	☑	1번 컨테이너 밸브
9	Y2	BIT	P00022	☑	2번 컨테이너 밸브
10	램프	BIT	P00023	☑	작동표시램프

(4) 프로그램

설명문	우유 컨테이너 1 및 2의 채우기 제어	
L1 S1	P00001 ─┤ ├─ start	P00023 ─(S)─ 램프
L2 S3	P00000 ─┤ ├─ stop	P00023 ─(R)─ 램프

(계속)

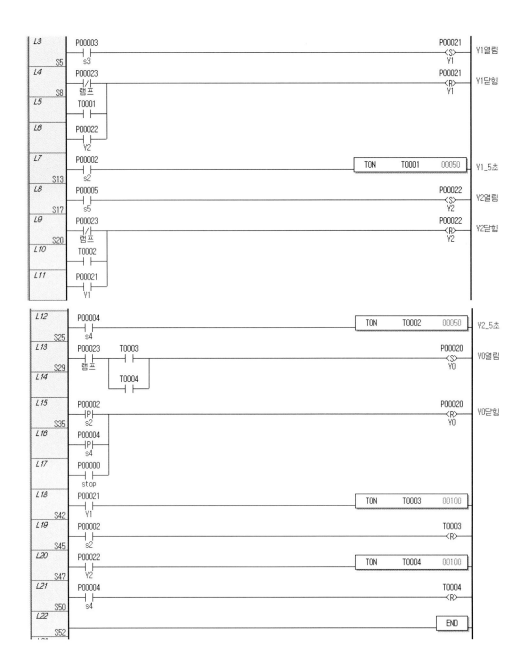

응용 30 램프 순차교대동작 반복

(1) 제어조건

램프 5개가 start스위치를 터치하면 램프1이 점등하고, 2초 후 램프2가 점등과 동시에 램프1은 소등하는 식의 제어가 램프5까지 이어지고 stop스위치를 누를 때까지 반복된다.

(2) 변수목록

	변수	타입 ▲	디바이스	사용 유무	설명문
1	stop	BIT	P00000	☑	
2	start	BIT	P00001	☑	
3	램프1	BIT	P00020	☑	
4	램프2	BIT	P00021	☑	
5	램프3	BIT	P00022	☑	
6	램프4	BIT	P00023	☑	
7	램프5	BIT	P00024	☑	

(3) 프로그램

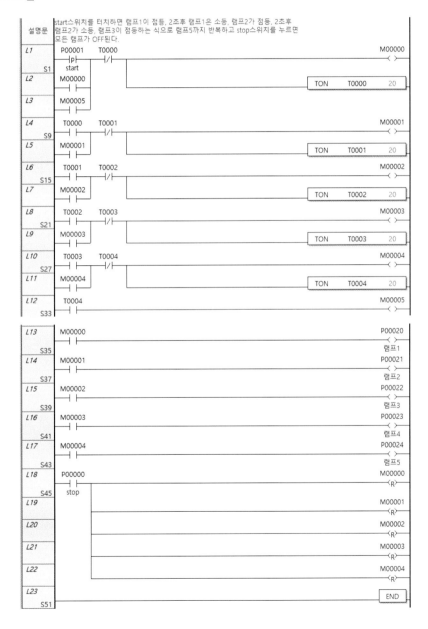

램프 순차동작, 순차정지 반복

(1) 제어조건

    Start스위치를 터치하면 램프1부터 램프5까지 순차적으로 2초 간격으로 점등하고, 2초 후 램프1부터 램프5까지 순차적으로 2초 간격으로 소등하는 동작을 반복한다. Stop스위치를 ON하면 모든 램프가 소등된다.

(2) 변수목록

	변수	타입 ▲	디바이스	사용 유무	설명문
1	stop	BIT	P00000	☑	
2	start	BIT	P00001	☑	
3	램프1	BIT	P00020	☑	
4	램프2	BIT	P00021	☑	
5	램프3	BIT	P00022	☑	
6	램프4	BIT	P00023	☑	
7	램프5	BIT	P00024	☑	

(3) 프로그램

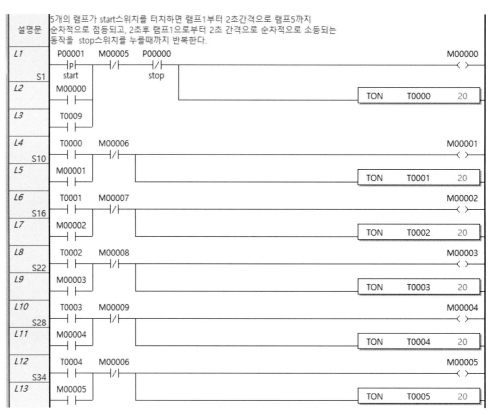

(계속)


```
L14      T0005   M00007                                          M00006
S40       ┤├      ┤/├                                             ─< >─
L15      M00006                                            ┌─────────────────┐
          ┤├                                               │ TON   T0006   20 │
                                                           └─────────────────┘
L16      T0006   M00008                                          M00007
S46       ┤├      ┤/├                                             ─< >─
L17      M00007                                            ┌─────────────────┐
          ┤├                                               │ TON   T0007   20 │
                                                           └─────────────────┘
L18      T0007   M00009                                          M00008
S52       ┤├      ┤/├                                             ─< >─
L19      M00008                                            ┌─────────────────┐
          ┤├                                               │ TON   T0008   20 │
                                                           └─────────────────┘
L20      T0008   T0009                                           M00009
S58       ┤├      ┤/├                                             ─< >─
L21      M00009                                            ┌─────────────────┐
          ┤├                                               │ TON   T0009   20 │
                                                           └─────────────────┘
L22      M00000                                                  P00020
S64       ┤├                                                      ─< >─
                                                                   램프1
L23      M00001                                                  P00021
S66       ┤├                                                      ─< >─
                                                                   램프2
L24      M00002                                                  P00022
S68       ┤├                                                      ─< >─
                                                                   램프3
L25      M00003                                                  P00023
S70       ┤├                                                      ─< >─
                                                                   램프4
L26      M00004                                                  P00024
S72       ┤├                                                      ─< >─
                                                                   램프5
L27      P00000                                                  M00000
S74       ┤├                                                      ─<R>─
          stop
L28                                                              M00001
                                                                 ─<R>─
L29                                                              M00002
                                                                 ─<R>─
L30                                                              M00003
                                                                 ─<R>─
L31                                                              M00004
                                                                 ─<R>─
L32                                                             ┌─────┐
S80                                                             │ END │
                                                               └─────┘
```

응용 32 램프 순차점등, 역 순차소등

(1) 제어조건

Start스위치를 터치하면 램프1부터 램프5까지 2초 간격으로 순차적으로 점등하고, 2초 후 램프5부터 램프1까지 2초 간격으로, 즉 역순으로 소등하는 동작을 반복하며, stop스위치를 ON하면 모든 램프가 소등된다.

(2) 변수목록

	변수	타입 ▲	디바이스	사용 유무	설명문
1	stop	BIT	P00000	☑	
2	start	BIT	P00001	☑	
3	램프1	BIT	P00020	☑	
4	램프2	BIT	P00021	☑	
5	램프3	BIT	P00022	☑	
6	램프4	BIT	P00023	☑	
7	램프5	BIT	P00024	☑	

(3) 프로그램

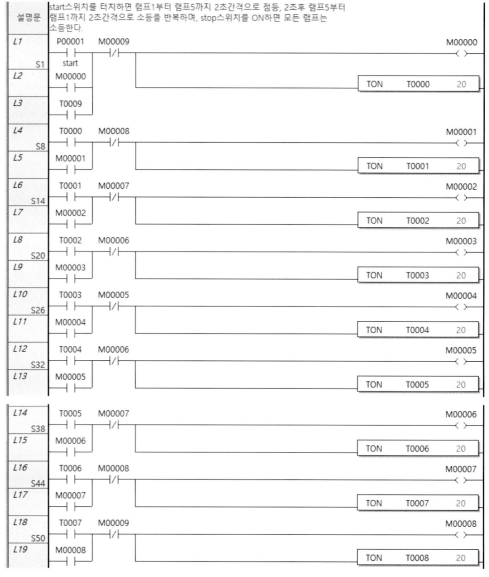

(계속)

```
L20          T0008    T0009                                          M00009
S56          ─┤ ├─────┤/├──────────────────────────────────────────( )

L21          M00009                                              ┌──────────────────────┐
             ─┤ ├───────┐                                       │ TON    T0009      20 │
                                                                 └──────────────────────┘
L22          M00000                                                  P00020
S64          ─┤ ├──────────────────────────────────────────────────( )
                                                                     램프1
L23          M00001                                                  P00021
S66          ─┤ ├──────────────────────────────────────────────────( )
                                                                     램프2
L24          M00002                                                  P00022
S68          ─┤ ├──────────────────────────────────────────────────( )
                                                                     램프3

L25          M00003                                                  P00023
S70          ─┤ ├──────────────────────────────────────────────────( )
                                                                     램프4
L26          M00004                                                  P00024
S72          ─┤ ├──────────────────────────────────────────────────( )
                                                                     램프5
L27          P00000                                                  M00000
S74          ─┤ ├───────┐                                           ─(R)
             stop        │
L28                      │                                           M00001
                         │                                          ─(R)
L29                      │                                           M00002
                         │                                          ─(R)
L30                      │                                           M00003
                         │                                          ─(R)
L31                      │                                           M00004
                         └──────────────────────────────────────────(R)

L32                                                                ┌───────┐
S80          ─────────────────────────────────────────────────────│  END  │
                                                                   └───────┘
```

연습 1 푸시버튼을 누를 때마다 램프가 순차 ON/OFF되는 프로그램을 작성하여라.

■ 제어조건

3개의 램프1, 램프2, 램프3이 있다. 푸시버튼을 누를 때마다 램프1부터 램프3까지 순차적으로 ON/OFF를 수행한다.

■ 변수목록

	변수	타입 ▲	디바이스	사용 유무	설명문
1	푸시버튼	BIT	P00001	☑	
2	램프1	BIT	P00020	☑	
3	램프2	BIT	P00021	☑	
4	램프3	BIT	P00022	☑	

연습 2 그룹전송

■ 제어조건

스위치1이 ON되면 R01000부터 50개의 워드데이터를 D10000부터 50개의 워드에 저장하고(1개의 데이터만 주면 1개의 데이터만 저장), 스위치2가 ON되면 R01050부터 50개의 워드데이터를 D20000부터 50개의 워드에 저장된다.

■ 변수목록

	변수	타입 ▲	디바이스	사용 유무	설명문
1	스위치1	BIT	P00000	☑	
2	스위치2	BIT	P00001	☑	

연습 3 모터 순차제어(타이머를 이용한)

■ 제어조건

Start버튼을 터치하면 3초 후 모터1로부터 모터5까지 3초 간격으로 ON되며, stop버튼을 터치하면 ON상태의 최종 모터로부터 모터1까지 3초 간격으로 OFF된다.

■ 변수목록

	변수	타입 ▲	디바이스	사용 유무	설명문
1	start	BIT	P00000	☑	
2	stop	BIT	P00001	☑	
3	모터1	BIT	P00020	☑	
4	모터2	BIT	P00021	☑	
5	모터3	BIT	P00022	☑	
6	모터4	BIT	P00023	☑	
7	모터5	BIT	P00024	☑	

■ 제어조건

- 모터 4개의 동작수를 제어한다.
- 증가버튼을 ON시킬 때마다 동작하는 모터수를 1개씩 증가시키고, 감소버튼을 누를 때마다 동작하는 모터수는 1개씩 감소한다.
- 4개의 모터가 작동하고 있을 때 증가버튼을 ON시키면 모든 모터가 정지하고, 1개의 모터가 작동하고 있을 때 감소버튼을 ON시키면 모터는 하나도 작동하지 않는다.

■ 변수목록

	변수 종류	변수	타입	디바이스	래치	사용 유무	설명문
1	VAR	감소버튼	BIT	P00001		☑	
2	VAR	모터1	BIT	P00020		☑	
3	VAR	모터2	BIT	P00021		☑	
4	VAR	모터3	BIT	P00022		☑	
5	VAR	모터4	BIT	P00023		☑	
6	VAR	증가버튼	BIT	P00000		☑	

연습 5 편솔_양솔_실린더_혼용

■ 제어조건

- Start스위치를 터치하면 실린더A(편솔레노이드 밸브 사용), 실린더B(양솔레노이드 밸브 사용)가 A＋B＋B－A－의 시퀀스로 작동된다(실린더(A : 편솔, B : 양솔)의 A＋B＋B－A－제어).
- Stop스위치를 ON하면 그 사이클이 종료된 후 모든 실린더가 초기위치로 복귀한다.

■ 시스템도

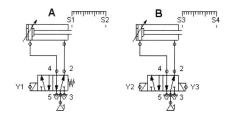

■ 변수목록

	변수	타입 ▲	디바이스	사용 유무	설명문
1	start	BIT	P00000	☑	
2	S1	BIT	P00001	☑	실린더A_후진리밋단
3	S2	BIT	P00002	☑	실린더A_전진단리밋
4	S3	BIT	P00003	☑	실린더B_후진단리밋
5	S4	BIT	P00004	☑	실린더B_전진단리밋
6	stop	BIT	P00007	☑	
7	Y1	BIT	P00020	☑	실린더A_솔레노이드
8	Y2	BIT	P00021	☑	실린더B_솔레노이드1
9	Y3	BIT	P00022	☑	실린더B_솔레노이드2

■ 제어조건

- 펌프 3대가 작동하는 상황을 모니터하여 제어한다.
- 2대 이상의 펌프가 작동 시에는 램프가 항상 점등된다.
- 펌프가 1대만 작동 시에는 램프가 3초 간격으로 점멸한다.
- 3대의 펌프가 모두 정지 시에는 램프가 1초 간격으로 점멸한다.

■ 변수목록

	변수 종류	변수	타입	디바이스	래치	사용 유무	설명문
1	VAR	램프	BIT	P00030		☑	
2	VAR	펌프1	BIT	P00021		☑	
3	VAR	펌프1_버튼	BIT	P00000		☑	
4	VAR	펌프2	BIT	P00022		☑	
5	VAR	펌프2_버튼	BIT	P00001		☑	
6	VAR	펌프3	BIT	P00023		☑	
7	VAR	펌프3_버튼	BIT	P00002		☑	

연습 7 팔레트 승강대 제어

■ 제어조건

- S1을 터치하면 1번 컨베이어가 작동하여 경사 롤러를 내려온 공작물이 S2를 ON시키면 1번 컨베이어(C_1)는 정지하고, 팔레트가 상승한다(최초에 S3는 ON상태임).
- 팔레트가 S4를 동작시키면 팔레트가 정지하고 1번과 2번 컨베이어(C_2)가 작동한다.
- 2번 컨베이어를 타고 가는 공작물이 S5를 ON시키면 두 컨베이어가 멈추고 팔레트 승강대는 S3가 ON될 때까지 하강한다.

■ 시스템도

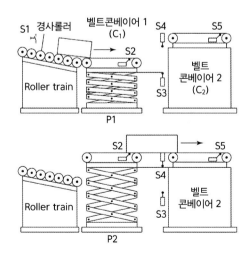

	변수	타입 ▲	디바이스	사용 유무	설명문
1	S1	BIT	P00001	☑	1번 컨베어 구동스위치
2	S2	BIT	P00002	☑	2번 컨베어 구동스위치
3	S3	BIT	P00003	☑	팔레트 하강정지스위치
4	S4	BIT	P00004	☑	팔레트 상승정지스위치
5	S5	BIT	P00005	☑	1, 2번 컨베어정지, 팔레트 하강스위치
6	컨베어1	BIT	P00020	☑	1번 컨베어
7	컨베어2	BIT	P00021	☑	2번 컨베어
8	Y1	BIT	P00022	☑	팔레트승강대상승
9	Y2	BIT	P00023	☑	팔레트승강대하강

연습 8 카운터 결과값의 구분출력

■ 제어조건

- 업다운 카운터의 현재값이 10 미만이면 램프_10미만이 ON되고, 10~19이면 램프_20미만이 ON, 20~29이면 램프_30 미만이 ON, 30~39이면 램프_40 미만이 ON, 40 이상이면 램프_40 이상이 ON된다.
- P00000의 신호가 입력되면 카운터값이 증가, P00001의 신호가 입력되면 카운터값이 감소한다. 카운터값은 BCD표시기에 표시된다.

■ 변수목록

	변수	타입 ▲	디바이스	사용 유무	설명문
1	up버튼	BIT	P00000	☑	
2	down버튼	BIT	P00001	☑	
3	리셋버튼	BIT	P00002	☑	
4	램프_10미만	BIT	P00020	☑	
5	램프_20미만	BIT	P00021	☑	
6	램프_30미만	BIT	P00022	☑	
7	램프_40미만	BIT	P00023	☑	
8	램프_40이상	BIT	P00024	☑	
9	BCD표시기	WORD	P0003	☑	

연습 9 수위표시 제어

■ 제어조건

- 탱크의 수위는 흡입 및 배출 스위치에 의해서 변화된다.
- 흡입 리밋스위치의 1회 작동에 의해 수위가 1 cm씩 상승한다.
- 배출 리밋스위치의 1회 작동에 의해 수위가 1 cm씩 하강한다.
- 수위가 상한값 20 cm 이상이 되면 표시등 H_2가 0.5초 간격으로 점멸한다.
- 수위가 하한값 10 cm 미만이 되면 표시등 H_1이 0.5초 간격으로 점멸한다. 그 사이의 수위에서는 표시등이 작동하지 않는다.
- 리셋버튼에 의해 수위가 0이 되며, 시스템정지버튼이 ON되면 모든 시스템이 정지한다.

■ 시스템도

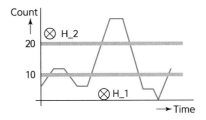

■ 변수목록

	변수	타입 ▲	디바이스	사용 유무	설명문
1	LS1	BIT	P00001	☑	흡입스위치
2	LS2	BIT	P00002	☑	배출스위치
3	PB3	BIT	P00003	☑	리셋버튼
4	PB4	BIT	P00004	☑	시스템정지버튼
5	H_1	BIT	P00020	☑	수위10표시
6	H_2	BIT	P00021	☑	수위20표시

연습 10 모터의 과부하 경보회로

■ 제어조건

- 정지표시등이 점등된 상태에서 start스위치를 ON하면 모터가 작동하고, 운전표시등이 켜진다(정지표시등은 소등). Stop스위치를 ON하면 모터가 정지하고 정지표시등이 켜진다.
- Start스위치가 ON상태에서 운전 중 과부하계전기가 동작하면 모터가 정지하고 경고등이 켜진다. 5초 후에 경고등이 꺼지고 대신 부저가 5초간 울리며, 이러한 반복동작은 동작원인이 제거되어 과부하계전기가 OFF될 때까지 계속되며, 다시 모터를 작동시키려면 start스위치를 ON시키면 된다.

■ 변수목록

	변수	타입 ▲	디바이스	사용 유무	설명문
1	stop	BIT	P00000	☑	
2	start	BIT	P00001	☑	
3	과부하계전기	BIT	P00002	☑	
4	모터	BIT	P00020	☑	
5	정지표시등	BIT	P00021	☑	
6	운전표시등	BIT	P00022	☑	
7	경고등	BIT	P00026	☑	
8	부저	BIT	P00027	☑	

연습 11 인버터를 이용한 모터 8속 운전

■ 제어조건

- Start스위치를 터치하면 속도0부터 속도7까지 1초 간격으로 모터의 속도를 8가지로 변화시켜 운전한다.

- 변화속도의 크기는 다음과 같다.

  0속 : Fx_ ON,

  1속 : Fx_ ON, P_1 ON

  2속 : Fx_ ON, P_2 ON,

  3속 : Fx_ ON, P_1 ON, P_2 ON,

  4속 : Fx_ ON,   P_3 ON

  5속 : Fx_ ON, P_1 ON,   P_3 ON

  6속 : Fx_ ON,   P_2 ON, P_3 ON

  7속 : Fx_ ON, P_1 ON, P_2 ON, P_3 ON

■ 변수목록

	변수	타입 ▲	디바이스	사용 유무	설명문
1	start	BIT	P00000	☑	
2	stop	BIT	P00001	☑	
3	Fx	BIT	P00020	☑	
4	P_1	BIT	P00025	☑	
5	P_2	BIT	P00026	☑	
6	P_3	BIT	P00027	☑	

연습 12] 3층 간이 엘리베이터 제어

■ 제어조건

- 1층 호출 시 엘리베이터가 1층에 있지 않거나 2층 호출 시 1층이나 2층에 있지 않으면 엘리베이터가 하강하고, 1층 호출 시 1층에 다다르거나 2층 호출 시 2층에 다다르면 5초간 정지한다.

- 3층 호출 시 엘리베이터가 3층에 있지 않거나 2층 호출 시 엘리베이터가 3층이나 2층에 있지 않으면 상승하고, 호출한 층에 다다르면 5초간 정지 대기한다.

■ 변수목록

	변수	타입 ▲	디바이스	사용 유무	설명문
1	보조1F	BIT	M00001	☑	1층 호출유지
2	보조2F	BIT	M00002	☑	2층 호출유지
3	보조3F	BIT	M00003	☑	3층 호출유지
4	버튼1F	BIT	P00001	☑	1층 목표버튼
5	버튼2F	BIT	P00002	☑	2층 목표버튼
6	버튼3F	BIT	P00003	☑	3층 목표버튼
7	센서1F	BIT	P00011	☑	1층 도달확인 센서
8	센서2F	BIT	P00012	☑	2층 도달확인 센서
9	센서3F	BIT	P00013	☑	3층 도달확인 센서
10	하강	BIT	P00020	☑	
11	상승	BIT	P00021	☑	

연습 1 프로그램

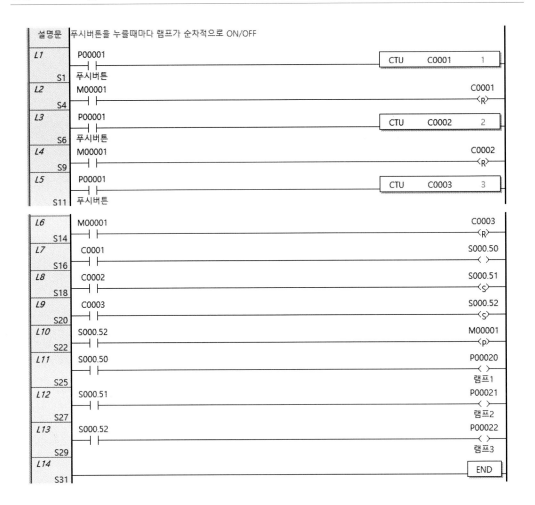

설명문	푸시버튼을 누를때마다 램프가 순차적으로 ON/OFF			
L1 S1	P00001 푸시버튼		CTU	C0001	1
L2 S4	M00001			C0001 ‹R›
L3 S6	P00001 푸시버튼		CTU	C0002	2
L4 S9	M00001			C0002 ‹R›
L5 S11	P00001 푸시버튼		CTU	C0003	3

L6 S14	M00001	C0003 ‹R›
L7 S16	C0001	S000.50 ‹ ›
L8 S18	C0002	S000.51 ‹S›
L9 S20	C0003	S000.52 ‹S›
L10 S22	S000.52	M00001 ‹P›
L11 S25	S000.50	P00020 ‹ › 램프1
L12 S27	S000.51	P00021 ‹ › 램프2
L13 S29	S000.52	P00022 ‹ › 램프3
L14 S31		END

연습 2 프로그램

설명문	그룹전송 : 스위치1이 ON되면 R01000부터 50개의 워드데이터를 D10000부터 50개의 워드에 저장하고, 스위치2가 ON되면 R01050부터 50개의 워드데이터를 D10000부터 50개의 워드에 저장된다.				
L1 S1	P00000 ─┤P├─ 스위치1		GMOV	R01000	D10000	50
L2 S7	P00001 ─┤P├─ 스위치2		GMOV	R01050	D20000	50
L3 S13			END

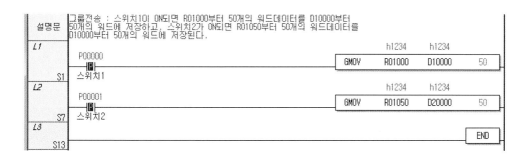

	0	1	2	3	4	5	6	7	8	9
R00990	0000	0000	0000	0000	0000	0000	0000	0000	0000	0000
R01000	1234	2345	3456	4567	5678	6789	123A	0000	0000	0000
R01010	0000	0000	0000	0000	0000	0000	0000	0000	0000	0000
R01020	0000	0000	0000	0000	0000	0000	0000	0000	0000	0000

	0	1	2	3	4	5	6	7	8	9
D09980	0000	0000	0000	0000	0000	0000	0000	0000	0000	0000
D09990	0000	0000	0000	0000	0000	0000	0000	0000	0000	0000
D10000	1234	2345	3456	4567	5678	6789	123A	0000	0000	0000
D10010	0000	0000	0000	0000	0000	0000	0000	0000	0000	0000

	0	1	2	3	4	5	6	7	8	9
R01030	0000	0000	0000	0000	0000	0000	0000	0000	0000	0000
R01040	0000	0000	0000	0000	0000	0000	0000	0000	0000	0000
R01050	1234	3456	5678	789A	A123	678F	0000	0000	0000	0000
R01060	0000	0000	0000	0000	0000	0000	0000	0000	0000	0000

	0	1	2	3	4	5	6	7	8	9
D19980	0000	0000	0000	0000	0000	0000	0000	0000	0000	0000
D19990	0000	0000	0000	0000	0000	0000	0000	0000	0000	0000
D20000	1234	3456	5678	789A	A123	678F	0000	0000	0000	0000
D20010	0000	0000	0000	0000	0000	0000	0000	0000	0000	0000

여기서는 L1라인에서 R01000∼R01006까지 7개의 워드데이터만 입력하여 D10000으로부터 D10006까지 7개의 워드데이터가 저장된 상태이며, L2라인에서 R01050∼R01055까지 6개의 워드데이터만 입력하여 D20000으로부터 D20005까지 6개의 워드데이터가 저장된 상태이다.

설명문	타이머를 이용한 모터의 순차제어 : satrt버튼을 터치하면 3초후 모터1부터 모터5까지 3초 간격으로 ON되고 stop버튼을 터치하면 3초 후 그 모터부터 모터1까지 3초 간격으로 OFF된다.

```
L1        P00000    M00002                                                          M00000
S1        ─┤ ├──    ─┤/├──                                                          ─( )─
          start
L2        M00000
          ─┤ ├──

L3        P00001    M00000    P00000                                                M00001
S5        ─┤ ├──    ─┤ ├──    ─┤/├──                                               ─( )─
          stop                 start
L4        M00001
          ─┤ ├──

L5        M00001    P00020    P00021    P00022    P00023    P00024                  M00002
S10       ─┤ ├──    ─┤/├──    ─┤/├──    ─┤/├──    ─┤/├──    ─┤/├──                 ─( )─
                    모터1      모터2      모터3      모터4      모터5

L6        M00000    T0010                                          TON    T0001    30
S17       ─┤ ├──    ─┤/├──

L7        T0001                                                                     P00020
S21       ─┤ ├──                                                                   ─( )─
                                                                                    모터1
L8        T0001     T0009                                          TON    T0002    30
S23       ─┤ ├──    ─┤/├──

L9        T0002                                                                     P00021
S27       ─┤ ├──                                                                   ─( )─
                                                                                    모터2
L10       T0002     T0008                                          TON    T0003    30
S29       ─┤ ├──    ─┤/├──

L11       T0003                                                                     P00022
S33       ─┤ ├──                                                                   ─( )─
                                                                                    모터3
L12       T0003     T0007                                          TON    T0004    30
S35       ─┤ ├──    ─┤/├──

L13       T0004                                                                     P00023
S39       ─┤ ├──                                                                   ─( )─
                                                                                    모터4
L14       T0004     T0006                                          TON    T0005    30
S41       ─┤ ├──    ─┤/├──

L15       T0005                                                                     P00024
S45       ─┤ ├──                                                                   ─( )─
                                                                                    모터5
L16       M00001                                                          MCS      0
S47       ─┤ ├──

L17       P00024                                                                    M00007
S49       ─┤ ├──                                                                   ─( )─
          모터5
L18       M00007
          ─┤ ├──

L19       M00007                                                   TON    T0006    30
S52       ─┤ ├──

L20       P00023    P00024                                                          M00008
S55       ─┤ ├──    ─┤/├──                                                         ─( )─
          모터4      모터5
L21       M00008
          ─┤ ├──

L22       T0006                                                    TON    T0007    30
S59       ─┤ ├──

L23       M00008
          ─┤ ├──
```

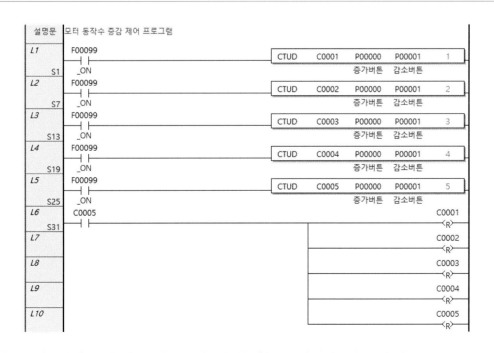

L24 S63	P00022 모터3 ┤├	P00023 모터4 ┤/├			M00009 ‹ ›
L25	M00009 ┤├				
L26 S67	T0007 ┤├			TON T0008 30	
L27	M00009 ┤├				
L28 S71	P00021 모터2 ┤├	P00022 모터3 ┤/├			M0000A ‹ ›
L29	M0000A ┤├				
L30 S75	T0008 ┤├			TON T0009 30	
L31	M0000A ┤├				
L32 S79	P00020 모터1 ┤├	P00021 모터2 ┤├			M0000B ‹ ›
L33	M0000B ┤├				
L34 S83	T0009 ┤├			TON T0010 30	
L35	M0000B ┤├				
L36 S87				MCSCLR 0	
L37 S88				END	

연습 4 **프로그램**

설명문	모터 동작수 증감 제어 프로그램					
L1 S1	F00099 ┤├ _ON		CTUD C0001	P00000 증가버튼	P00001 감소버튼	1
L2 S7	F00099 ┤├ _ON		CTUD C0002	P00000 증가버튼	P00001 감소버튼	2
L3 S13	F00099 ┤├ _ON		CTUD C0003	P00000 증가버튼	P00001 감소버튼	3
L4 S19	F00099 ┤├ _ON		CTUD C0004	P00000 증가버튼	P00001 감소버튼	4
L5 S25	F00099 ┤├ _ON		CTUD C0005	P00000 증가버튼	P00001 감소버튼	5
L6 S31	C0005 ┤├					C0001 ‹R›
L7						C0002 ‹R›
L8						C0003 ‹R›
L9						C0004 ‹R›
L10						C0005 ‹R›

L11	C0001		P00020
S37			〈 〉 모터1
L12	C0002		P00021
S39			〈 〉 모터2
L13	C0003		P00022
S41			〈 〉 모터3
L14	C0004		P00023
S43			〈 〉 모터4
L15			END
S45			

연습 5 프로그램

설명문 | 실린더(A:편솔, B:양솔)의 A+B+B-A-제어

L1	P00000 start	P00007 stop		M00000 〈 〉
S1				
L2	M00000			
L3	M00000	P00001 S1	P00003 S3 M00004	M00001 〈 〉
S5				
L4	M00001			
L5	P00002 S2	M00001		M00002 〈 〉
S11				
L6	M00002			
L7	P00004 S4	M00002		M00003 〈 〉
S15				
L8	M00003			
L9	P00003 S3	M00003		M00004 〈 〉
S19				
L10	M00004	P00001 S1		

L11	M00001	M00004	P00020 〈 〉 Y1
S25			
L12	M00002	M00003	P00021 〈 〉 Y2
S28			
L13	M00003		P00022 〈 〉 Y3
S31			
L14			END
S33			

설명문	펌프작동 대수 모니터

```
L1    P00000                                            P00021
S1    ─┤├─                                              ─( )─
      펌프1_버튼                                          펌프1
L2    P00001                                            P00022
S3    ─┤├─                                              ─( )─
      펌프2_버튼                                          펌프2
L3    P00002                                            P00023
S5    ─┤├─                                              ─( )─
      펌프3_버튼                                          펌프3
L4    M00010                                            P00030
S7    ─┤├─┬                                             ─( )─
          │                                             램프
L5    M00100│
      ─┤├──┤
L6    M00101│
      ─┤├──┘

L7    P00021   P00022   P00023                          M00010
S11   ─┤├──────┤├───────┤├──┬                           ─( )─
      펌프1    펌프2    펌프3  │
L8    P00021   P00022   P00023│
      ─┤├──────┤/├──────┤├───┤
      펌프1    펌프2    펌프3  │
L9    P00021   P00022   P00023│
      ─┤/├─────┤├───────┤├───┤
      펌프1    펌프2    펌프3  │
L10   P00021   P00022   P00023│
      ─┤├──────┤├───────┤├───┘
      펌프1    펌프2    펌프3
```

```
L11   P00021   P00022   P00023   T0004                  M00100
S27   ─┤├──────┤/├──────┤/├──────┤/├─┬                  ─( )─
      펌프1    펌프2    펌프3           │
L12   P00021   P00022   P00023        │
      ─┤/├─────┤/├──────┤├───────────┤
      펌프1    펌프2    펌프3           │
L13   P00021   P00022   P00023        │
      ─┤/├─────┤├───────┤/├───────────┘
      펌프1    펌프2    펌프3
L14   M00100                              ┌─────────────────────┐
S40   ─┤├─                                │ TON    T0003    30 │
                                          └─────────────────────┘
L15   T0003                               ┌─────────────────────┐
S43   ─┤├─                                │ TOFF   T0004    30 │
                                          └─────────────────────┘
L16   P00021   P00022   P00023   T0002                  M00101
S46   ─┤/├─────┤/├──────┤/├──────┤├─                    ─( )─
      펌프1    펌프2    펌프3
L17   M00101                              ┌─────────────────────┐
S51   ─┤├─                                │ TON    T0001    10 │
                                          └─────────────────────┘
L18   T0001                               ┌─────────────────────┐
S54   ─┤├─                                │ TOFF   T0002    10 │
                                          └─────────────────────┘
L19                                                ┌──────┐
S57                                                │ END  │
                                                   └──────┘
```

설명문	팔레트 승강대 제어

```
L1          P00002   P00003   P00004   M00004                              M00000
            ─┤/├──────┤/├──────┤├───────┤/├───┐                            ─(S)─
   S1        S2        S3       S4            │
L2          M00004   P00003                   │
            ─┤/├──────┤├────────────────────┘
                       S3

L3          M00001                                                          M00000
            ─┤├───┬                                                        ─(R)─
   S9              │
L4          P00005 │
            ─┤├────┘
                    S5

L5          M00000   P00001                                                M00001
            ─┤├───────┤├──────                                            ─(S)─
   S12                 S1
L6          M00002                                                          M00001
            ─┤├──────                                                      ─(R)─
   S15
L7          M00001   P00002                                                M00002
            ─┤├───────┤├──────                                            ─(S)─
   S17                 S2
L8          M00003                                                          M00002
            ─┤├──────                                                      ─(R)─
   S20
L9          M00002   P00004                                                M00003
            ─┤├───────┤├──────                                            ─(S)─
   S22                 S4
L10         M00004                                                          M00003
            ─┤├──────                                                      ─(R)─
   S25

L11         M00003   P00005                                                M00004
            ─┤├───────┤├──────                                            ─(S)─
   S27                 S5
L12         P00003                                                          M00004
            ─┤├───┬                                                        ─(R)─
   S30       S3    │
L13         M00000 │
            ─┤├────┘

L14         M00001                                                          P00020
            ─┤├───┬                                                        ─( )─
   S33             │                                                        컨베어1
L15         M00003 │
            ─┤├────┘

L16         M00002                                                          P00022
            ─┤├──────                                                      ─( )─
   S36                                                                      Y1
L17         M00003                                                          P00021
            ─┤├──────                                                      ─( )─
   S38                                                                      컨베어2
L18         M00004                                                          P00023
            ─┤├──────                                                      ─( )─
   S40                                                                      Y2
L19                                                                        ┌─────┐
                                                                          │ END │
   S42                                                                     └─────┘
```

설명문	카운터값_구분출력, 10미만 : 램프_10미만, 10~19 : 램프_20미만, 20~29 : 램프_30미만, 30~39 : 램프_40미만, 40이상 : 램프_40이상

L1
F00099 ─┤├─ ⟶ CTUD C0000 P00000 P00001 50
S1 _ON   up버튼 down버튼

L2
F00099 ─┤├─ ⟶ CMP C0000 00010
S7 _ON

L3
F00120 ─┤├─ ⟶ M00000 ⟨ ⟩ 10미만
_LT

L4
F00099 ─┤├─ ⟶ CMP C0000 00020
S13 _ON

L5
F00120 ─┤├─ ⟶ M00001 ⟨ ⟩ 20미만
_LT

L6
F00099 ─┤├─ ⟶ CMP C0000 00030
S19 _ON

L7
F00120 ─┤├─ ⟶ M00002 ⟨ ⟩ 30미만
_LT

L8
F00099 ─┤├─ ⟶ CMP C0000 00040
S25 _ON

L9
F00120 ─┤├─ ⟶ M00003 ⟨ ⟩ 40미만
_LT

L10
M00000 ⟶ P00020 ⟨ ⟩ 램프_10미만
S31

L11
M00000 M00001
─┤/├─ ─┤├─ ⟶ P00021 ⟨ ⟩ 램프_20미만
S33

L12
M00001 M00002
─┤/├─ ─┤├─ ⟶ P00022 ⟨ ⟩ 램프_30미만
S36

L13
M00002 M00003
─┤/├─ ─┤├─ ⟶ P00023 ⟨ ⟩ 램프_40미만
S39

L14
M00003 ─┤/├─ ⟶ P00024 ⟨ ⟩ 램프_40이상
S42

L15
P00002 ─┤├─ ⟶ C0000 ⟨R⟩
S44 리셋버튼

L16
F00099 ─┤├─ ⟶ BCD C0000 P0003
S46 _ON   BCD표시기

L17
⟶ END
S49

연습 9 프로그램

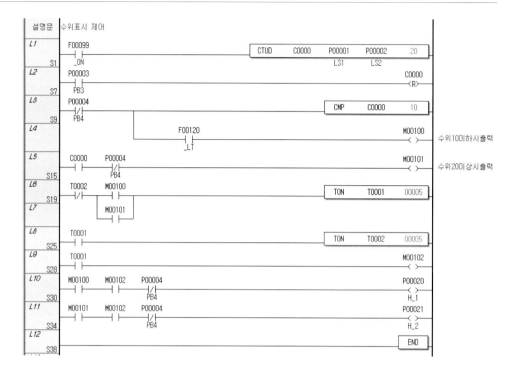

연습 10 프로그램

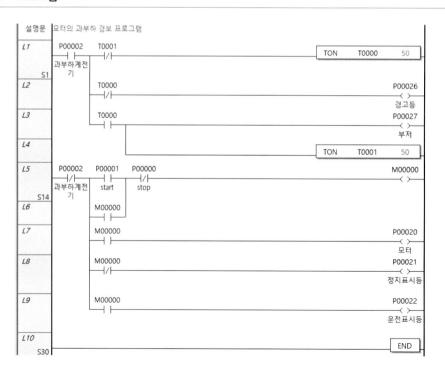

| 설명문 | 인버터를 이용한 모터의 8속 운전 : start스위치를 터치하면 속도가 0~7속도까지
1초 간격으로 속도의 변화를 제어한다. |

L19
S61
L20
L21
L22
L23
L24
L25
L26
M00000
M00001
M00002
M00003
M00004
M00005
M00006
M00007
P00020
Fx

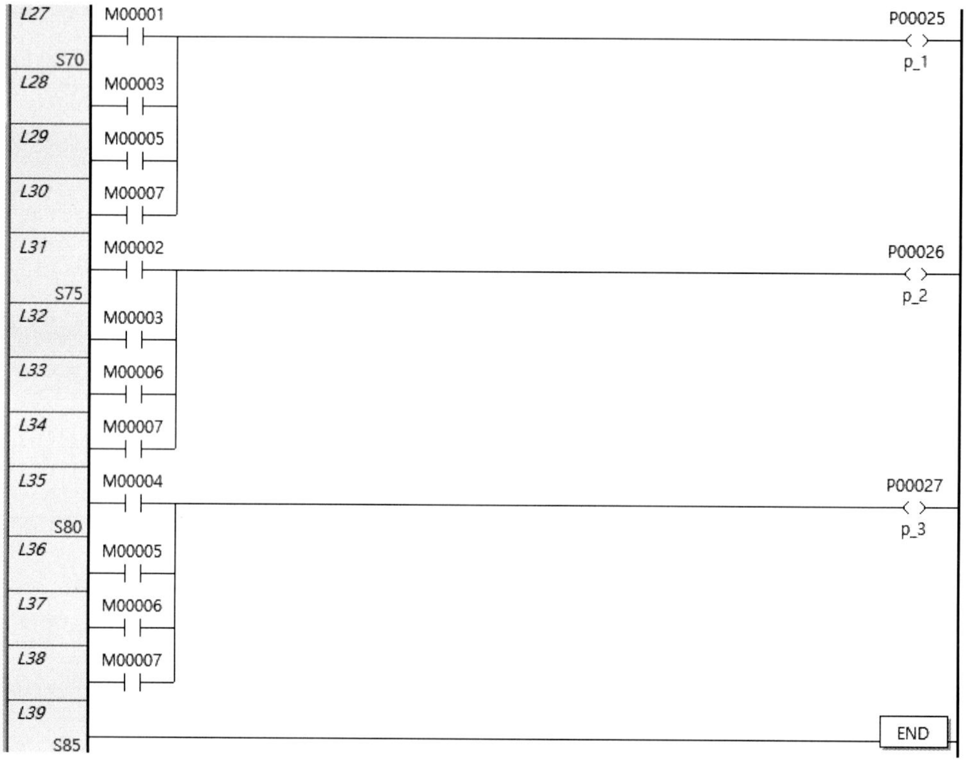
L27
S70
L28
L29
L30
L31
S75
L32
L33
L34
L35
S80
L36
L37
L38
L39
S85
M00001
M00003
M00005
M00007
M00002
M00003
M00006
M00007
M00004
M00005
M00006
M00007
P00025
p_1
P00026
p_2
P00027
p_3
END

설명문	3층 간이 엘리베이터 제어

L1
S1 버튼1F P00001 ─┤├─ │ T0000 ─┤/├─ │ M00002 ─┤/├─ 보조2F │ M00003 ─┤/├─ 보조3F │ M00001 ─( )─ 보조1F │ 2,3층호출 없고 정지시간 아니면 1층호출유지

L2 M00001 ─┤├─ 보조1F

L3
S8 버튼2F P00002 ─┤├─ │ T0000 ─┤/├─ │ M00001 ─┤/├─ 보조1F │ M00003 ─┤/├─ 보조3F │ M00002 ─( )─ 보조2F │ 1, 3층호출 없고 정지시간 아니면 2층호출유지

L4 M00002 ─┤├─ 보조2F

L5
S15 버튼3F P00003 ─┤├─ │ T0000 ─┤/├─ │ M00001 ─┤/├─ 보조1F │ M00002 ─┤/├─ 보조2F │ M00003 ─( )─ 보조3F │ 1,2층호출 없고 정지시간 아니면 3층호출유지

L6 M00003 ─┤├─ 보조3F

L7
S22 보조1F M00001 ─┤├─ │ 센서1F P00011 ─┤/├─ │ 상승 P00021 ─┤/├─ │ 하강 P00020 ─( )─ │ 1층호출:1층에 없거나 ,2층에 없으면 하강

L8 M00002 ─┤├─ 보조2F │ P00011 ─┤/├─ 센서1F │ P00012 ─┤/├─ 센서2F

L9
S31 보조3F M00003 ─┤├─ │ 센서3F P00013 ─┤/├─ │ 하강 P00020 ─┤/├─ │ 상승 P00021 ─( )─ │ 3층호출:3층에 없거나 2층호출:3,2층에 없으면 상승

L10 M00002 ─┤├─ 보조2F │ P00013 ─┤/├─ 센서3F │ P00012 ─┤/├─ 센서2F

L11
S40 보조1F M00001 ─┤├─ │ 센서1F P00011 ─┤├─ │ TMON T0000 50 │ 층 일치시 5초간 정지

L12 M00002 ─┤├─ 보조2F │ P00012 ─┤├─ 센서2F

L13 M00003 ─┤├─ 보조3F │ P00013 ─┤├─ 센서3F

L14
S51 │ END │

부 록

1 수치체계 및 데이터 구조

1. 수치(데이터)의 표현

PLC CPU는 모든 정보를 On과 Off 또는 "1"과 "0"의 상태로 기억하고 처리한다. 따라서 수치연산도 1과 0으로 처리된 수치, 즉 2진수(Binary number …. BIN)로 처리한다.

우리는 10진수에 가장 익숙하므로 PLC에 수치를 쓰거나 읽을 경우, 10진수에서 16진수로, 16진수에서 10진수로 변환이 필요하다. 따라서 10진수와 2진수, 16진수, 2진화 10진수(BCD)의 표현과 상호관계에 대해 설명한다.

(1) 10진수(Decimal)

10진수는 " 0~9의 종류의 기호를 사용하여 순서와 크기(량)를 표현하는 수"를 말하며, 0, 1, 2, 3, 4, … 9 다음에 " 10"으로 자리올림하고 계속 진행된다.

예를 들면, 10진수 153을 행과 "행의 가중치"란 측면에서 보면 다음과 같다.

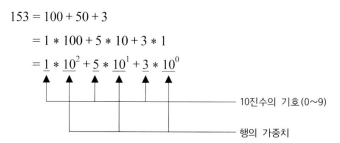

$$153 = 100 + 50 + 3$$
$$= 1 * 100 + 5 * 10 + 3 * 1$$
$$= 1 * \underline{10^2} + 5 * \underline{10^1} + 3 * \underline{10^0}$$

10진수의 기호(0~9)

행의 가중치

(2) 2진수(Binary ….. Bin)

2진수란 "0과 1의 두 종류의 기호를 사용하여 순서와 크기를 나타내는 수"를 말하며, 0, 1 다음에 "10"으로 자리올림을 하고, 계속 진행된다.

그리고 0, 1의 한 자리수를 비트라고 한다.

2진수	10진수
0	0
1	1
10	2
11	3
100	4
101	5
110	6
111	7
1000	8
…	..

예를 들면, 다음의 2진수는 10진수로 얼마나 되는지 생각해 보자.

"10011101"

10진수에서 행번호와 행의 가중치를 고려하였듯이 우측부터 비트번호와 비트가중치를 붙여보자.

7	6	5	4	3	2	1	0	비트번호 2진수
1	0	0	1	1	1	0	1	
2^7	2^7	2^7	2^7	2^7	2^7	2^7	2^7	
⋮	⋮	⋮	⋮	⋮	⋮	⋮	⋮	
128	64	32	16	8	4	2	1	비트의 가중치

10진수와 같이 각 비트의 코드 가중치 곱의 합을 생각해 보자.

$$= 1 \times 128 + 0 \times 64 + 0 \times 32 + 1 \times 16 + 1 \times 8 + 1 \times 4 + 0 \times 2 + 1 \times 1$$
$$= 128 + 16 + 8 + 4 + 1$$
$$= 157$$

즉, 2진수의 "코드가 1인, 비트의 가중치를 가산한 것"이 10진수로 되는 것이다.
일반적으로 8비트를 1바이트, 16비트(2바이트)를 1워드라 한다.

1	0	0	1	1	1	0	1	← 1비트

1바이트

0	0	0	0	0	0	0	0	1	0	0	1	1	1	0	1	← 1비트

1워드 (2바이트)

(3) 16진수(Hexadecimal : HEX)

16진수도 10진수, 2진수와 동일하게 생각하여 "0~9, A~F 종류의 기호를 사용하여 순서와 크기를 나타내는 수"를 말한다.
그리고 0, 1, 2, ⋯ D, E, F 다음에 "10"으로 자리올림을 하고 계속 진행된다.

$$= (4) \times 16^3 + (A) \times 16^2 + (9) \times 16^1 + (D) \times 16^{30}$$
$$= 4 \times 4096 + 10 \times 256 + 9 \times 16 + 13 \times 1$$
$$= 19101$$

10진수	16진수	2진수
0	0	0
1	1	1
2	2	10
3	3	11
4	4	100
5	5	101
6	6	110
7	7	111
8	8	1000
9	9	1001
10	A	1010
11	B	1011
12	C	1100
13	D	1101
14	E	1110
15	F	1111
16	10	10000
17	11	10001
18	12	10010
⋮	⋮	⋮

16진수의 한자리는 2진수의 4비트로 대응된다.

(4) 2진화 10진수(Binary Coded Decimal : BCD)

2진화 10진수는 "10진수의 각행의 숫자를 2진수로 나타낸 수"를 말한다.

예를 들면, 10진수의 157은 다음과 같이 나타낼 수 있으며, 2진화 10진수는 10진수의 0~9999(4행의 최대치)를 16비트로 나타낸다.

각 비트의 가중치는 다음과 같다.

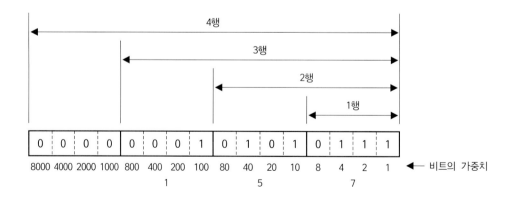

(5) 수치 체계표

2진화 10진수 (Binary coded Decimal) BCD		2진수 (Binary) BIN		10진수 (Decimal)	16진수 (Hexadecimal) H
00000000	00000000	00000000	00000000	0	0000
00000000	00000001	00000000	00000001	1	0001
00000000	00000010	00000000	00000010	2	0002
00000000	00000011	00000000	00000011	3	0003
00000000	00000100	00000000	00000100	4	0004
00000000	00000101	00000000	00000101	5	0005
00000000	00000110	00000000	00000110	6	0006
00000000	00000111	00000000	00000111	7	0007
00000000	00001000	00000000	00001000	8	0008
00000000	00001001	00000000	00001001	9	0009
00000000	00010110	00000000	00001010	10	000A
00000000	00010111	00000000	00001011	11	000B
00000000	00011000	00000000	00001100	12	000C
00000000	00011001	00000000	00001101	13	000D
00000000	00010100	00000000	00001110	14	000E
00000000	00010101	00000000	00001111	15	000F
00000000	00000110	00000000	00010000	16	0010
00000000	00000111	00000000	00010001	17	0011
00000000	00001000	00000000	00010010	18	0012
00000000	00001001	00000000	00010011	19	0013
00000000	00100000	00000000	00010100	20	0014
00000000	00100001	00000000	00010101	21	0015
00000000	00100010	00000000	00010110	22	0016
00000000	00100011	00000000	00010111	23	0017
00000001	00000000	00000000	01100100	100	0064
00000001	00100111	00000000	01111111	127	007F
00000010	01010101	00000000	11111111	255	00FF
00010000	00000000	00000011	11101000	1000	03E8
00100000	01000111	00000111	11111111	2047	07FF
01000000	10010101	00001111	11111111	4095	0FFF
10011001	10011001	00100111	00001111	9999	270F
		00100111	00010000	10000	2710
		01111111	11111111	32767	7FFF

2. 정수표현

XGK 명령어에서는 음수체계연산(Signed)을 기본으로 하며, 이때 정수표시는 최상위 비트(MSB)가 0이 되면 양수를 나타내고, 1이면 음수로 나타나게 된다.

음수, 양수를 표시하는 최상위 비트를 Sign비트라 하며, 16비트, 32비트에서는 MSB의 위치가 다르기 때문에 Sign비트 위치에 주의해야 한다.

(1) 16비트일 경우

(2) 32비트일 경우

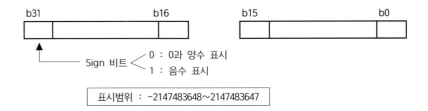

3. 음수의 표현

　(예)　-0001을 표기하는 방법

(1) 음수부호를 생략한 0001을 표기한다(b15 = 1).

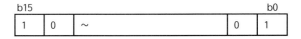

(2) (1)의 결과를 반전시킨다(b15 = 제외).

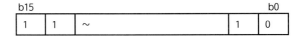

(3) (2)의 결과에 +1을 한다.

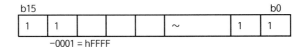

2 특수 릴레이(F) 일람

디바이스1	디바이스2	타입	변수	기능	설명
F0000		DWORD	_SYS_STATE	모드와 상태	PLC의 모드와 운전 상태를 표시한다.
	F00000	BIT	_RUN	RUN	RUN 상태
	F00001	BIT	_STOP	STOP	STOP 상태
	F00002	BIT	_ERROR	ERROR	ERROR 상태
	F00003	BIT	_DEBUG	DEBUG	DEBUG 상태
	F00004	BIT	_LOCAL_CON	로컬 컨트롤	로컬 컨트롤 모드
	F00005	BIT	_MODBUS_CON	모드버스 모드	모드버스 컨트롤 모드
	F00006	BIT	_REMOTE_CON	리모트 모드	리모트 컨트롤 모드
	F00008	BIT	_RUN_EDIT_ST	런중 수정 중	런중 수정 프로그램 다운로드 중
	F00009	BIT	_RUN_EDIT_CHK	런중 수정 중	런중 수정 내부 처리 중
	F0000A	BIT	_RUN_EDIT_DONE	런중 수정 완료	런중 수정 완료
	F0000B	BIT	_RUN_EDIT_END	런중 수정 끝	런중 수정이 끝났음
	F0000C	BIT	_CMOD_KEY	운전모드	키에 의해 운전모드가 변경되었음
	F0000D	BIT	_CMOD_LPADT	운전모드	로컬 PADT에 의해 운전모드가 변경되었음
	F0000E	BIT	_CMOD_RPADT	운전모드	리모트 PADT에 의해 운전모드가 변경되었음
	F0000F	BIT	_CMOD_RLINK	운전모드	리모트 통신 모듈에 의해 운전모드가 변경되었음
	F00010	BIT	_FORCE_IN	강제입력	강제입력 상태
	F00011	BIT	_FORCE_OUT	강제출력	강제출력 상태
	F00012	BIT	_SKIP_ON	입출력 SKIP	입출력 SKIP 이 실행 중
	F00013	BIT	_EMASK_ON	고장 마스크	고장 마스크가 실행 중
	F00014	BIT	_MON_ON	모니터	모니터가 실행 중
	F00015	BIT	_USTOP_ON	STOP	STOP 펑션에 의해 STOP 되었음
	F00016	BIT	_ESTOP_ON	ESTOP	ESTOP 펑션에 의해 STOP 되었음
	F00017	BIT	_CONPILE_MODE	컴파일중	컴파일 수행 중
	F00018	BIT	_INIT_RUN	초기화중	초기화 태스크가 수행 중
	F0001C	BIT	_PB1	프로그램 코드 1	프로그램 코드 1이 선택되었음
	F0001D	BIT	_PB2	프로그램 코드 2	프로그램 코드 2가 선택되었음
	F0001E	BIT	_CB1	컴파일 코드 1	컴파일 코드 1이 선택되었음
	F0001F	BIT	_CB2	컴파일 코드 2	컴파일 코드 2가 선택되었음

(계속)

다바이스1	다바이스2	타입	변수	기능	설명
F0002		DWORD	_CNF_ER	시스템 에러	시스템의 중고장 상태를 보고함
	F00020	BIT	_CPU_ER	CPU 에러	CPU 구성에 에러가 있음
	F00021	BIT	_IO_TYER	모듈 타입 에러	모듈 타입이 일치하지 않음
	F00022	BIT	_IO_DEER	모듈 착탈 에러	모듈이 착탈되었음
	F00023	BIT	_FUSE_ER	퓨즈에러	퓨즈가 끊어졌음
	F00024	BIT	_IO_RWER	모듈 입출력 에러	모듈 입출력에 문제가 발생했음
	F00025	BIT	_IP_IFER	모듈 인터페이스 에러	특수/통신 모듈 인터페이스에 문제가 발생했음
	F00026	BIT	_ANNUM_ER	외부기기 고장	외부기기에 중고장이 검출되었음
	F00028	BIT	_BPRM_ER	기본 파라미터	기본 파라미터에 이상이 있음
	F00029	BIT	_IOPRM_ER	IO 파라미터	IO 구성 파라미터에 이상이 있음
	F0002A	BIT	_SPPRM_ER	특수모듈 파라미터	특수 모듈 파라미터가 비정상
	F0002B	BIT	_CPPRM_ER	통신모듈 파라미터	통신 모듈 파라미터가 비정상
	F0002C	BIT	_PGM_ER	프로그램 에러	프로그램에 에러가 있음
	F0002D	BIT	_CODE_ER	코드 에러	프로그램 코드에 에러가 있음
	F0002E	BIT	_SWDT_ER	시스템 워치독	시스템 워치독이 작동했음
	F0002F	BIT	_BASE_POWER_ER	전원 에러	베이스 전원에 이상이 있음
	F00030	BIT	_WDT_ER	스캔 워치독	스캔 워치독이 작동했음
F0004		DWORD	_CNF_WAR	시스템 경고	시스템의 경고장 상태를 보고함
	F00040	BIT	_RTC_ER	RTC 이상	RTC 데이터에 이상이 있음
	F00041	BIT	_DBCK_ER	백업 이상	데이터 백업에 문제가 발생했음
	F00042	BIT	_HBCK_ER	리스타트 이상	핫 리스타트가 불가능함
	F00043	BIT	_ABSD_ER	운전 이상 정지	비정상 운전으로 인하여 정지함
	F00044	BIT	_TASK_ER	태스크 충돌	태스크가 충돌하고 있음
	F00045	BIT	_BAT_ER	배터리 이상	배터리 상태에 이상이 있음
	F00046	BIT	_ANNUM_WAR	외부기기 고장	외부 기기의 경고장이 검출 되었음
	F00047	BIT	_LOG_FULL	메모리 풀	로그 메모리가 꽉 찼음
	F00048	BIT	_HS_WAR1	고속 링크 1	고속 링크-파라미터 1 이상
	F00049	BIT	_HS_WAR2	고속 링크 2	고속 링크-파라미터 2 이상
	F0004A	BIT	_HS_WAR3	고속 링크 3	고속 링크-파라미터 3 이상
	F0004B	BIT	_HS_WAR4	고속 링크 4	고속 링크-파라미터 4 이상
	F0004C	BIT	_HS_WAR5	고속 링크 5	고속 링크-파라미터 5 이상
	F0004D	BIT	_HS_WAR6	고속 링크 6	고속 링크-파라미터 6 이상
	F0004E	BIT	_HS_WAR7	고속 링크 7	고속 링크-파라미터 7 이상

(계속)

디바이스1	디바이스2	타입	변수	기능	설명
	F0004F	BIT	_HS_WAR8	고속 링크 8	고속 링크-파라미터 8 이상
	F00050	BIT	_HS_WAR9	고속 링크 9	고속 링크-파라미터 9 이상
	F00051	BIT	_HS_WAR10	고속 링크 10	고속 링크-파라미터 10 이상
	F00052	BIT	_HS_WAR11	고속 링크 11	고속 링크-파라미터 11 이상
	F00053	BIT	_HS_WAR12	고속 링크 12	고속 링크-파라미터 12 이상
	F00054	BIT	_P2P_WAR1	P2P 파라미터 1	P2P-파라미터 1 이상
	F00055	BIT	_P2P_WAR2	P2P 파라미터 2	P2P-파라미터 2 이상
	F00056	BIT	_P2P_WAR3	P2P 파라미터 3	P2P-파라미터 3 이상
	F00057	BIT	_P2P_WAR4	P2P 파라미터 4	P2P-파라미터 4 이상
	F00058	BIT	_P2P_WAR5	P2P 파라미터 5	P2P-파라미터 5 이상
	F00059	BIT	_P2P_WAR6	P2P 파라미터 6	P2P-파라미터 6 이상
	F0005A	BIT	_P2P_WAR7	P2P 파라미터 7	P2P-파라미터 7 이상
	F0005B	BIT	_P2P_WAR8	P2P 파라미터 8	P2P-파라미터 8 이상
	F0005C	BIT	_CONSTANT_ER	고정주기 오류	고정주기 오류
F0009		WORD	_USER_F	유저 접점	사용자가 사용할 수 있는 타이머
	F00090	BIT	_T20MS	20 ms	20 ms 주기의 CLOCK
	F00091	BIT	_T100MS	100 ms	100 ms 주기의 CLOCK
	F00092	BIT	_T200MS	200 ms	200 ms 주기의 CLOCK
	F00093	BIT	_T1S	1 s	1 s 주기의 CLOCK
	F00094	BIT	_T2S	2 s	2 s 주기의 CLOCK
	F00095	BIT	_T10S	10 s	10 s 주기의 CLOCK
	F00096	BIT	_T20S	20 s	20 s 주기의 CLOCK
	F00097	BIT	_T60S	60 s	60 s 주기의 CLOCK
	F00099	BIT	_ON	항시 On	항상 On 상태인 비트
	F0009A	BIT	_OFF	항시 Off	항상 Off 상태인 비트
	F0009B	BIT	_1ON	1 스캔 On	첫 스캔만 On 상태인 비트
	F0009C	BIT	_1OFF	1 스캔 Off	첫 스캔만 Off 상태인 비트
	F0009D	BIT	_STOG	반전	매 스캔 반전
F0010		WORD	_USER_CLK	유저 CLOCK	사용자가 설정 가능한 CLOCK
	F00100	BIT	_USR_CLK0	지정 스캔 반복	지정된 스캔만큼 On/Off CLOCK 0
	F00101	BIT	_USR_CLK1	지정 스캔 반복	지정된 스캔만큼 On/Off CLOCK 1
	F00102	BIT	_USR_CLK2	지정 스캔 반복	지정된 스캔만큼 On/Off CLOCK 2
	F00103	BIT	_USR_CLK3	지정 스캔 반복	지정된 스캔만큼 On/Off CLOCK 3
	F00104	BIT	_USR_CLK4	지정 스캔 반복	지정된 스캔만큼 On/Off CLOCK 4

(계속)

디바이스1	디바이스2	타 입	변 수	기 능	설 명
	F00105	BIT	_USR_CLK5	지정 스캔 반복	지정된 스캔만큼 On/Off CLOCK 5
	F00106	BIT	_USR_CLK6	지정 스캔 반복	지정된 스캔만큼 On/Off CLOCK 6
	F00107	BIT	_USR_CLK7	지정 스캔 반복	지정된 스캔만큼 On/Off CLOCK 7
F0011		WORD	_LOGIC_RESULT	로직 결과	로직 결과를 표시합니다.
	F00110	BIT	_LER	연산 에러	연산 에러시 1 스캔동안 On
	F00111	BIT	_ZERO	제로 플래그	연산 결과가 0일 경우 On
	F00112	BIT	_CARRY	캐리 플래그	연산시 캐리가 발생했을 경우 On
	F00113	BIT	_ALL_OFF	전출력 Off	모든 출력이 Off 일 경우 On
	F00115	BIT	_LER_LATCH	연산 에러 래치	연산 에러시 계속 On 유지
F0012		WORD	_CMP_RESULT	비교 결과	비교 결과를 표시합니다.
	F00120	BIT	_LT	LT 플래그	"보다 작다"인 경우 On
	F00121	BIT	_LTE	LTE 플래그	"보다 작거나 같다"인 경우 On
	F00122	BIT	_EQU	EQU 플래그	"같다"인 경우 On
	F00123	BIT	_GT	GT 플래그	"보다 크다"인 경우 On
	F00124	BIT	_GTE	GTE 플래그	"보다 크거나 같다"인 경우 On
	F00125	BIT	_NEQ	NEQ 플래그	"같지 않다"인 경우 On
F0013		WORD	_AC_F_CNT	순시 정전	순시 정전 발생 횟수를 알려줌
F0014		WORD	_FALS_NUM	FALS 번호	FALS의 번호를 표시함
F0015		WORD	_PUTGET_ERR0	PUT/GET 에러 0	메인 베이스 PUT / GET 에러
F0016		WORD	_PUTGET_ERR1	PUT/GET 에러 1	증설 베이스 1 단 PUT / GET 에러
F0017		WORD	_PUTGET_ERR2	PUT/GET 에러 2	증설 베이스 2 단 PUT / GET 에러
F0018		WORD	_PUTGET_ERR3	PUT/GET 에러 3	증설 베이스 3 단 PUT / GET 에러
F0019		WORD	_PUTGET_ERR4	PUT/GET 에러 4	증설 베이스 4 단 PUT / GET 에러
F0020		WORD	_PUTGET_ERR5	PUT/GET 에러 5	증설 베이스 5 단 PUT / GET 에러
F0021		WORD	_PUTGET_ERR6	PUT/GET 에러 6	증설 베이스 6 단 PUT / GET 에러
F0022		WORD	_PUTGET_ERR7	PUT/GET 에러 7	증설 베이스 7 단 PUT / GET 에러
F0023		WORD	_PUTGET_NDR0	PUT/GET 완료 0	메인 베이스 PUT / GET 완료
F0024		WORD	_PUTGET_NDR1	PUT/GET 완료 1	증설 베이스 1 단 PUT / GET 완료
F0025		WORD	_PUTGET_NDR2	PUT/GET 완료 2	증설 베이스 2 단 PUT / GET 완료
F0026		WORD	_PUTGET_NDR3	PUT/GET 완료 3	증설 베이스 3 단 PUT / GET 완료
F0027		WORD	_PUTGET_NDR4	PUT/GET 완료 4	증설 베이스 4 단 PUT / GET 완료
F0028		WORD	_PUTGET_NDR5	PUT/GET 완료 5	증설 베이스 5 단 PUT / GET 완료
F0029		WORD	_PUTGET_NDR6	PUT/GET 완료 6	증설 베이스 6 단 PUT / GET 완료
F0030		WORD	_PUTGET_NDR7	PUT/GET 완료 7	증설 베이스 7 단 PUT / GET 완료

(계속)

디바이스1	디바이스2	타입	변수	기능	설명
F0044		WORD	_CPU_TYPE	CPU 타입	CPU 타입에 관한 정보를 알려줌
F0045		WORD	_CPU_VER	CPU 버전	CPU 버전을 표시
F0046		DWORD	_OS_VER	OS 버전	OS 버전을 표시
F0048		DWORD	_OS_DATE	OS 날짜	OS 배포일을 표시
F0050		WORD	_SCAN_MAX	최대 스캔시간	런 이래로 최대 스캔시간을 나타냄
F0051		WORD	_SCAN_MIN	최소 스캔시간	런 이래로 최소 스캔시간을 나타냄
F0052		WORD	_SCAN_CUR	현재스캔시간	현재 스캔시간을 나타냄
F0053		WORD	_MON_YEAR	월/년	PLC의 월, 년 데이터
F0054		WORD	_TIME_DAY	시/일	PLC의 시, 일 데이터
F0055		WORD	_SEC_MIN	초/분	PLC의 초, 분 데이터
F0056		WORD	_HUND_WK	백년/요일	PLC의 백년, 요일 데이터
F0057		WORD	_FPU_INFO	FPU 연산결과	부동소숫점 연산 결과를 나타냄
	F00570	BIT	_FPU_LFLAG_I	부정확 에러 래치	부정확 에러 시 래치
	F00571	BIT	_FPU_LFLAG_U	언더플로우 래치	언더플로우 발생시 래치
	F00572	BIT	_FPU_LFLAG_O	오버플로우 래치	오버플로우 발생시 래치
	F00573	BIT	_FPU_LFLAG_Z	영나누기 래치	영나누기 시 래치
	F00574	BIT	_FPU_LFLAG_V	무효연산 래치	무효연산 시 래치
	F0057A	BIT	_FPU_FLAG_I	부정확 에러	부정확 에러 발생을 보고
	F0057B	BIT	_FPU_FLAG_U	언더플로우	언더플로우 발생을 보고
	F0057C	BIT	_FPU_FLAG_O	오버플로우	오버플로우 발생을 보고
	F0057D	BIT	_FPU_FLAG_Z	영나누기	영나누기 시 보고
	F0057E	BIT	_FPU_FLAG_V	무효연산	무효연산 시 보고
	F0057F	BIT	_FPU_FLAG_E	비정규값 입력	비정규값 입력 시 보고
F0058		DWORD	_ERR_STEP	에러 스텝	에러 스텝을 저장
F0060		DWORD	_REF_COUNT	리프레시	모듈 리프레시 수행시 증가
F0062		DWORD	_REF_OK_CNT	리프레시 OK	모듈 리프레시가 정상일 때 증가
F0064		DWORD	_REF_NG_CNT	리프레시 NG	모듈 리프레시가 비정상일 때 증가
F0066		DWORD	_REF_LIM_CNT	리프레시 LIMIT	모듈 리프레시가 비정상일 때 증가 (TIME OUT)
F0068		DWORD	_REF_ERR_CNT	리프레시 ERROR	모듈 리프레시가 비정상일 때 증가
F0070		DWORD	_MOD_RD_ERR_CNT	모듈 READ ERROR	모듈 1 워드를 비정상적으로 읽으면 증가
F0072		DWORD	_MOD_WR_ERR_CNT	모듈 WRITE ERROR	모듈 1 워드를 비정상적으로 쓰면 증가
F0074		DWORD	_CA_CNT	블록 서비스	모듈의 블록데이터 서비스 시 증가

(계속)

디바이스1	디바이스2	타 입	변 수	기 능	설 명
F0076		DWORD	_CA_LIM_CNT	블록 서비스 LIMIT	블록데이터 서비스 비정상 시 증가
F0078		DWORD	_CA_ERR_CNT	블록 서비스 ERROR	블록데이터 서비스 비정상 시 증가
F0080		DWORD	_BUF_FULL_CNT	버퍼 FULL	CPU 내부버퍼 FULL 일 경우 증가
F0082		DWORD	_PUT_CNT	PUT 카운트	PUT 수행 시 증가
F0084		DWORD	_GET_CNT	GET 카운트	GET 수행 시 증가
F0086		DWORD	_KEY	현재 키	로컬 키의 현재 상태를 나타냄
F0088		DWORD	_KEY_PREV	이전 키	로컬 키의 이전 상태를 나타냄
F0090		WORD	_IO_TYER_N	불일치 슬롯	모듈 타입 불일치 슬롯 번호 표시
F0091		WORD	_IO_DEER_N	착탈 슬롯	모듈 착탈이 일어난 슬롯 번호 표시
F0092		WORD	_FUSE_ER_N	퓨즈 단선 슬롯	퓨즈 단선이 일어난 슬롯 번호 표시
F0093		WORD	_IO_RWER_N	RW 에러 슬롯	모듈 읽기/쓰기 에러 슬롯 번호 표시
F0094		WORD	_IP_IFER_N	IF 에러 슬롯	모듈 인터페이스 에러 슬롯 번호 표시
F0096		WORD	_IO_TYER0	모듈타입 0 에러	메인 베이스 모듈 타입 에러
F0097		WORD	_IO_TYER1	모듈타입 1 에러	증설 베이스 1 단 모듈 타입 에러
F0098		WORD	_IO_TYER2	모듈타입 2 에러	증설 베이스 2 단 모듈 타입 에러
F0099		WORD	_IO_TYER3	모듈타입 3 에러	증설 베이스 3 단 모듈 타입 에러
F0100		WORD	_IO_TYER4	모듈타입 4 에러	증설 베이스 4 단 모듈 타입 에러
F0101		WORD	_IO_TYER5	모듈타입 5 에러	증설 베이스 5 단 모듈 타입 에러
F0102		WORD	_IO_TYER6	모듈타입 6 에러	증설 베이스 6 단 모듈 타입 에러
F0103		WORD	_IO_TYER7	모듈타입 7 에러	증설 베이스 7 단 모듈 타입 에러
F0104		WORD	_IO_DEER0	모듈착탈 0 에러	메인 베이스 모듈 착탈 에러
F0105		WORD	_IO_DEER1	모듈착탈 1 에러	증설 베이스 1 단 모듈 착탈 에러
F0106		WORD	_IO_DEER2	모듈착탈 2 에러	증설 베이스 2 단 모듈 착탈 에러
F0107		WORD	_IO_DEER3	모듈착탈 3 에러	증설 베이스 3 단 모듈 착탈 에러
F0108		WORD	_IO_DEER4	모듈착탈 4 에러	증설 베이스 4 단 모듈 착탈 에러
F0109		WORD	_IO_DEER5	모듈착탈 5 에러	증설 베이스 5 단 모듈 착탈 에러
F0110		DWORD	_IO_DEER6	모듈착탈 6 에러	증설 베이스 6 단 모듈 착탈 에러
F0111		DWORD	_IO_DEER7	모듈착탈 7 에러	증설 베이스 7 단 모듈 착탈 에러
F0112		WORD	_FUSE_ER0	퓨즈단선 0 에러	메인 베이스 퓨즈 단선 에러
F0113		WORD	_FUSE_ER1	퓨즈단선 1 에러	증설 베이스 1 단 퓨즈 단선 에러
F0114		WORD	_FUSE_ER2	퓨즈단선 2 에러	증설 베이스 2 단 퓨즈 단선 에러
F0115		WORD	_FUSE_ER3	퓨즈단선 3 에러	증설 베이스 3 단 퓨즈 단선 에러
F0116		WORD	_FUSE_ER4	퓨즈단선 4 에러	증설 베이스 4 단 퓨즈 단선 에러

(계속)

디바이스 1	디바이스 2	타입	변수	기능	설명
F0117		WORD	_FUSE_ER5	퓨즈단선 5 에러	증설 베이스 5 단 퓨즈 단선 에러
F0118		WORD	_FUSE_ER6	퓨즈단선 6 에러	증설 베이스 6 단 퓨즈 단선 에러
F0119		WORD	_FUSE_ER7	퓨즈단선 7 에러	증설 베이스 7 단 퓨즈 단선 에러
F0120		WORD	_IO_RWER0	모듈 RW 0 에러	메인 베이스 모듈 읽기/쓰기 에러
F0121		WORD	_IO_RWER1	모듈 RW 1 에러	증설 베이스 1 단 모듈 읽기/쓰기 에러
F0122		WORD	_IO_RWER2	모듈 RW 2 에러	증설 베이스 2 단 모듈 읽기/쓰기 에러
F0123		WORD	_IO_RWER3	모듈 RW 3 에러	증설 베이스 3 단 모듈 읽기/쓰기 에러
F0124		WORD	_IO_RWER4	모듈 RW 4 에러	증설 베이스 4 단 모듈 읽기/쓰기 에러
F0125		WORD	_IO_RWER5	모듈 RW 5 에러	증설 베이스 5 단 모듈 읽기/쓰기 에러
F0126		WORD	_IO_RWER6	모듈 RW 6 에러	증설 베이스 6 단 모듈 읽기/쓰기 에러
F0127		WORD	_IO_RWER7	모듈 RW 7 에러	증설 베이스 7 단 모듈 읽기/쓰기 에러
F0128		WORD	_IO_IFER_0	모듈 IF 0 에러	메인베이스 모듈 인터페이스 에러
F0129		WORD	_IO_IFER_1	모듈 IF 1 에러	증설 베이스 1 단 모듈 인터페이스 에러
F0130		WORD	_IO_IFER_2	모듈 IF 2 에러	증설 베이스 2 단 모듈 인터페이스 에러
F0131		WORD	_IO_IFER_3	모듈 IF 3 에러	증설 베이스 3 단 모듈 인터페이스 에러
F0132		WORD	_IO_IFER_4	모듈 IF 4 에러	증설 베이스 4 단 모듈 인터페이스 에러
F0133		WORD	_IO_IFER_5	모듈 IF 5 에러	증설 베이스 5 단 모듈 인터페이스 에러
F0134		WORD	_IO_IFER_6	모듈 IF 6 에러	증설 베이스 6 단 모듈 인터페이스 에러
F0135		WORD	_IO_IFER_7	모듈 IF 7 에러	증설 베이스 7 단 모듈 인터페이스 에러
F0136		WORD	_RTC_DATE	RTC 날짜	RTC의 현재 날짜
F0137		WORD	_RTC_WEEK	RTC 요일	RTC의 현재 요일
F0138		DWORD	_RTC_TOD	RTC 시간	RTC의 현재 시간(ms 단위)
F0140		DWORD	_AC_FAIL_CNT	전원 차단 횟수	전원이 차단 된 횟수를 저장
F0142		DWORD	_ERR_HIS_CNT	에러 발생 횟수	에러가 발생한 횟수를 저장
F0144		DWORD	_MOD_HIS_CNT	모드 전환 횟수	모드가 전환된 횟수를 저장
F0146		DWORD	_SYS_HIS_CNT	이력 발생 횟수	시스템 이력 발생 횟수를 저장
F0148		DWORD	_LOG_ROTATE	로그 로테이트	로그 로테이트 정보를 저장
F0150		WORD	_BASE_INFO0	슬롯 정보 0	메인 베이스 슬롯 정보
F0151		WORD	_BASE_INFO1	슬롯 정보 1	증설 베이스 1 단 슬롯 정보
F0152		WORD	_BASE_INFO2	슬롯 정보 2	증설 베이스 2 단 슬롯 정보
F0153		WORD	_BASE_INFO3	슬롯 정보 3	증설 베이스 3 단 슬롯 정보
F0154		WORD	_BASE_INFO4	슬롯 정보 4	증설 베이스 4 단 슬롯 정보
F0155		WORD	_BASE_INFO5	슬롯 정보 5	증설 베이스 5 단 슬롯 정보
F0156		WORD	_BASE_INFO6	슬롯 정보 6	증설 베이스 6 단 슬롯 정보

(계속)

디바이스1	디바이스2	타입	변수	기능	설명
F0157		WORD	_BASE_INFO7	슬롯 정보 7	증설 베이스 7 단 슬롯 정보
F0158		WORD	_RBANK_NUM	사용 블록번호	현재 사용중인 블록 번호
F0159		WORD	_RBLOCK_STATE	플래시 상태	플래시 블록 상태
F0160		DWORD	_RBLOCK_RD_FLAG	플래시 읽음	플래시 N 블록의 데이터 읽을 때 On
F0162		DWORD	_RBLOCK_WR_FLAG	플래시에 씀	플래시 N 블록의 데이터 쓸 때 On
F0164		DWORD	_RBLOCK_ER_FLAG	플래시 에러	플래시 N 블록 서비스중 에러 발생
F0178		DWORD	_OS_VER_PATCH	OS 패치 버전	OS 버전 소수 둘째 자리까지 표시
F09320		BIT	_FUSE_ER_PMT	퓨즈에러 시 설정	퓨즈 에러 시 운전 속행 설정
F09321		BIT	_IO_ER_PMT	I/O 에러 시 설정	IO 모듈 에러 시 운전 속행 설정
F09322		BIT	_SP_ER_PMT	특수에러 시 설정	특수 모듈 에러시 운전 속행 설정
F09323		BIT	_CP_ER_PMT	통신에러 시 설정	통신 모듈 에러시 운전 속행 설정
F0934		DWORD	_BASE_EMASK_INFO	베이스 고장 마스크	베이스 고장 마스크 정보
F0936		DWORD	_BASE_SKIP_INFO	베이스 스킵	베이스 스킵 정보
F0938		WORD	_SLOT_EMASK_INFO_0	슬롯 고장마스크	슬롯 고장마스크 정보(BASE 0)
F0939		WORD	_SLOT_EMASK_INFO_1	슬롯 고장마스크	슬롯 고장마스크 정보(BASE 1)
F0940		WORD	_SLOT_EMASK_INFO_2	슬롯 고장마스크	슬롯 고장마스크 정보(BASE 2)
F0941		WORD	_SLOT_EMASK_INFO_3	슬롯 고장마스크	슬롯 고장마스크 정보(BASE 3)
F0942		WORD	_SLOT_EMASK_INFO_4	슬롯 고장마스크	슬롯 고장마스크 정보(BASE 4)
F0943		WORD	_SLOT_EMASK_INFO_5	슬롯 고장마스크	슬롯 고장마스크 정보(BASE 5)
F0944		WORD	_SLOT_EMASK_INFO_6	슬롯 고장마스크	슬롯 고장마스크 정보(BASE 6)
F0945		WORD	_SLOT_EMASK_INFO_7	슬롯 고장마스크	슬롯 고장마스크 정보(BASE 7)
F0946		WORD	_SLOT_SKIP_INFO_0	슬롯 스킵	슬롯 스킵 정보(BASE 0)
F0947		WORD	_SLOT_SKIP_INFO_1	슬롯 스킵	슬롯 스킵 정보(BASE 1)
F0948		WORD	_SLOT_SKIP_INFO_2	슬롯 스킵	슬롯 스킵 정보(BASE 2)
F0949		WORD	_SLOT_SKIP_INFO_3	슬롯 스킵	슬롯 스킵 정보(BASE 3)
F0950		WORD	_SLOT_SKIP_INFO_4	슬롯 스킵	슬롯 스킵 정보(BASE 4)
F0951		WORD	_SLOT_SKIP_INFO_5	슬롯 스킵	슬롯 스킵 정보(BASE 5)
F0952		WORD	_SLOT_SKIP_INFO_6	슬롯 스킵	슬롯 스킵 정보(BASE 6)
F0953		WORD	_SLOT_SKIP_INFO_7	슬롯 스킵	슬롯 스킵 정보(BASE 7)
F1024		WORD	_USER_WRITE_F	사용가능 접점	프로그램에서 사용 가능한 접점
	F10240	BIT	_RTC_WR	RTC RW	RTC에 데이터 쓰고 읽어오기
	F10241	BIT	_SCAN_WR	스캔 WR	스캔 값 초기화
	F10242	BIT	_CHK_ANC_ERR	외부 중고장 요청	외부기기에서 중고장 검출 요청
	F10243	BIT	_CHK_ANC_WAR	외부 경고장 요청	외부기기에서 경고장 검출 요청

(계속)

디바이스1	디바이스2	타입	변수	기능	설명
F1025		WORD	_USER_STAUS_F	유저접점	유저접점
	F10250	BIT	_INIT_DONE	초기화 완료	초기화 태스크 수행 완료를 표시
F1026		WORD	_ANC_ERR	외부 중고장 정보	외부 기기의 중고장 정보를 표시
F1027		WORD	_ANC_WAR	외부 경고장 경보	외부 기기의 경고장 정보를 표시
F1034		WORD	_MON_YEAR_DT	월/년	시계 정보 데이터(월/년)
F1035		WORD	_TIME_DAY_DT	시/일	시계 정보 데이터(시/일)
F1036		WORD	_SEC_MIN_DT	초/분	시계 정보 데이터(초/분)
F1037		WORD	_HUND_WK_DT	백년/요일	시계 정보 데이터(백년/요일)

BIBLIOGRAPHY
참고문헌

- XGK초급, LS산전, 2012
- XGK일반, LS산전, 2012
- XGK명령어집, LS산전, 2012
- XG5000(XGK), LS산전, 2013
- 사용설명서 XGK_CPU(V 1.6), LS산전, 2010
- 사용설명서 XGK_CPU(V 1.9), LS산전, 2012
- 사용설명서 XGK_XGB 명령어집(V2.1), LS산전, 2010
- 사용설명서 XG5000(V2.0), LS산전, 2012,
- XGK고급, LS산전, 2014
- XGT카탈로그, LS산전, 2012
- XGK로 PLC프로그램 2배 즐기기, 윤상현 외 4명, 내하출판사, 2011
- XGT Programing(XGK중심), 신현재, 복두출판사, 2013
- PLC제어와 응용, 원규식 외 4명, 동일출판사, 2011
- PLC의 제어, 엄기찬 외 2명, 북스힐, 2007
- PLC 프로그래밍과 실험, 엄기찬, 북스힐, 2013
- XGI중심 PLC제어, 엄기찬, 북스힐, 2014
- PLC제어이론과 프로그래밍, 이광만, 일진사, 2002
- PLC자동화 응용기술, 권철호, 태영문화사, 2012

XGK 기반의 PLC 제어

2015년 7월 25일   1판 1쇄 인쇄
2015년 7월 30일   1판 1쇄 펴냄

지은이   엄기찬
펴낸이   류원식
펴낸곳   **청문각 출판**

주소   413-120 경기도 파주시 교하읍 문발로 116
전화   1644-0965(대표)
팩스   070-8650-0965
홈페이지   www.cmgpg.co.kr
등록   2015. 01. 08. 제406-2015-000005호

ISBN   978-89-6364-234-5   (93550)
값   22,000원